応用数理

基礎・モデリング・解法

太田 雅人・鈴木 貴・小林 孝行・土屋 卓也 共著

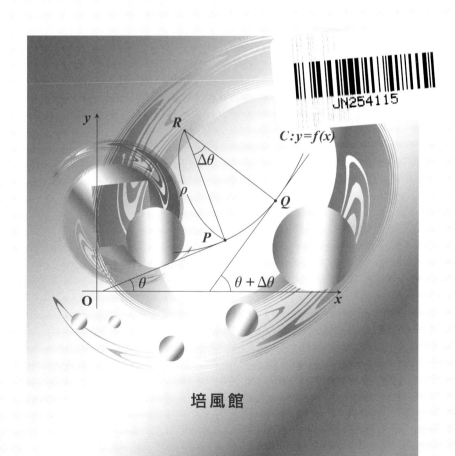

培風館

本書の無断複写は，著作権法上での例外を除き，禁じられています。
本書を複写される場合は，その都度当社の許諾を得てください。

まえがき

　近代科学の出発点であるニュートン力学は，微分方程式の数学解析が基盤となっている．以来，微分方程式は現象を記述し，理解し，予測するための基本的な道具であり，同時に数学を進展させる駆動力となってきた．当然のことであるが，現在の学部教育において，微分方程式はさまざまな科目で取り上げられている．しかし，多様な世界への入り口となる一方で，ともすれば個別の行先に焦点が集まり，微分方程式が本来果たしている，学問体系を横につなぐ役割の説明や描写はかえって混迷を深めているように思われてならない．

　拙著「原理と現象——数理モデリングの初歩」(2010, 培風館) で紹介したのは，現実を正しく理解するためにどのような数理モデルが用いられているか，逆に数理モデルを解析することで現実がどのように理解されているか，数値シミュレーションはどのような目的のためにあり，どのような方法が有効かということである．由来5年間，与えられた教育現場において前著を糧とし，モデリングと数学を通して研究と教育を連携するささやかな試行錯誤を繰り返してきた．

　教員はいくつかの科目を異なる層の学生を対象とする．一方で学生は毎日多数の科目を相当の進度で理解していかなくてはならない．彼らの専門とする領域は，工学だけでも多岐にわたる．さらに，伝統的に工学と理学では異なる思想の下でカリキュラムが組まれ，なかでも数学科の教科内容は特別なものである．多様な現代社会において，教員の目線だけで学部教育が成り立つということはありえない．

　担当する科目以外の科目から会得してほしいものは何か，この科目で育んだものをどのような形で他の場で生かせるか，そのことをどう伝えればよいか．現代数学というものを理工系の学生にどのように還元すればよいか，考えあぐんだ末にたどりついたのは，個別のカリキュラムを関連づけ，学生がさまざまな角度から微分方程式に取り組めるような教材を用意するという企画である．

その実現のために，同僚である小林孝行教授，友人である太田雅人教授，土屋卓也教授の支援を仰ぐことにした．読者としては理学から工学にまたがる学部生を想定し，本書にふれることで教育現場で扱われている微分方程式に広く通暁して，より高い視野をもつことができることを意図したものである．

　本書は著者ら四名の講義の記録がもとになっている．決して微分方程式の理論，数理モデリング，数学解析，数値シミュレーションの方法を網羅したものではない．各小節は講義と，必要ならばTAの助言を受け，学生が演習を実践するという想定で構成した．内容も，微分方程式だけではなく最適化，基礎物理，微分幾何，数値解析の初歩に及ぶ一方，専門や学習段階によらず多くの読者が親しめるように，数学的予備知識は最低限におさえた．すなわち，本書は前著を引き継ぎ，読者が自立して数理的手法を駆使できるための鍛錬の機会を与えることを狙いとしたものである．

　読者は1つの小節を1回の講義と考え，必ず「練習問題」を解くことが課せられる．「研究課題」や「文献」は自宅に帰った気分で見直してみるとよい．各章には後々まで役立つ公式や例題，また基本的な定理の厳密証明も用意している．本書全体を繰り返し読み直せば全体像がおのずから浮かび上がり，失敗をおそれず現実に立ち向かう自信と意欲がわいてくるに違いない．

　決まりきったことに決まりきった答え方ができることは著者らが目指すことではない．しかし，逆説的だが，現実と他者とコミュニケーションして考えることができる力を育てるためには，しっかりした基礎を確立しなければならない．教員生活の締めくくりにあたり，本書によって考え続けることの大切さを読者に伝えることができたのであれば，誠に僥倖というほかはない．

　前著と同様に，本書の執筆，出版にあたり培風館編集部の岩田誠司氏に多大のご尽力をいただいた．四名を代表してここに謝意を表する．

　　平成27年9月吉日

鈴 木　　貴

目　　次

記　号　表　　　　　　　　　　　　　　　　　　　　　　　　　　　　　v

I. 常微分方程式の基礎　　　　　　　　　　　　　　　　　　　　　　*1*

§1. 求　積　法　..　1
　　§1.1 　導　　入　　1
　　§1.2 　求　積　法　　6
　　§1.3 　求積法 (続)　　9

§2. 定数係数線形微分方程式　............................　14
　　§2.1 　定数係数 2 階線形微分方程式　　14
　　§2.2 　行列の指数関数　　18
　　§2.3 　行列のスペクトル分解　　23

§3. 基本定理と定性的理論　..............................　27
　　§3.1 　初期値問題の解の存在と一意性　　27
　　§3.2 　定常解の安定性　　31
　　§3.3 　変数係数線形微分方程式　　34

§4. 補　　　足　......................................　38
　　§4.1 　2 点境界値問題　　38
　　§4.2 　ラプラス変換　　43

II. 数理モデリング　　　　　　　　　　　　　　　　　　　　　　　　*48*

§1. 場　の　記　述　..................................　48
　　§1.1 　化学反応・生物個体数　　48
　　§1.2 　力　学　系　　53
　　§1.3 　相　平　面　　58
　　§1.4 　ハミルトン系・勾配系　　61
　　§1.5 　勾　　配　　66

§2. 最　適　化　......................................　71
　　§2.1 　非線形方程式・ニュートン法　　72
　　§2.2 　ラグランジュ乗数・陰関数定理　　76
　　§2.3 　凸　解　析　　80

§2.4 線形計画法　83
§2.5 分岐・劣微分・均衡　87

§3. 物理法則 90
§3.1 運動方程式　90
§3.2 流れ・物質微分　93
§3.3 拡　　散　96
§3.4 完全流体・電磁気　100
§3.5 テンソル・固体・粘性流体　106
§3.6 変分法・解析力学　111
§3.7 直接法・波・等周不等式　116
§3.8 量子力学　121
§3.9 ガウス核　127

§4. 多変数の微積分 135
§4.1 第1基本形式　135
§4.2 第2基本形式　140
§4.3 重積分・線積分　143
§4.4 面積分・体積分　148
§4.5 微分形式　152
§4.6 引き戻し　157
§4.7 曲面上の共変微分　161

III. 偏微分方程式の解法　*166*

§1. 陽的方法 166
§1.1 2階偏微分方程式と初等解法　166
§1.2 級数解と特殊関数　169
§1.3 フーリエ級数　173
§1.4 スツルム・リュービル問題　177
§1.5 フーリエ変換再説　180
§1.6 熱方程式・波動方程式　185
§1.7 ラプラス方程式　191

§2. 数値解法 195
§2.1 数値シミュレーションの方法　195
§2.2 弱形式・ガレルキン法・区分的1次試験関数　201
§2.3 2次元モデルの有限要素近似　206

練習問題の略解　*213*
関連図書　*216*
索　　引　*218*

記 号 表

本書では，特に断りのない限り以下のような記号を用いる．記号の多くは，日本数学会編集「岩波数学辞典」(第 4 版)，岩波書店 (2007) に準じた．

$\forall x \text{ s.t. } F(x)$	すべての x に対して $F(x)$ である
$\exists x \text{ s.t. } F(x)$	$F(x)$ である x が存在する
$A \Longrightarrow B$	A ならば B
$A \Longleftrightarrow B$	A と B とは同等
$\{x \mid P(x)\}$	性質 P をもつ元 x の集合
$f : A \to B$	A から B への写像 f
$A \setminus B$	A から B を除いた差集合
(a, b)	開区間 ($\{x \mid a < x < b\}$)
$[a, b]$	閉区間 ($\{x \mid a \leq x \leq b\}$)
$a \ll b$	a は b に比べてきわめて小さい
$\|A\|, \det A$	行列 A の行列式
A^{-1}	行列 A の逆行列
${}^t A$	行列 A の転置行列
$\|\boldsymbol{a}\|, |\boldsymbol{a}|$	ベクトル $\boldsymbol{a}$ の長さ (ノルム).
$\boldsymbol{a} \cdot \boldsymbol{b}$	ベクトル $\boldsymbol{a}$ とベクトル $\boldsymbol{b}$ の内積
$\boldsymbol{a} \times \boldsymbol{b}$	ベクトル $\boldsymbol{a}$ とベクトル $\boldsymbol{b}$ の外積
$A \otimes B$	A と B のテンソル積
$X \oplus Y$	X と Y の直和
$\mathbf{N}$	自然数全体
$\mathbf{Z}$	整数全体
$\mathbf{R}$	実数全体
$\mathbf{C}$	複素数全体
$t \uparrow +\infty$	t を $+\infty$ に近づける
$t \downarrow 0$	t を正の値から 0 に近づける
$C(\Omega)$	Ω 上の連続関数の空間
$C^k(\Omega), k = 0, 1, 2, \cdots, \infty$	Ω 上 k 回連続微分可能な関数，すなわち C^k 関数の空間

$C_0^\infty(\Omega)$	Ω 上無限回連続微分可能な関数で台 (値 0 をとらない集合の閉包) がコンパクトな関数の空間
$L^p(\Omega)$	Ω 上で p 乗積分可能な関数の空間
$\operatorname{Re}\lambda$	複素数 λ の実部
$\operatorname{Im}\lambda$	複素数 λ の虚部
$\overline{\lambda}$	複素数 λ の共役複素数
$f(x) = o(g(x))$	ランダウの記号,すなわち $f(x)/g(x) \to 0,\ x \to a$
$f(x) = O(g(x))$	ランダウの記号,すなわち,定数 C が存在し,$\|f(x)\| \leqq C\|g(x)\|,\ x \to a$
ι	虚数単位,すなわち $\iota = \sqrt{-1}$
$\dot{x}$	$\dot{x} = x'(t) = \dfrac{dx(t)}{dt}$
δ_{ij}	クロネッカーのデルタ記号,すなわち $\delta_{ij} = 1\ (i=j),\ 0\ (i \neq j)$
$\partial_x = \dfrac{\partial}{\partial x}$	偏微分の記号

I

常微分方程式の基礎

　未知関数とその導関数の関係式を **微分方程式** という．本章で扱うのは，独立変数が1つの場合で，常微分方程式とよばれている．惑星の運動を記述し，解析するために用いられたのが最初であり，現在でもさまざまな現象を分析するときに用いられている．本章は基盤となる数学に力点をおいた，常微分方程式の入門である．

§1. 求積法

　微分方程式のいくつかは，初等関数によって表示することができる．これが求積法である．求積法は現実の問題に由来するさまざまな方程式に適用され，古典的ではあるが，現在でも有用である．

§1.1 導　入

　この小節では，身近な初等関数がどのような微分方程式を満たすのかを述べる．

○例 1.1. 指数関数は最も重要な初等関数である．$a \in \mathbf{R}$ を定数とし，$f(t) = e^{at}$ とおく．このとき，$f'(t) = ae^{at}$ であるから，$f(t)$ は微分方程式

$$u'(t) = au(t) \tag{I.1}$$

を満たす．ここで，$u(t)$ は未知関数である．

　また，定数 $C \in \mathbf{R}$ に対して，Ce^{at} も (I.1) を満たすので，微分方程式 (I.1) の解の集合を $\mathcal{S}_1 = \{u \in C^1(\mathbf{R}) \mid u'(t) = au(t),\ t \in \mathbf{R}\}$ とおくと，$\{Ce^{at} \mid C \in \mathbf{R}\} \subset \mathcal{S}_1$ である．逆に $u \in \mathcal{S}_1$ とすると，$t \in \mathbf{R}$ に対して

$$\frac{d}{dt}\{e^{-at}u(t)\} = e^{-at}\{u'(t) - au(t)\} = 0$$

であるから，$e^{-at}u(t) = u(0)$．すなわち，$u(t) = u(0)e^{at}$ となり，$\mathcal{S}_1 = \{Ce^{at} \mid C \in \mathbf{R}\}$ である．このとき，(I.1) の **一般解** は Ce^{at}（C 任意定数）であ

るという．

○例 1.2. $b \neq 0$ を定数とし，$f(t) = \cos bt$, $g(t) = \sin bt$ とおく．このとき
$$f'(t) = -b\sin bt, \quad f''(t) = -b^2 \cos bt$$
$$g'(t) = b\cos bt, \quad g''(t) = -b^2 \sin bt$$
であるから，$f(t)$ と $g(t)$ は同じ微分方程式
$$u''(t) = -b^2 u(t) \tag{I.2}$$
を満たす．また，ベクトル値関数 $(f(t), g(t))$ は微分方程式系
$$\frac{d}{dt}\begin{pmatrix} f(t) \\ g(t) \end{pmatrix} = \begin{pmatrix} 0 & -b \\ b & 0 \end{pmatrix}\begin{pmatrix} f(t) \\ g(t) \end{pmatrix}$$
を満たす．さて，微分方程式 (I.2) の解の集合を
$$\mathcal{S}_2 = \{u \in C^2(\mathbf{R}) \mid u''(t) = -b^2 u(t),\ t \in \mathbf{R}\}$$
とおくと $\{C_1 \cos bt + C_2 \sin bt \mid C_1, C_2 \in \mathbf{R}\} \subset \mathcal{S}_2$ である．

逆に $u \in \mathcal{S}_2$ とすると
$$\frac{d}{ds}\left\{u(s)\cos b(t-s) + \frac{1}{b}u'(s)\sin b(t-s)\right\}$$
$$= u'(s)\cos b(t-s) + bu(s)\sin b(t-s)$$
$$\quad + \frac{1}{b}u''(s)\sin b(t-s) - u'(s)\cos b(t-s)$$
$$= \frac{1}{b}\sin b(t-s)\{u''(s) + b^2 u(s)\} = 0$$
この式を s に関して 0 から t まで積分すると
$$u(t) = u(0)\cos bt + \frac{1}{b}u'(0)\sin bt$$
となり，$\mathcal{S}_2 = \{C_1 \cos bt + C_2 \sin bt \mid C_1, C_2 \in \mathbf{R}\}$ である．よって，(I.2) の一般解は $C_1 \cos bt + C_2 \sin bt$ (C_1, C_2 任意定数) で与えられる．

○例 1.3. $b \neq 0$ を定数とし，$f(t) = \cosh bt$, $g(t) = \sinh bt$ とおく．このとき
$$f'(t) = b\sinh bt, \quad f''(t) = b^2 \cosh bt$$
$$g'(t) = b\cosh bt, \quad g''(t) = b^2 \sinh bt$$
であるから，$f(t)$ と $g(t)$ はともに微分方程式
$$u''(t) = b^2 u(t) \tag{I.3}$$
を満たす．また，$(f(t), g(t))$ は微分方程式系

§1. 求積法

$$\frac{d}{dt}\begin{pmatrix} f(t) \\ g(t) \end{pmatrix} = \begin{pmatrix} 0 & b \\ b & 0 \end{pmatrix}\begin{pmatrix} f(t) \\ g(t) \end{pmatrix}$$

を満たす．例 1.2 と同様に，(I.3) の一般解は $C_1 \cosh bt + C_2 \sinh bt$ (C_1, C_2 任意定数) で与えられることがわかる．

○**例 1.4.** $a, b \in \mathbf{R}$, $b \neq 0$ を定数とし，$f(t) = e^{at}\cos bt$, $g(t) = e^{at}\sin bt$ とする．

$$f'(t) = ae^{at}\cos bt - be^{at}\sin bt = af(t) - bg(t)$$
$$g'(t) = ae^{at}\sin bt + be^{at}\cos bt = ag(t) + bf(t)$$

より，$(f(t), g(t))$ は微分方程式系

$$\frac{d}{dt}\begin{pmatrix} f(t) \\ g(t) \end{pmatrix} = \begin{pmatrix} a & -b \\ b & a \end{pmatrix}\begin{pmatrix} f(t) \\ g(t) \end{pmatrix}$$

を満たす．また，$f(t), g(t)$ は微分方程式

$$u''(t) = 2au'(t) - (a^2 + b^2)u(t)$$

を満たす．さらに，$\lambda = a + \imath b$ とし，$h(t) = e^{\lambda t}$ とおくと，オイラーの公式より

$$h(t) = e^{at + \imath bt} = e^{at}(\cos bt + \imath \sin bt) = f(t) + \imath g(t)$$

よって

$$h'(t) = f'(t) + \imath g'(t) = af(t) - bg(t) + a\imath g(t) + b\imath f(t)$$
$$= ah(t) + b\imath h(t) = \lambda h(t)$$

特に $h(t) = e^{\lambda t}$ は微分方程式 $u'(t) = \lambda u(t)$ を満たす．

○**例 1.5.** $a \in \mathbf{R}$ を定数とし，$f(t) = te^{at}$, $g(t) = e^{at}$ とおくと，

$$f'(t) = e^{at} + ate^{at} = af(t) + g(t), \qquad g'(t) = ae^{at} = ag(t)$$

よって $(f(t), g(t))$ は，微分方程式系

$$\frac{d}{dt}\begin{pmatrix} f(t) \\ g(t) \end{pmatrix} = \begin{pmatrix} a & 1 \\ 0 & a \end{pmatrix}\begin{pmatrix} f(t) \\ g(t) \end{pmatrix}$$

を満たす．また，$f(t), g(t)$ は微分方程式 $u''(t) = 2au'(t) - a^2 u(t)$ を満たす．

例 1.2 から例 1.5 までの関数は，p, q を定数として

$$u'' + pu' + qu = 0$$

という形の微分方程式を満たしている．この形の微分方程式を**定数係数 2 階線**

形微分方程式という．ここで，「定数係数」というのは，p, q が定数であること，「2 階」というのは，方程式に含まれる最高の微分階数が 2 であること，「線形」というのは，$u \mapsto u'' + pu' + qu$ が線形写像であることを表している．

また，例 1.2 から例 1.5 において，a_{ij} を定数として

$$\frac{d}{dt}\begin{pmatrix} v_1(t) \\ v_2(t) \end{pmatrix} = \begin{pmatrix} a_{11} & a_{12} \\ a_{21} & a_{22} \end{pmatrix}\begin{pmatrix} v_1(t) \\ v_2(t) \end{pmatrix}$$

という形の微分方程式系が現れた．これは 2 次元ベクトルに対する方程式であるが，これを高次元化すると

$$v'(t) = Av(t)$$

となる．ここで，$v(t) = {}^t(v_1(t), \cdots, v_N(t))$ は N 次元ベクトル値関数，A は成分が定数である N 次の正方行列である．これは**定数係数線形微分方程式系**または**定数係数連立線形方程式**とよばれている．

○例 1.6. $k = 0, 1, 2, \cdots, n$ に対して，$f_k(t) = \dfrac{1}{k!}t^k$ とおく．このとき，$k = 1, 2, \cdots, n$ に対して，$f'_k(t) = f_{k-1}(t)$．よって

$$\frac{d}{dt}\begin{pmatrix} f_0(t) \\ f_1(t) \\ f_2(t) \\ \vdots \\ f_n(t) \end{pmatrix} = \begin{pmatrix} 0 & 0 & 0 & \cdots & 0 \\ 1 & 0 & 0 & \cdots & 0 \\ 0 & 1 & 0 & \cdots & 0 \\ \vdots & \ddots & \ddots & \ddots & \vdots \\ 0 & \cdots & 0 & 1 & 0 \end{pmatrix}\begin{pmatrix} f_0(t) \\ f_1(t) \\ f_2(t) \\ \vdots \\ f_n(t) \end{pmatrix}$$

○例 1.7. $a \in \mathbf{R}$ を定数とし，$f(t) = e^{at^2}$ とおく．このとき $f'(t) = 2ate^{at^2}$ であるから，$f(t)$ は微分方程式 $u'(t) = 2at\, u(t)$ を満たす．これは**変数係数**の 1 階線形微分方程式である．

次に，**非線形**(線形でない) 微分方程式の例をいくつかあげる．

○例 1.8. $f(t) = \tan t$ とおく．$f'(t) = \dfrac{1}{\cos^2 t} = 1 + \tan^2 t$ であるから，$f(t)$ は微分方程式 $u'(t) = 1 + u(t)^2$ を満たす．

○例 1.9. $f(t) = \tanh t = \dfrac{\sinh t}{\cosh t}$, $g(t) = \coth t = \dfrac{\cosh t}{\sinh t}$ はどちらも微分方程式 $u'(t) = 1 - u^2(t)$ を満たす (図 I.1)．

○例 1.10. $T \in \mathbf{R}$ を定数とし，$f(t) = \dfrac{1}{T-t}$ とおくと，$f'(t) = \dfrac{1}{(T-t)^2}$ で

§1. 求積法

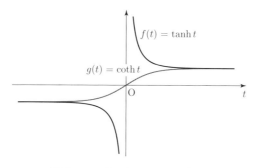

図 **I.1** $\tanh t$ と $\coth t$ のグラフ

あるから，$f(t)$ は微分方程式 $u'(t) = u(t)^2$ を満たす．

○例 **1.11.** 定数 $T \in \mathbf{R}$ に対して

$$f_T(t) = \begin{cases} (t-T)^2, & t > T \\ 0, & t \le T \end{cases} \tag{I.4}$$

と定めると，$f_T \in C^1(\mathbf{R})$ であり，

$$f_T'(t) = \begin{cases} 2(t-T), & t > T \\ 0, & t \le T \end{cases}$$

となる．よって

$$G(x) = \begin{cases} 2x^{1/2}, & x > 0 \\ 0, & x \le 0 \end{cases} \tag{I.5}$$

に対し，$f_T(t)$ は微分方程式 $u'(t) = G(u(t))$ を満たす．

○例 **1.12.** $f(t) = \operatorname{sech} t = \dfrac{1}{\cosh t}$, $g(t) = \tanh t$ とおくと，

$$f'(t) = -\frac{\sinh t}{\cosh^2 t}, \quad g'(t) = \frac{1}{\cosh^2 t} = 1 - \tanh^2 t$$

であるから，$(f(t), g(t))$ は微分方程式系 $f'(t) = -f(t)g(t)$, $g'(t) = f(t)^2$ を満たす．また，$f(t)^2 + g(t)^2 = 1$ であるから，

$$f''(t) = -f'(t)g(t) - f(t)g'(t) = f(t)g(t)^2 - f(t)^3 = f(t) - 2f(t)^3$$

したがって，$f(t)$ は微分方程式 $u''(t) = u(t) - 2u(t)^3$ を満たす．

○例 **1.13.** $R > 0$ を定数とし，$f(t) = \sqrt{R^2 - t^2}$, $-R < t < R$ とする．$f(t)^2 = R^2 - t^2$ より，$2f(t)f'(t) = -2t$. よって，$f(t)$ は微分方程式 $u(t)u'(t) =$

$-t$ を満たす．これを**正規形**に直せば

$$u'(t) = -\frac{t}{u(t)} \tag{I.6}$$

となる．また，$-f(t)$ も同じ微分方程式 (I.6) を満たす．

★**練習問題 I.1.** 適当な初等関数をあげ，それがどのような微分方程式を満たすか調べよ．
☆**研究課題 1.** この小節で取り上げた微分方程式，およびその解がどのような物理現象に対応しているか調べよ．

§1.2 求積法

最も簡単な微分方程式は $u'(t) = f(t)$ である．これは与えられた関数 $f(t)$ の原始関数を求める問題にほかならない．この小節と次の小節では，適当な式変形により，この最も簡単な微分方程式に帰着させて，解を具体的に求めることができる微分方程式をいくつか取り上げる．

まず，1 階線形微分方程式

$$u'(t) = p(t)u(t) + f(t), \quad t \in I \tag{I.7}$$

について考える．$I \subset \mathbf{R}$ は区間であり，$p(t), f(t)$ は I 上の連続関数とする．$t_0 \in I, a \in \mathbf{C}$ とし，初期条件 $u(t_0) = a$ を満たす (I.7) の解を求めよう．

$u(t)$ を $u(t_0) = a$ を満たす (I.7) の解とする．また，$P(t) = \int_{t_0}^{t} p(\tau)\,d\tau$ とすると

$$\frac{d}{dt}\{e^{-P(t)}u(t)\} = e^{-P(t)}\{u'(t) - p(t)u(t)\} = e^{-P(t)}f(t)$$

両辺を t_0 から t まで積分して

$$e^{-P(t)}u(t) = e^{-P(t_0)}u(t_0) + \int_{t_0}^{t} e^{-P(s)}f(s)\,ds = a + \int_{t_0}^{t} e^{-P(s)}f(s)\,ds$$

したがって，$u(t_0) = a$ を満たす (I.7) の解 $u(t)$ は

$$u(t) = e^{P(t)}a + \int_{t_0}^{t} e^{P(t)-P(s)}f(s)\,ds$$

$$= E(t,t_0)a + \int_{t_0}^{t} E(t,s)f(s)\,ds \tag{I.8}$$

で与えられる．ただし

$$E(t,s) = \exp\left(\int_{s}^{t} p(\tau)\,d\tau\right), \quad t,s \in I$$

とする．

§1. 求積法

●例題 1.1. λ, μ, γ, a を定数とするとき,次の初期値問題の解を求めよ:
$$u'(t) = \lambda u(t) + \gamma e^{\mu t}, \quad u(0) = a$$

解答: $p(t) = \lambda$ であるから,$t, s \in \mathbf{R}$ に対して,$E(t,s) = \exp\left(\int_s^t \lambda \, d\tau\right) = e^{\lambda(t-s)}$. よって,(I.8) より,求める解 $u(t)$ は

$$u(t) = E(t,0)a + \int_0^t E(t,s)f(s)\,ds = ae^{\lambda t} + \gamma \int_0^t e^{\lambda(t-s)} e^{\mu s}\,ds$$
$$= ae^{\lambda t} + \gamma e^{\lambda t} \int_0^t e^{(\mu-\lambda)s}\,ds$$

ここで

$$\int_0^t e^{(\mu-\lambda)s}\,ds = \begin{cases} \dfrac{e^{(\mu-\lambda)t} - 1}{\mu - \lambda}, & \mu \neq \lambda \\ t, & \mu = \lambda \end{cases}$$

であるから

$$u(t) = \begin{cases} ae^{\lambda t} + \gamma \dfrac{e^{\mu t} - e^{\lambda t}}{\mu - \lambda}, & \mu \neq \lambda \\ ae^{\lambda t} + \gamma t e^{\lambda t}, & \mu = \lambda \end{cases} \qquad \square$$

●例題 1.2. 微分方程式
$$u'(t) + \frac{1}{t} u(t) = \sin t, \quad t > 0 \qquad (\text{I.9})$$
の一般解を求めよ.

解答: $\int \dfrac{1}{t}\,dt = \log t + C$, $e^{\log t} = t$ より,$u(t)$ が (I.9) の解であるとすると

$$\frac{d}{dt}\{tu(t)\} = u(t) + tu'(t) = t\left\{u'(t) + \frac{1}{t}u(t)\right\} = t\sin t$$

部分積分より

$$\int t\sin t\,dt = -t\cos t + \int \cos t\,dt = -t\cos t + \sin t + C$$

であるから,(I.9) の一般解は

$$u(t) = \frac{C}{t} - \cos t + \frac{\sin t}{t} \qquad (C\ 任意定数) \qquad \square$$

次に,ベルヌーイの微分方程式
$$u'(t) = p(t)u(t) + q(t)u(t)^n, \quad t \in I \qquad (\text{I.10})$$
について考える.ここで $p(t), q(t)$ は区間 I 上の連続関数とする.また $n = 0, 1$ のとき,(I.10) は 1 階線形微分方程式となるので,$n \neq 0, 1$ とする.

$u(t)$ を (I.10) の解とし,$w(t) = u(t)^{1-n}$ とおくと
$$w'(t) = (1-n)u(t)^{-n}u'(t)$$
$$= (1-n)u(t)^{-n}\{p(t)u(t) + q(t)u(t)^n\}$$
$$= (1-n)p(t)w(t) + (1-n)q(t)$$
となり,$w(t)$ は 1 階線形微分方程式を満たす.$w(t)$ の一般解を求め,$u(t) = w(t)^{1/(1-n)}$ とすれば (I.10) の一般解が得られる.

●例題 1.3. 微分方程式 [1)]
$$u'(t) = u(t) - u(t)^2 \tag{I.11}$$
の一般解を求めよ.

解答: $u(t)$ を (I.11) の解とし,$w(t) = u(t)^{-1}$ とおくと
$$w'(t) = -u(t)^{-2}u'(t) = -u(t)^{-2}\{u(t) - u(t)^2\} = -w(t) + 1$$
さらに
$$\frac{d}{dt}\{e^t w(t)\} = e^t\{w'(t) + w(t)\} = e^t$$
より,$w(t) = Ce^{-t} + 1$.よって (I.11) の一般解は
$$u(t) = \frac{1}{w(t)} = \frac{1}{Ce^{-t} + 1} = \frac{e^t}{C + e^t} \quad (C \text{ 任意定数}) \qquad \square$$

●例題 1.4. 微分方程式
$$u'(t) = (\tanh t)\,u(t) - u(t)^3 \tag{I.12}$$
の一般解を求めよ.

解答: $u(t)$ を (I.12) の解とし,$w(t) = u(t)^{-2}$ とおくと
$$w'(t) = -2u(t)^{-3}u'(t) = -2u(t)^{-3}\{(\tanh t)\,u(t) - u(t)^3\}$$
$$= -2(\tanh t)\,w(t) + 2$$
ここで,$\int 2\tanh t\,dt = 2\log\cosh t + C = \log\cosh^2 t + C$ より
$$\frac{d}{dt}\{(\cosh^2 t)\,w(t)\} = 2(\cosh t \sinh t)\,w(t) + \cosh^2 t\,w'(t)$$
$$= (\cosh^2 t)\,\{w'(t) + 2(\tanh t)\,w(t)\} = 2\cosh^2 t = 1 + \cosh 2t$$
よって,$(\cosh^2 t)\,w(t) = t + \frac{1}{2}\sinh 2t + C$ となり,(I.12) の一般解は
$$u(t) = \frac{\pm 1}{\sqrt{w(t)}} = \frac{\pm\cosh t}{\sqrt{t + \frac{1}{2}\sinh 2t + C}} \quad (C \text{ 任意定数}) \qquad \square$$

---

1) 成長曲線方程式.II 章の §1.1 参照.

§1. 求積法

最後に，リッカチの微分方程式
$$u'(t) = p(t)u(t) + q(t)u(t)^2 + r(t), \quad t \in I \qquad (\text{I.13})$$
について考える．ここで，$p(t), q(t), r(t)$ は区間 I 上の連続関数とする．(I.13) に対する一般的な解法は知られていない．しかし，(I.13) の解 $f(t)$ が1つみつかれば，$w(t) = u(t) - f(t)$ とおくと
$$w'(t) = u'(t) - f'(t) = p(t)u(t) + q(t)u(t)^2 - p(t)f(t) - q(t)f(t)^2$$
$$= \{p(t) + 2f(t)q(t)\}w(t) + q(t)w(t)^2$$
となり，$w(t)$ はベルヌーイの微分方程式を満たす．したがってその一般解を求めれば，$u(t) = w(t) + f(t)$ により (I.13) の一般解が得られる．

●例題 **1.5.** 微分方程式
$$u'(t) = (2t^2 - 2t - 1)u(t) - tu(t)^2 - t^3 + 2t^2 \qquad (\text{I.14})$$
の一般解を求めよ．

解答: (I.14) の特別な解を t の1次式の形で探すと，$f(t) = t - 1$ が (I.14) を満たすことがわかる．$u(t)$ を (I.14) の解とし，$w(t) = u(t) - f(t)$ とおく．$w(t)$ はベルヌーイの微分方程式
$$w'(t) = -w(t) - tw(t)^2$$
を満たす．そこで $v(t) = w(t)^{-1}$ とおくと，$v(t)$ は1階線形微分方程式
$$v'(t) = v(t) + t$$
を満たす．したがって $\dfrac{d}{dt}\{e^{-t}v(t)\} = e^{-t}\{v'(t) - v(t)\} = te^{-t}$ であり，積分して
$$e^{-t}v(t) = \int te^{-t}\,dt = -te^{-t} + \int e^{-t}\,dt = -te^{-t} - e^{-t} + C$$
よって $v(t) = Ce^t - t - 1$ であるから，求める一般解は
$$u(t) = w(t) + f(t) = \frac{1}{v(t)} + f(t) = \frac{1}{Ce^t - t - 1} + t - 1 \quad (C \text{ 任意定数})$$
となる． □

★練習問題 **I.2.** 微分方程式 $u'(t) = tu(t) + 1$ の一般解を求めよ．
☆研究課題 **2.** 一般解が具体的に求まるようなリッカチの微分方程式に対する問題を作成せよ．

§1.3 求積法 (続)

具体的に解くことができる微分方程式の例として，**変数分離型**の微分方程式
$$u'(t) = f(t)g(u(t)) \qquad (\text{I.15})$$

がある．ここで，$f(t)$ はある区間 I で連続，$g(x)$ はある区間 J で連続かつ $g(x) \neq 0$, $x \in J$ とする．$t_0 \in I$, $a \in J$ とし，初期条件 $u(t_0) = a$ を満たす (I.15) の解を求めよう．

この解を $u = u(t)$ として

$$F(t) = \int_{t_0}^t f(s)\,ds, \quad t \in I, \qquad H(x) = \int_a^x \frac{1}{g(y)}\,dy, \quad x \in J$$

とおく．合成関数の微分公式より

$$\frac{d}{dt}H(u(t)) = \frac{u'(t)}{g(u(t))} = f(t)$$

これを t_0 から t まで積分すると，

$$H(u(t)) = H(a) + \int_{t_0}^t f(s)\,ds = F(t)$$

ここで $H : J \to H(J)$ は全単射だから，逆関数 $H^{-1} : H(J) \to J$ が存在する．したがって，$F(t) \in H(J)$ となる $t \in I$ に対して合成関数 $H^{-1}(F(t))$ が定義され，$u(t_0) = a$ を満たす (I.15) の解は $u(t) = H^{-1}(F(t))$ で与えられる．

先の例 1.13 は，変数分離型の微分方程式として扱うことができる．

●例題 1.6. $t_0 \in \mathbf{R}$, $a > 0$ に対して，次の初期値問題の解を求めよ：

$$u'(t) = -\frac{t}{u(t)}, \quad u(t_0) = a \tag{I.16}$$

解答：$I = \mathbf{R}$, $J = (0, \infty)$ とし

$$f(t) = -2t,\ t \in I = \mathbf{R}, \quad g(x) = \frac{1}{2x},\ x \in J = (0, \infty)$$

とおくと，変数分離型の微分方程式 (I.15) となる．このとき

$$F(t) = \int_{t_0}^t f(s)\,ds = -\int_{t_0}^t 2s\,ds = -t^2 + t_0^2, \quad t \in I$$

$$H(x) = \int_a^x \frac{1}{g(y)}\,dy = \int_a^x 2y\,dy = x^2 - a^2, \quad x \in J$$

特に $H : (0, \infty) \to (-a^2, \infty)$ は狭義単調増加かつ全単射で，逆関数は

$$H^{-1}(y) = \sqrt{a^2 + y}, \quad -a^2 < y < \infty$$

よって，(I.16) の解は

$$u(t) = H^{-1}(F(t)) = \sqrt{a^2 + t_0^2 - t^2}, \quad -\sqrt{a^2 + t_0^2} < t < \sqrt{a^2 + t_0^2} \qquad \square$$

例題 1.3 も，変数分離型の微分方程式として取り扱うことができる．

§1. 求積法

●例題 **1.7.** $a > 0$ とするとき，次の初期値問題の解を求めよ：
$$u'(t) = u(t) - u(t)^2, \quad u(0) = a \tag{I.17}$$

解答： $f(t) = 1, g(x) = x - x^2 = x(1-x)$ とおくと，(I.17) は変数分離型 (I.15) となる．$g(0) = g(1) = 0$ より，初期値 a と $0, 1$ の大小関係で場合分けする．

(Case 1) $a \in (0, 1)$ の場合，$x \in (0, 1)$ に対して
$$H(x) = \int_a^x \frac{1}{y(1-y)}\, dy = \int_a^x \frac{1}{y}\, dy + \int_a^x \frac{1}{1-y}\, dy$$
$$= \log x - \log a - \log(1-x) + \log(1-a) = \log \frac{x}{1-x} + \gamma_a$$

ただし $\gamma_a = \log \dfrac{1-a}{a}$ とする．特に $H : (0, 1) \to \mathbf{R}$ は狭義単調増加かつ全単射で，逆関数は
$$H^{-1}(y) = \frac{e^{y-\gamma_a}}{e^{y-\gamma_a}+1} = \frac{1}{2} \tanh \frac{y-\gamma_a}{2} + \frac{1}{2}, \quad y \in \mathbf{R}$$

また $F(t) = \displaystyle\int_0^t 1\, ds = t$ より，求める解は
$$u(t) = H^{-1}(t) = \frac{e^{t-\gamma_a}}{e^{t-\gamma_a}+1} = \frac{1}{2} \tanh \frac{t-\gamma_a}{2} + \frac{1}{2}, \quad t \in \mathbf{R}$$

この場合は $\displaystyle\lim_{t \to -\infty} u(t) = 0, \lim_{t \to \infty} u(t) = 1$ となることに注意する．

(Case 2) $a \in (1, \infty)$ の場合，$x \in (1, \infty)$ に対して
$$H(x) = \int_a^x \frac{1}{y(1-y)}\, dy = \int_a^x \frac{1}{y}\, dy - \int_a^x \frac{1}{y-1}\, dy$$
$$= \log x - \log a - \log(x-1) + \log(a-1) = \log \frac{x}{x-1} + \gamma_a$$

ただし $\gamma_a = \log \dfrac{a-1}{a}$ とする．特に $\gamma_a < 0$ で，$H : (1, \infty) \to (\gamma_a, \infty)$ は狭義単調減小かつ全単射であり，逆関数は
$$H^{-1}(y) = \frac{e^{y-\gamma_a}}{e^{y-\gamma_a}-1} = \frac{1}{2} \coth \frac{y-\gamma_a}{2} + \frac{1}{2}, \quad \gamma_a < y < \infty$$

また $F(t) = \displaystyle\int_0^t 1\, ds = t$ より，求める解は
$$u(t) = H^{-1}(t) = \frac{e^{t-\gamma_a}}{e^{t-\gamma_a}-1} = \frac{1}{2} \coth \frac{t-\gamma_a}{2} + \frac{1}{2}, \quad \gamma_a < t < \infty$$

この場合は $\displaystyle\lim_{t \to \gamma_a + 0} u(t) = \infty, \lim_{t \to \infty} u(t) = 1$ となる．

(Case 3) $a = 1$ のとき，$g(1) = 0$ であるから，$u(t) = 1, t \in \mathbf{R}$ は初期値問題 (I.17) の解となるが，これ以外に解が存在しないことは次の定理 1.1 からわかる． □

定理 1.1. $f(t)$ は区間 I で連続，$g(x)$ は区間 J で C^1 とする．また，$t_0 \in I$, $a \in J$ とし，$u_1(t), u_2(t)$ は t_0 を含む区間 $[\alpha, \beta] \subset I$ における次の初期値問題の解であるとする：

$$u'(t) = f(t)g(u(t)), \quad u(t_0) = a \tag{I.18}$$

このとき,すべての $t \in [\alpha, \beta]$ に対して,$u_1(t) = u_2(t)$ が成り立つ.

証明: $k=1,2$ に対して,$u_k(t)$ は区間 $[\alpha, \beta]$ における (I.18) の解であるから

$$u_k(t) = a + \int_{t_0}^{t} f(s)g(u_k(s))\,ds, \quad \alpha \leq t \leq \beta$$

また $r_k = \max\{|u_k(s) - a| \mid s \in [\alpha, \beta]\}$, $r = \max\{r_1, r_2\}$ と定めると $[a-r, a+r] \subset J$. ここで $L = \max\{|g'(\xi)| \mid \xi \in [a-r, a+r]\}$ とおくと,$x, y \in [a-r, a+r]$ に対して

$$|g(x) - g(y)| = \left|\int_y^x g'(\xi)\,d\xi\right| \leq \left|\int_y^x |g'(\xi)|\,d\xi\right| \leq L|x-y|$$

さらに $M = \max\{|f(s)| \mid s \in [\alpha, \beta]\}$, $\varphi(t) = \int_{t_0}^{t} |u_1(s) - u_2(s)|\,ds$ とおくと,$t \in [t_0, \beta]$ に対して

$$\varphi'(t) = |u_1(t) - u_2(t)| \leq \int_{t_0}^{t} |f(s)||g(u_1(s)) - g(u_2(s))|\,ds$$
$$\leq ML\int_{t_0}^{t} |u_1(s) - u_2(s)|\,ds = ML\varphi(t)$$

よって

$$\frac{d}{dt}\left\{e^{-MLt}\varphi(t)\right\} = e^{-MLt}\{\varphi'(t) - ML\varphi(t)\} \leq 0$$

となり,$t \in [t_0, \beta]$ に対して $0 \leq e^{-MLt}\varphi(t) \leq e^{-MLt_0}\varphi(t_0) = 0$. したがって $\varphi(t) = 0$,よって $u_1(t) = u_2(t)$, $t \in [t_0, \beta]$ が成り立つ.

同様にして $u_1(t) = u_2(t)$, $t \in [\alpha, t_0]$ となり,すべての $t \in [\alpha, \beta]$ に対して,$u_1(t) = u_2(t)$ が成り立つ. □

最後に,次の2階の微分方程式

$$u''(t) = f(u(t)) \tag{I.19}$$

について考える.$f(x)$ は区間 J で連続とする.(I.19) は1次元の力場 $f(x)$ のもとで運動する,質量1の質点に対するニュートンの運動方程式である.

$V'(x) = -f(x)$, $x \in J$ を満たす関数 $V(x)$ を $f(x)$ の**ポテンシャル**とよぶ.また,運動エネルギーとポテンシャルエネルギーの和として**全エネルギー**を $E(x,y) = \frac{1}{2}y^2 + V(x)$, $x \in J$, $y \in \mathbf{R}$ とする.実際,$u(t)$ を区間 I における (I.19) の解とすると

$$\frac{d}{dt}E(u(t), u'(t)) = u'(t)u''(t) + V'(u(t))u'(t)$$
$$= u'(t)\{u''(t) - f(u(t))\} = 0, \quad t \in I$$

§1. 求積法

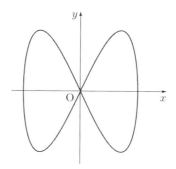

図 **I.2** 等エネルギー曲線 $E(x,y) = 0$

となり，エネルギー保存則

$$E(u(t), u'(t)) = \frac{1}{2}u'(t)^2 + V(u(t)) = E_0, \quad t \in I \quad (\text{I.20})$$

を得る．ただし E_0 は定数である．(I.20) を $u'(t)$ について解けば，$u'(t) = \pm\sqrt{2\{E_0 - V(u(t))\}}$ となり，変数分離型の微分方程式に帰着される．

例 1.12 の方程式も，このような取り扱いが可能な 2 階微分方程式である．

●例題 **1.8.** 次の初期値問題の解を求めよ：

$$u''(t) = u(t) - 2u(t)^3, \quad u(0) = 1, \quad u'(0) = 0 \quad (\text{I.21})$$

解答： $u(t)$ を (I.21) の解とする．$f(x) = x - 2x^3$ のポテンシャルとして $V(x) = \frac{1}{2}x^4 - \frac{1}{2}x^2$ をとる．エネルギー保存則より

$$E(u(t), u'(t)) = \frac{1}{2}u'(t)^2 + \frac{1}{2}u(t)^4 - \frac{1}{2}u(t)^2 = E(u(0), u'(0)) = 0 \quad (\text{I.22})$$

この (I.22) を $u'(t)$ について解いて，変数分離型の微分方程式

$$u'(t) = \pm\sqrt{u(t)^2 - u(t)^4} \quad (\text{I.23})$$

を得る．ただし $u'(t)^2 = u(t)^2 - u(t)^4$, $u(0) = 1$, $u'(0) = 0$ より，$0 < u(t) \leq 1$ であり，$t < 0$ のとき $u'(t) > 0$ に，$t > 0$ のとき $u'(t) < 0$ に注意する．

一方，$x = \operatorname{sech} y = \dfrac{2}{e^y + e^{-y}}$ を y について解くと

$$y = \varphi_\pm(x) := \log\left(1 \pm \sqrt{1-x^2}\right) - \log x, \quad 0 < x \leq 1$$

となり，$0 < x < 1$ に対して $\dfrac{d}{dx}\varphi_\pm(x) = \dfrac{\mp 1}{x\sqrt{1-x^2}}$ （複号同順）よって (I.23) より $\varphi_\pm(u(t)) = t + C$ （C 任意定数）となるが，$t = 0$ を代入すると $C = \varphi_\pm(1) = 0$ であるから，$\varphi_\pm(u(t)) = t$. したがって $u(t) = \operatorname{sech} t$ である． □

★**練習問題 I.3.** 例題 1.7 において, $a < 0$ の場合を考察せよ.

☆**研究課題 3.** 初期値問題の解の一意性が成り立たないような方程式の例で, 次の注意 I.1 以外のものをあげよ.

注意 I.1. 初期値問題の解の一意性は自明ではない. 例えば, 例 1.11 の (I.5) で定義した関数 $G(x)$ に対して

$$u'(t) = G(u(t)), \quad u(0) = 0 \tag{I.24}$$

を考えると, すべての $T \geq 0$ に対して, (I.4) で与えられる関数 $f_T(t)$ は初期値問題 (I.24) の解である. この例では $G(x)$ は $\mathbf{R}$ 上で連続であるが, $x = 0$ で微分可能でないため, 定理 1.1 の証明が適用できないことに注意する.

§2. 定数係数線形微分方程式

定数係数線形微分方程式の一般解は, 行列の指数関数と標準化を用いると, 通常の指数関数と多項式を用いて表すことができる. 本節では行列のスペクトル分解を適用する. 無限次元空間で展開すれば, ある種の偏微分方程式 (発展方程式) の解析にも応用できる方法である.

§2.1 定数係数 2 階線形微分方程式

p, q を定数として, 最初に同次定数係数 2 階線形微分方程式

$$u''(t) + pu'(t) + qu(t) = 0 \tag{I.25}$$

を考える. λ に関する 2 次方程式

$$\lambda^2 + p\lambda + q = 0$$

を (I.25) の**特性方程式**といい, その解 λ_1, λ_2 を**特性根**という. このとき $\lambda_1 + \lambda_2 = -p$, $\lambda_1 \lambda_2 = q$ が成り立つ. $u(t)$ を (I.25) の解とし, $v(t) = u'(t) - \lambda_2 u(t)$ とおくと

$$v'(t) - \lambda_1 v(t) = u''(t) - (\lambda_1 + \lambda_2)u'(t) + \lambda_1 \lambda_2 u(t) = 0$$

したがって $v(t) = v(0)e^{\lambda_1 t}$ であり, $u(t)$ は 1 階線形微分方程式

$$u'(t) - \lambda_2 u(t) = v(t) = v(0)e^{\lambda_1 t}$$

を満たす. したがって §1.2 の例題 1.1 より

$$u(t) = \begin{cases} u(0)e^{\lambda_2 t} + v(0)\dfrac{e^{\lambda_2 t} - e^{\lambda_1 t}}{\lambda_2 - \lambda_1}, & \lambda_1 \neq \lambda_2 \\ u(0)e^{\lambda_1 t} + v(0)te^{\lambda_1 t}, & \lambda_1 = \lambda_2 \end{cases} \tag{I.26}$$

よって (I.25) の一般解は, C_1, C_2 を任意定数として

§2. 定数係数線形微分方程式

$$u(t) = \begin{cases} C_1 e^{\lambda_1 t} + C_2 e^{\lambda_2 t}, & \lambda_1 \neq \lambda_2 \\ C_1 e^{\lambda_1 t} + C_2 t e^{\lambda_1 t}, & \lambda_1 = \lambda_2 \end{cases} \tag{I.27}$$

で与えられる.

●**例題 2.1.** (I.25) について次の解を求めよ:
(1) $u(0) = 1$, $u'(0) = 0$ を満たす解 $\varphi_1(t)$
(2) $u(0) = 0$, $u'(0) = 1$ を満たす解 $\varphi_2(t)$

解答: (1) $u(0) = 1$, $v(0) = u'(0) - \lambda_2 u(0) = -\lambda_2$. (I.26) より

$$\varphi_1(t) = \begin{cases} \dfrac{\lambda_2 e^{\lambda_1 t} - \lambda_1 e^{\lambda_2 t}}{\lambda_2 - \lambda_1}, & \lambda_1 \neq \lambda_2 \\ e^{\lambda_1 t} - \lambda_1 t e^{\lambda_1 t}, & \lambda_1 = \lambda_2 \end{cases}$$

(2) $u(0) = 0$, $v(0) = u'(0) - \lambda_2 u(0) = 1$. (I.26) より,

$$\varphi_2(t) = \begin{cases} \dfrac{e^{\lambda_2 t} - e^{\lambda_1 t}}{\lambda_2 - \lambda_1}, & \lambda_1 \neq \lambda_2 \\ t e^{\lambda_1 t}, & \lambda_1 = \lambda_2 \end{cases}$$

□

次に $f(t)$ を区間 I 上の連続関数とし,非同次線形微分方程式

$$u''(t) + pu'(t) + qu(t) = f(t), \quad t \in I \tag{I.28}$$

を考える. §1.1 の例 1.2 と同様にして,次の定理が得られる.

定理 2.1. $t_0 \in I$, $a, b \in \mathbf{C}$ に対して,初期条件 $u(t_0) = a$, $u'(t_0) = b$ を満たす (I.28) の解は

$$u(t) = a\varphi_1(t - t_0) + b\varphi_2(t - t_0) + \int_{t_0}^{t} \varphi_2(t - s) f(s)\, ds, \quad t \in I \tag{I.29}$$

で与えられる. ただし, $\varphi_1(t)$, $\varphi_2(t)$ は例題 2.1 で求めた同次方程式 (I.25) の解である.

証明: 例題 2.1 より

$$\varphi_1(t) - \varphi_2'(t) = -(\lambda_1 + \lambda_2)\varphi_2(t) = p\varphi_2(t), \quad \varphi_1'(t) = -\lambda_1 \lambda_2 \varphi_2(t) = -q\varphi_2(t)$$

したがって $u(t)$ を (I.28) の解とすると, $t, s \in I$ に対して

$$\frac{d}{ds}\{u(s)\varphi_1(t-s) + u'(s)\varphi_2(t-s)\}$$
$$= u'(s)\varphi_1(t-s) - u(s)\varphi_1'(t-s) + u''(s)\varphi_2(t-s) - u'(s)\varphi_2'(t-s)$$
$$= \varphi_2(t-s)\{u''(s) + pu'(s) + qu(s)\} = \varphi_2(t-s)f(s)$$

この式を s に関して t_0 から t まで積分して (I.29) を得る. □

(I.29) の最後の積分に関連して，連続関数 $f(t)$ と $g(t)$ の**合成積**を

$$f*g(t) = \int_0^t f(t-s)g(s)\,ds$$

で定める．$f*g(t)$ は $f(t)*g(t)$, あるいは $(f*g)(t)$ と書くこともある．

○例 **2.1.** $\lambda, \mu \in \mathbf{C}$ に対して，$e^{\lambda t} * e^{\mu t} = \int_0^t e^{\lambda(t-s)}e^{\mu s}\,ds$. §1.2 の例題 1.1 で計算したように，$\lambda \neq \mu$ のとき，$e^{\lambda t} * e^{\mu t} = \dfrac{e^{\lambda t}-e^{\mu t}}{\lambda-\mu}$. また，$e^{\lambda t} * e^{\lambda t} = te^{\lambda t}$.

●例題 **2.2.** $\lambda \in \mathbf{C}, \omega > 0, \kappa > 0$ とするとき，次の公式を示せ:

(1) $\lambda \neq \pm\imath\omega$ のとき

$$e^{\lambda t} * \cos\omega t = \frac{\lambda e^{\lambda t}}{\lambda^2+\omega^2} - \frac{\lambda}{\lambda^2+\omega^2}\cos\omega t + \frac{\omega}{\lambda^2+\omega^2}\sin\omega t$$

(2) $\kappa \neq \omega$ のとき

$$\cos\kappa t * \cos\omega t = \frac{\kappa\sin\kappa t - \omega\sin\omega t}{\kappa^2-\omega^2}, \quad \sin\kappa t * \cos\omega t = \frac{\kappa\cos\kappa t - \kappa\cos\omega t}{\omega^2-\kappa^2}$$

(3) $\cos\omega t * \cos\omega t = \dfrac{t}{2}\cos\omega t + \dfrac{\sin\omega t}{2\omega}, \quad \sin\omega t * \cos\omega t = \dfrac{t}{2}\sin\omega t$

解答: (1) 例 2.1 より

$$2e^{\lambda t} * \cos\omega t = e^{\lambda t} * e^{\imath\omega t} + e^{\lambda t} * e^{-\imath\omega t} = \frac{e^{\lambda t}-e^{\imath\omega t}}{\lambda-\imath\omega} + \frac{e^{\lambda t}-e^{-\imath\omega t}}{\lambda+\imath\omega}$$

$$= \frac{\lambda+\imath\omega}{\lambda^2+\omega^2}(e^{\lambda t}-e^{\imath\omega t}) + \frac{\lambda-\imath\omega}{\lambda^2+\omega^2}(e^{\lambda t}-e^{-\imath\omega t})$$

$$= \frac{1}{\lambda^2+\omega^2}\left\{2\lambda e^{\lambda t} - \lambda(e^{\imath\omega t}+e^{-\imath\omega t}) - \imath\omega(e^{\imath\omega t}-e^{-\imath\omega t})\right\}$$

$$= \frac{2}{\lambda^2+\omega^2}\left(\lambda e^{\lambda t} - \lambda\cos\omega t + \omega\sin\omega t\right)$$

(2) (1) の結果を用いると

$$\cos\kappa t * \cos\omega t + \imath\sin\kappa t * \cos\omega t = e^{\imath\kappa t} * \cos\omega t$$

$$= \frac{\imath\kappa}{-\kappa^2+\omega^2}(\cos\kappa t + \imath\sin\kappa t) - \frac{\imath\kappa}{-\kappa^2+\omega^2}\cos\omega t + \frac{\omega}{-\kappa^2+\omega^2}\sin\omega t$$

$$= \frac{\kappa}{\kappa^2-\omega^2}\sin\kappa t - \frac{\omega}{\kappa^2-\omega^2}\sin\omega t + \imath\left\{\frac{\kappa}{\omega^2-\kappa^2}\cos\kappa t - \frac{\kappa}{\omega^2-\kappa^2}\cos\omega t\right\}$$

両辺の実部と虚部を比較して求める公式を得る．

(3) 例 2.1 より

$$2(\cos\omega t * \cos\omega t + \imath\sin\omega t * \cos\omega t) = 2e^{\imath\omega t} * \cos\omega t$$

$$= e^{\imath\omega t} * e^{\imath\omega t} + e^{\imath\omega t} * e^{-\imath\omega t} = te^{\imath\omega t} + \frac{e^{\imath\omega t}-e^{-\imath\omega t}}{2\imath\omega}$$

§2. 定数係数線形微分方程式

$$= te^{i\omega t} + \frac{\sin \omega t}{\omega} = t\cos\omega t + it\sin\omega t + \frac{\sin\omega t}{\omega}$$

両辺の実部と虚部を比較して求める公式を得る. □

●**例題 2.3.** $\omega > 0, a, b \in \mathbf{R}$ とする. 次の初期値問題の解を求めよ:
$$u''(t) + 3u'(t) + 2u(t) = \cos\omega t, \quad u(0) = a, \quad u'(0) = b$$

解答: 特性方程式は $\lambda^2 + 3\lambda + 2 = (\lambda+1)(\lambda+2) = 0$. 特性根は $\lambda_1 = -2, \lambda_2 = -1$. 例題 2.1 より $\varphi_1(t) = 2e^{-t} - e^{-2t}, \varphi_2(t) = e^{-t} - e^{-2t}$. したがって定理 2.1 と例題 2.2 (1) より, 求める解は

$$u(t) = a(2e^{-t} - e^{-2t}) + b(e^{-t} - e^{-2t}) + (e^{-t} - e^{-2t}) * \cos\omega t$$
$$= \left(2a + b - \frac{1}{1+\omega^2}\right)e^{-t} - \left(a + b - \frac{2}{4+\omega^2}\right)e^{-2t}$$
$$+ \frac{(2-\omega^2)\cos\omega t + 3\omega\sin\omega t}{(1+\omega^2)(4+\omega^2)}$$
□

●**例題 2.4.** $\kappa > 0, \omega > 0, a, b \in \mathbf{R}$ とするとき, 次の初期値問題の解を求めよ:
$$u''(t) + \kappa^2 u(t) = \cos\omega t, \quad u(0) = a, \quad u'(0) = b$$

解答: 特性方程式は $\lambda^2 + \kappa^2 = 0$. 特性根は $\lambda_1 = -i\kappa, \lambda_2 = i\kappa$. 例題 2.1 より
$$\varphi_1(t) = \frac{e^{i\kappa t} + e^{-i\kappa t}}{2} = \cos\kappa t, \quad \varphi_2(t) = \frac{e^{i\kappa t} - e^{-i\kappa t}}{2i\kappa} = \frac{\sin\kappa t}{\kappa}$$

定理 2.1 より, 求める解は
$$u(t) = a\cos\kappa t + \frac{b}{\kappa}\sin\kappa t + \frac{1}{\kappa}\sin\kappa t * \cos\omega t$$

よって例題 2.2 (2), (3) より
$$u(t) = \begin{cases} a\cos\kappa t + \dfrac{b}{\kappa}\sin\kappa t + \dfrac{\cos\kappa t - \cos\omega t}{\omega^2 - \kappa^2}, & \kappa \neq \omega \\ a\cos\omega t + \dfrac{b}{\omega}\sin\omega t + \dfrac{t}{2\omega}\sin\omega t, & \kappa = \omega \end{cases}$$
□

最後に, **オイラーの微分方程式**
$$t^2 u''(t) + p t u'(t) + q u(t) = f(t), \quad t > 0 \tag{I.30}$$

を考える. ただし p, q は定数であり, $f(t)$ は $(0, \infty)$ 上で連続とする. $v(x) = u(e^x), t = e^x$ と変換する.

$$v'(x) = u'(e^x)e^x = tu'(t)$$
$$v''(x) = u''(e^x)e^{2x} + u'(e^x)e^x = t^2 u''(t) + tu'(t)$$

より, (I.30) は $v(x)$ に関する定数係数線形微分方程式

$$v''(x) + (p-1)v'(x) + qv(x) = f(e^x), \quad x \in \mathbf{R}$$

に帰着される．

●例題 **2.5.** $\alpha > 0, a, b \in \mathbf{R}$ とする．次の初期値問題の解を求めよ：
$$t^2 u''(t) - 3tu'(t) + 4u(t) = t^\alpha, \ t > 0, \quad u(1) = a, \quad u'(1) = b$$

解答： $v(x) = u(e^x), t = e^x$ と変換すると
$$v''(x) - 4v'(x) + 4v(x) = e^{\alpha x}, \quad v(0) = a, \quad v'(0) = b \qquad (\text{I.31})$$
この (I.31) の特性方程式は $\lambda^2 - 4\lambda + 4 = 0$．特性根は $\lambda_1 = \lambda_2 = 2$．例題 2.1 より $\varphi_1(x) = e^{2x} - 2xe^{2x}, \varphi_2(x) = xe^{2x}$．定理 2.1 より
$$v(x) = ae^{2x} + (b-2a)xe^{2x} + (xe^{2x}) * e^{\alpha x}$$
ここで，$\lambda, \mu \in \mathbf{C}$ に対して
$$(xe^{\lambda x}) * e^{\mu x} = \begin{cases} \dfrac{xe^{\lambda x}}{\lambda - \mu} - \dfrac{e^{\lambda x} - e^{\mu x}}{(\lambda - \mu)^2}, & \lambda \neq \mu \\ \dfrac{x^2}{2} e^{\lambda x}, & \lambda = \mu \end{cases}$$
$\alpha \neq 2$ のとき
$$v(x) = \left\{ a - \frac{1}{(\alpha - 2)^2} \right\} e^{2x} + \left\{ b - 2a - \frac{1}{\alpha - 2} \right\} xe^{2x} + \frac{e^{\alpha x}}{(\alpha - 2)^2}$$
したがって
$$u(t) = v(\log t) = \left\{ a - \frac{1}{(\alpha - 2)^2} \right\} t^2 + \left\{ b - 2a - \frac{1}{\alpha - 2} \right\} t^2 \log t + \frac{t^\alpha}{(\alpha - 2)^2}$$
一方，$\alpha = 2$ のとき $v(x) = ae^{2x} + bxe^{2x} + \dfrac{x^2}{2} e^{2x}$．よって
$$u(t) = v(\log t) = at^2 + bt^2 \log t + \frac{t^2}{2} (\log t)^2 \qquad \square$$

★練習問題 **I.4.** $\gamma > 0, \omega > 0, a, b \in \mathbf{R}$ とするとき，次の初期値問題の解を求めよ：
$$u''(t) + 2\gamma u'(t) + \gamma^2 u(t) = \cos \omega t, \quad u(0) = a, \quad u'(0) = b$$
☆研究課題 **4.** 例題 2.4 において，κ と ω が十分近いとき解 $u(t)$ のグラフを描き，どのような特徴があるか調べよ．

§2.2　行列の指数関数

N 次元複素数ベクトル全体を $\mathbf{C}^N$，複素数を成分とする N 次正方行列全体を $M_N(\mathbf{C})$ で表す．定数係数線形微分方程式系
$$u'(t) = Au(t) \qquad (\text{I.32})$$
において，$A = (a_{ij}) \in M_N(\mathbf{C})$ は複素数を成分とする N 次正方行列

§2. 定数係数線形微分方程式

$$u(t) = \begin{pmatrix} u_1(t) \\ \vdots \\ u_N(t) \end{pmatrix} \in \mathbf{C}^N$$

は N 次元ベクトル値の未知関数であるとする．定数係数 N 階線形微分方程式

$$v^{(N)}(t) + \sum_{j=1}^{N} a_j v^{(N-j)}(t) = 0$$

は

$$u(t) = \begin{pmatrix} v(t) \\ v'(t) \\ \vdots \\ v^{(N-2)}(t) \\ v^{(N-1)}(t) \end{pmatrix}, \quad A = \begin{pmatrix} 0 & 1 & 0 & \cdots & 0 \\ 0 & 0 & 1 & \ddots & \vdots \\ \vdots & \vdots & \ddots & \ddots & 0 \\ 0 & 0 & \cdots & 0 & 1 \\ -a_N & -a_{N-1} & \cdots & -a_2 & -a_1 \end{pmatrix}$$

とおくと，1 階の線形微分方程式系 (I.32) に帰着される．ただし $a_1, \cdots, a_N \in \mathbf{C}$ は定数である．本小節の目標は，初期条件 $u(0) = b$ を満たす (I.32) の解が行列の指数関数 e^{tA} を用いて $u(t) = e^{tA} b$ と表されることを示すことである．

定義 2.1. $\mathbb{K}$ を実数体 $\mathbf{R}$ または複素数体 $\mathbf{C}$ とし，X を $\mathbb{K}$ 上の線形空間とする．写像 $\|\cdot\| : X \to [0, \infty)$ が次の (1)–(3) を満たすとき**ノルム**という．また，ノルムが定義された空間を**ノルム空間**という：

(1) $\|x\| = 0$ ならば $x = 0$
(2) 任意の $x \in X, \alpha \in \mathbb{K}$ に対して $\|\alpha x\| = |\alpha| \|x\|$
(3) 任意の $x, y \in X$ に対して $\|x + y\| \leq \|x\| + \|y\|$

定義 2.2. $(X, \|\cdot\|)$ をノルム空間とする．X の点列 $\{u_n\}$ に対して

$$\forall \varepsilon > 0, \exists n_0 \in \mathbf{N} \text{ s.t. } m, n \geq n_0 \implies \|u_m - u_n\| < \varepsilon$$

が成り立つとき $\{u_n\}$ は**コーシー列**であるという．X の任意のコーシー列が収束するとき X は**完備**であるという．完備なノルム空間を**バナッハ空間**という．

○**例 2.2.** ベクトル $x = {}^t(x_1, \cdots, x_N) \in \mathbf{C}^N$，行列 $A = (a_{ij}) \in M_N(\mathbf{C})$ に対して，ノルムを

$$\|x\| = \left(\sum_{j=1}^{N} |x_j|^2 \right)^{1/2}, \quad \|A\| = \left(\sum_{i,j=1}^{N} |a_{ij}|^2 \right)^{1/2}$$

と定める．$\mathbf{C}^N, M_N(\mathbf{C})$ はバナッハ空間である．

○例 2.3. I を区間とし，$(X, \|\cdot\|_X)$ をバナッハ空間とする．また，I から X への有界連続関数全体を $C_b(I, X)$ で表す．このときノルム

$$\|u\| = \sup\{\|u(t)\|_X \mid t \in I\}, \quad u \in C_b(I, X)$$

によって $C_b(I, X)$ はバナッハ空間である．

●例題 2.6. 次の不等式を示せ．

(1) $A \in M_N(\mathbf{C})$, $x \in \mathbf{C}^N$ に対して $\|Ax\| \leq \|A\| \|x\|$

(2) $A, B \in M_N(\mathbf{C})$ に対して $\|AB\| \leq \|A\| \|B\|$

解答： (1) $y = Ax$ とおく．$y_i = \sum_{j=1}^{N} a_{ij} x_j$ とシュワルツの不等式より

$$\|Ax\|^2 = \sum_{i=1}^{N} |y_i|^2 \leq \sum_{i=1}^{N} \sum_{j=1}^{N} |a_{ij}|^2 \sum_{j=1}^{N} |x_j|^2 = \|A\|^2 \|x\|^2$$

(2) $C = AB$ とおく．$c_{ij} = \sum_{k=1}^{N} a_{ik} b_{kj}$ とシュワルツの不等式より

$$\|AB\|^2 = \sum_{i,j=1}^{N} |c_{ij}|^2 \leq \sum_{i,j=1}^{N} \sum_{k=1}^{N} |a_{ik}|^2 \sum_{k=1}^{N} |b_{kj}|^2 = \|A\|^2 \|B\|^2 \quad \square$$

定理 2.2. バナッハ空間 $(X, \|\cdot\|)$，$\{u_n\} \subset X$ に対し，$\sum_{n=1}^{\infty} \|u_n\| < \infty$ ならば $\sum_{n=1}^{\infty} u_n$ は X において収束する．

証明： 最初に $s_n = \sum_{k=1}^{n} u_k$ とおく．次に $\varepsilon > 0$ を任意にとる．$\sum_{n=1}^{\infty} \|u_n\| < \infty$ より $\sum_{n=n_0}^{\infty} \|u_n\| < \varepsilon$ を満たす $n_0 \in \mathbf{N}$ が存在する．$m > n \geq n_0$ のとき

$$\|s_m - s_n\| = \left\|\sum_{k=n+1}^{m} u_k\right\| \leq \sum_{k=n+1}^{m} \|u_k\| \leq \sum_{n=n_0}^{\infty} \|u_n\| < \varepsilon$$

したがって $\{s_n\}$ は X のコーシー列であり，X は完備であるから X において収束する． $\square$

例題 2.6 (2) より，$A \in M_N(\mathbf{C})$, $t \in \mathbf{R}$ に対して

$$\sum_{n=0}^{\infty} \left\|\frac{t^n}{n!} A^n\right\| \leq \sum_{n=0}^{\infty} \frac{|t|^n}{n!} \|A\|^n = e^{|t|\|A\|} \tag{I.33}$$

よって，定理 2.2 より $\sum_{n=0}^{\infty} \frac{t^n}{n!} A^n$ は $M_N(\mathbf{C})$ において収束する．これを e^{tA} と定める：

$$e^{tA} = \sum_{n=0}^{\infty} \frac{t^n}{n!} A^n = I + tA + \frac{t^2}{2!} A^2 + \frac{t^3}{3!} A^3 + \cdots$$

§2. 定数係数線形微分方程式

ここで I は単位行列を表す．$A, B \in M_N(\mathbf{C})$ に対して，$AB = BA$ ならば指数法則
$$e^{A+B} = e^A e^B = e^B e^A$$
が成り立つ．特に，$t, s \in \mathbf{R}$ に対して $e^{(t+s)A} = e^{tA} e^{sA}$ である．

○例 **2.4.** 対角行列 $D = \mathrm{diag}\,[\lambda_1, \cdots, \lambda_N]$ に対して $D^n = \mathrm{diag}\,[\lambda_1^n, \cdots, \lambda_N^n]$．よって $e^{tD} = \mathrm{diag}\,[e^{\lambda_1 t}, \cdots, e^{\lambda_N t}]$．また，$A$ が正則行列 T により，$T^{-1}AT = D$ と対角化されるときは $A^n = TD^n T^{-1}$ より $e^{tA} = Te^{tD}T^{-1}$．

○例 **2.5.** $J = \begin{pmatrix} 0 & -1 \\ 1 & 0 \end{pmatrix}$ に対して $J^2 = -I$．したがって $J^{2m} = (-1)^m I$, $J^{2m+1} = (-1)^m J$, $m = 0, 1, 2, \cdots$．よって
$$e^{tJ} = \sum_{m=0}^{\infty} \left\{ \frac{(-1)^m t^{2m}}{(2m)!} I + \frac{(-1)^m t^{2m+1}}{(2m+1)!} J \right\} = (\cos t) I + (\sin t) J$$
$$= \begin{pmatrix} \cos t & -\sin t \\ \sin t & \cos t \end{pmatrix}$$

$\alpha, \beta \in \mathbf{R}$ に対して $A = \begin{pmatrix} \alpha & -\beta \\ \beta & \alpha \end{pmatrix}$ とすると $A = \alpha I + \beta J$．ここで I, J は可換であるから
$$e^A = e^{\alpha I + \beta J} = e^{\alpha I} e^{\beta J} = e^\alpha I \begin{pmatrix} \cos \beta & -\sin \beta \\ \sin \beta & \cos \beta \end{pmatrix}$$
$$= \begin{pmatrix} e^\alpha \cos \beta & -e^\alpha \sin \beta \\ e^\alpha \sin \beta & e^\alpha \cos \beta \end{pmatrix} = (e^\alpha \cos \beta) I + (e^\alpha \sin \beta) J$$

○例 **2.6.** m 次正方行列
$$A = \begin{pmatrix} 0 & 1 & & \\ & \ddots & \ddots & \\ & & \ddots & 1 \\ & & & 0 \end{pmatrix}$$
に対して，クロネッカーのデルタ記号を用いて $A = (\delta_{i+1, j})$, $A^2 = (\delta_{i+2, j})$, $A^3 = (\delta_{i+3, j})$, $\cdots$, $A^{m-1} = (\delta_{i+m-1, j})$．また，$A^m = O$ より $n \geq m$ に対して $A^n = O$．よって

$$e^{tA} = \sum_{n=0}^{m-1} \frac{t^n}{n!} A^n = \begin{pmatrix} 1 & t & \dfrac{t^2}{2!} & \cdots & \dfrac{t^{m-1}}{(m-1)!} \\ 0 & 1 & t & \cdots & \dfrac{t^{m-2}}{(m-2)!} \\ \vdots & \ddots & \ddots & \ddots & \vdots \\ \vdots & & \ddots & \ddots & t \\ 0 & \cdots & \cdots & 0 & 1 \end{pmatrix}$$

定理 2.3. $A \in M_N(\mathbf{C})$ とする．任意の $t \in \mathbf{R}$ に対して，e^{tA} は微分可能で，
$$\frac{d}{dt} e^{tA} = A e^{tA} = e^{tA} A$$

証明： $S_n(t) = \sum_{k=0}^{n} \dfrac{t^k}{k!} A^k$, $n \in \mathbf{N}$, $t \in \mathbf{R}$ に対して

$$S_{n+1}(t) = I + \int_0^t A S_n(s)\, ds = I + \int_0^t S_n(s) A\, ds \tag{I.34}$$

(I.33) より，$\{S_n(t)\}$ は任意の $T > 0$ に対して $t \in [-T, T]$ について一様に e^{tA} に収束する．したがって，(I.34) において $n \to \infty$ とすると

$$e^{tA} = I + \int_0^t A e^{sA}\, ds = I + \int_0^t e^{sA} A\, ds, \quad t \in [-T, T] \tag{I.35}$$

T は任意だから，(I.35) はすべての $t \in \mathbf{R}$ に対して成り立ち，これから結論を得る． □

定理 2.4. $A \in M_N(\mathbf{C})$, I を区間とし，$t_0 \in I$, $f \in C(I, \mathbf{C}^N)$ とする．このとき，$b \in \mathbf{C}^N$ に対して，初期値問題

$$u'(t) = A u(t) + f(t), \quad t \in I, \qquad u(t_0) = b \tag{I.36}$$

の解は

$$u(t) = e^{(t-t_0)A} b + \int_{t_0}^{t} e^{(t-s)A} f(s)\, ds, \quad t \in I$$

で与えられる．

証明： $u(t)$ を (I.36) の解とすると，定理 2.6 より

$$\frac{d}{dt}\{e^{-tA} u(t)\} = -e^{-tA} A u(t) + e^{-tA} u'(t) = e^{-tA} f(t)$$

両辺を t_0 から t まで積分して

$$e^{-tA} u(t) = e^{-t_0 A} u(t_0) + \int_{t_0}^{t} e^{-sA} f(s)\, ds = e^{-t_0 A} b + \int_{t_0}^{t} e^{-sA} f(s)\, ds$$

さらに両辺に左から e^{tA} を作用させて

$$u(t) = e^{tA} e^{-t_0 A} b + e^{tA} \int_{t_0}^{t} e^{-sA} f(s)\, ds = e^{(t-t_0)A} b + \int_{t_0}^{t} e^{(t-s)A} f(s)\, ds \qquad □$$

§2. 定数係数線形微分方程式

★練習問題 **I.5.** $A, B \in M_N(\mathbf{C})$ が可換 $(AB = BA)$ のとき, 指数法則 $e^{A+B} = e^A e^B = e^B e^A$ が成り立つことを示せ.

☆研究課題 **5.** $A, B \in M_N(\mathbf{C}), T > 0$ とする. $\|A\|, \|B\|, T$ のみによる正定数 C_1, C_2 が存在して, $nh \leq T$ を満たす任意の $n \in \mathbf{N}, h \in (0, 1]$ に対して

$$\|e^{nh(A+B)} - \left(e^{hA}e^{hB}\right)^n\| \leq C_1 h,$$
$$\|e^{nh(A+B)} - \left(e^{(h/2)A}e^{hB}e^{(h/2)A}\right)^n\| \leq C_2 h^2$$

が成り立つことを示せ.

§2.3 行列のスペクトル分解

λ の多項式 $f(\lambda) = \sum_{k=0}^{m} c_k \lambda^k, c_k \in \mathbf{C}$ と $A \in M_N(\mathbf{C})$ に対して

$$f(A) = \sum_{k=0}^{m} c_k A^k = c_0 I + c_1 A + c_2 A^2 + \cdots + c_m A^m$$

とおき, A の固有多項式を

$$\Phi(\lambda) = \det(\lambda I - A) = (\lambda - \lambda_1)^{m_1} \cdots (\lambda - \lambda_r)^{m_r}$$

とする. ここで, $\lambda_1, \cdots, \lambda_r$ は A の相異なる固有値, $m_1, \cdots, m_r$ はその重複度である. 次に, $\Phi(\lambda)$ の逆数の部分分数分解を

$$\frac{1}{\Phi(\lambda)} = \frac{h_1(\lambda)}{(\lambda - \lambda_1)^{m_1}} + \cdots + \frac{h_r(\lambda)}{(\lambda - \lambda_r)^{m_r}} \tag{I.37}$$

とする. したがって, $1 \leq j \leq r$ に対して $h_j(\lambda)$ は高々 $(m_j - 1)$ 次の多項式である. また

$$P_j = h_j(A)(A - \lambda_1 I)^{m_1} \cdots \overset{j}{\vee} \cdots (A - \lambda_r I)^{m_r}$$
$$G_j = \{x \in \mathbf{C}^N \mid (A - \lambda_j I)^{m_j} x = 0\}$$

とおく. ここで, $\overset{j}{\vee}$ は $(A - \lambda_j I)^{m_j}$ を取り除くことを表す.

定理 2.5 (行列のスペクトル分解). 以下が成り立つ:

(1) $I = P_1 + \cdots + P_r$
(2) $(A - \lambda_j I)^{m_j} P_j = O, \ G_j = \{P_j x \mid x \in \mathbf{C}^N\}$

証明: (1) $g_j(\lambda) = \dfrac{\Phi(\lambda)}{(\lambda - \lambda_j)^{m_j}} = (\lambda - \lambda_1)^{m_1} \cdots \overset{j}{\vee} \cdots (\lambda - \lambda_r)^{m_r}, j = 1, \cdots, r$ とおく. (I.37) より, $1 = h_1(\lambda)g_1(\lambda) + \cdots + h_r(\lambda)g_r(\lambda)$ が成り立つ. $P_j = h_j(A)g_j(A)$ より $I = P_1 + \cdots + P_r$.

(2) まず，ケーリー・ハミルトンの定理より $\Phi(A) = O$. したがって
$$(A - \lambda_j I)^{m_j} P_j = h_j(A)\Phi(A) = O$$
よって $\{P_j x \mid x \in \mathbf{C}^N\} \subset G_j$. 逆に $x \in G_j$ とすると，$(A - \lambda_j I)^{m_j} x = 0$. $k \neq j$ に対し $P_k x = 0$. $x = P_1 x + \cdots + P_r x = P_j x$ となり，$G_j \subset \{P_j x \mid x \in \mathbf{C}^N\}$. □

定理 2.6. $t \in \mathbf{R}$ に対して $e^{tA} = \sum_{j=1}^{r} e^{\lambda_j t} \sum_{k=0}^{m_j - 1} \frac{t^k}{k!}(A - \lambda_j I)^k P_j$.

証明: 定理 2.5 より
$$e^{tA} = e^{tA} I = \sum_{j=1}^{r} e^{tA} P_j = \sum_{j=1}^{r} e^{\lambda_j t} e^{t(A - \lambda_j I)} P_j$$
$$= \sum_{j=1}^{r} e^{\lambda_j t} \sum_{k=0}^{\infty} \frac{t^k}{k!}(A - \lambda_j I)^k P_j = \sum_{j=1}^{r} e^{\lambda_j t} \sum_{k=0}^{m_j - 1} \frac{t^k}{k!}(A - \lambda_j I)^k P_j$$
□

○**例 2.7.** $\omega > 0$, $A = \begin{pmatrix} 0 & 1 \\ -\omega^2 & 0 \end{pmatrix}$ とする．A の固有多項式は $\Phi(\lambda) = \lambda^2 + \omega^2 = (\lambda - \imath\omega)(\lambda + \imath\omega)$. 固有値は $\lambda_1 = \imath\omega$, $\lambda_2 = -\imath\omega$. また
$$\frac{1}{\Phi(\lambda)} = \frac{c_1}{\lambda - \lambda_1} + \frac{c_2}{\lambda - \lambda_2}, \quad c_1 = \frac{1}{2\imath\omega}, \quad c_2 = -\frac{1}{2\imath\omega}$$
より，$1 = c_1(\lambda - \lambda_2) + c_2(\lambda - \lambda_1)$ となる．よって
$$P_1 = c_1(A - \lambda_2 I) = \frac{1}{2}\begin{pmatrix} 1 & \frac{1}{\imath\omega} \\ -\frac{\omega}{\imath} & 1 \end{pmatrix}, \quad P_2 = c_2(A - \lambda_1 I) = \frac{1}{2}\begin{pmatrix} 1 & -\frac{1}{\imath\omega} \\ \frac{\omega}{\imath} & 1 \end{pmatrix}$$
で，定理 2.6 より
$$e^{tA} = e^{\lambda_1 t} P_1 + e^{\lambda_2 t} P_2 = \begin{pmatrix} \cos\omega t & \frac{1}{\omega}\sin\omega t \\ -\omega\sin\omega t & \cos\omega t \end{pmatrix}$$

●**例題 2.7.** $A = \begin{pmatrix} 1 & 0 & 1 \\ -1 & 2 & 1 \\ 1 & -1 & 1 \end{pmatrix}$ に対して e^{tA} を求めよ．

解答: A の固有多項式は $\Phi(\lambda) = (\lambda - 1)^2(\lambda - 2)$ で
$$\frac{1}{(\lambda - 1)^2(\lambda - 2)} = \frac{-\lambda}{(\lambda - 1)^2} + \frac{1}{\lambda - 2}$$
より $1 = -\lambda(\lambda - 2) + (\lambda - 1)^2$ となる．$P_1 = -A(A - 2I)$, $P_2 = (A - I)^2$ とおくと
$$P_1 = \begin{pmatrix} 0 & 1 & 0 \\ 0 & 1 & 0 \\ -1 & 1 & 0 \end{pmatrix}, \quad (A - I)P_1 = \begin{pmatrix} -1 & 1 & 1 \\ -1 & 1 & 1 \\ 0 & 0 & 0 \end{pmatrix}, \quad P_2 = \begin{pmatrix} 1 & -1 & 0 \\ 0 & 0 & 0 \\ 1 & -1 & 0 \end{pmatrix}$$

§2. 定数係数線形微分方程式

となり，定理 2.6 より
$$e^{tA} = e^t P_1 + te^t(A-I)P_1 + e^{2t}P_2$$
$$= e^t \begin{pmatrix} 0 & 1 & 0 \\ 0 & 1 & 0 \\ -1 & 1 & 1 \end{pmatrix} + te^t \begin{pmatrix} -1 & 1 & 1 \\ -1 & 1 & 1 \\ 0 & 0 & 0 \end{pmatrix} + e^{2t} \begin{pmatrix} 1 & -1 & 0 \\ 0 & 0 & 0 \\ 1 & -1 & 0 \end{pmatrix} \quad \square$$

実対称行列は対角化可能で，取り扱いが簡単である．

●例題 2.8. $(n-1)$ 次正方行列[2]
$$A = n^2 \begin{pmatrix} 2 & -1 & 0 & \cdots & 0 \\ -1 & 2 & -1 & \ddots & \vdots \\ 0 & \ddots & \ddots & \ddots & 0 \\ \vdots & \ddots & -1 & 2 & -1 \\ 0 & \cdots & 0 & -1 & 2 \end{pmatrix}$$

の固有値と固有ベクトルを求め，$a, b \in \mathbf{R}^{n-1}, t \in \mathbf{R}$ に対して，次の初期値問題の解を求めよ：

(1) $u'(t) = -Au(t), u(0) = a$

(2) $u''(t) = -Au(t), u(0) = a, u'(0) = b$

解答： 固有値と固有ベクトルは
$$\lambda_k = 2n^2\left(1 - \cos\frac{k\pi}{n}\right), \quad \varphi_k = {}^t\left(\sin\frac{k\pi}{n}, \sin\frac{2k\pi}{n}, \cdots, \sin\frac{(n-1)k\pi}{n}\right)$$

で，$k = 1, 2, \cdots, n-1$ に対して $A\varphi_k = \lambda_k \varphi_k$ が成り立つ．実際，$\sin(x+y) + \sin(x-y) = 2\sin x \cos y$ より
$$\sin\frac{(j+1)k\pi}{n} + \sin\frac{(j-1)k\pi}{n} = 2\sin\frac{jk\pi}{n}\cos\frac{k\pi}{n}$$

したがって $j = 1, 2, \cdots, n-1$ に対して
$$-\sin\frac{(j-1)k\pi}{n} + 2\sin\frac{jk\pi}{n} - \sin\frac{(j+1)k\pi}{n} = 2\left(1 - \cos\frac{k\pi}{n}\right)\sin\frac{jk\pi}{n}$$

これは $A\varphi_k = \lambda_k\varphi_k$ にほかならない．

(1) $\mathbf{R}^{n-1}$ の内積を
$$\langle x, y \rangle = \frac{2}{n}\sum_{j=1}^{n-1} x_j y_j, \quad x = \begin{pmatrix} x_1 \\ \vdots \\ x_{n-1} \end{pmatrix}, \quad y = \begin{pmatrix} y_1 \\ \vdots \\ y_{n-1} \end{pmatrix}$$

---

[2] 2 点境界値問題の差分近似や有限要素近似で現れる．III 章の §2.1 参照．

で定める．上の $\{\varphi_1,\cdots,\varphi_{n-1}\}$ は $\mathbf{R}^{n-1}$ の正規直交基底で，$a = \sum_{k=1}^{n-1} \langle a,\varphi_k\rangle \varphi_k$ と展開できる．各 t に対して，$u(t) = \sum_{k=1}^{n-1} c_k(t)\varphi_k$ と展開すると

$$u'(t) = \sum_{k=1}^{n-1} c'_k(t)\varphi_k, \quad Au(t) = \sum_{k=1}^{n-1} c_k(t)A\varphi_k = \sum_{k=1}^{n-1} \lambda_k c_k(t)\varphi_k$$

となり，方程式から $c'_k(t) = -\lambda_k c_k(t)$, $k = 1,\cdots,n-1$．よって $c_k(t) = c_k(0)e^{-\lambda_k t} = \langle a,\varphi_k\rangle e^{-\lambda_k t}$ で，求める解は $u(t) = \sum_{k=1}^{n-1} \langle a,\varphi_k\rangle e^{-\lambda_k t}\varphi_k$．

(2) (1) と同様に $a = \sum_{k=1}^{n-1} \langle a,\varphi_k\rangle \varphi_k$, $b = \sum_{k=1}^{n-1} \langle b,\varphi_k\rangle \varphi_k$, $u(t) = \sum_{k=1}^{n-1} c_k(t)\varphi_k$ と展開すると，$k = 1,\cdots,n-1$ に対して $c''_k(t) = -\lambda_k c_k(t)$, $c_k(0) = \langle a,\varphi_k\rangle$, $c'_k(0) = \langle b,\varphi_k\rangle$．よって，$c_k(t) = \langle a,\varphi_k\rangle \cos\sqrt{\lambda_k}\,t + \dfrac{\langle b,\varphi_k\rangle}{\sqrt{\lambda_k}} \sin\sqrt{\lambda_k}\,t$ であり，求める解は

$$u(t) = \sum_{k=1}^{n-1} \langle a,\varphi_k\rangle \cos\sqrt{\lambda_k}\,t\,\varphi_k + \sum_{k=1}^{n-1} \frac{\langle b,\varphi_k\rangle}{\sqrt{\lambda_k}} \sin\sqrt{\lambda_k}\,t\,\varphi_k \qquad \square$$

最後に，e^{tA} の増大度に関する評価を導く．

定理 2.7. $A \in M_N(\mathbf{C})$ に対し，$\mu = \max\{\mathrm{Re}\,\lambda \mid \lambda \in \sigma(A)\}$ とおく．ただし $\sigma(A)$ は A の固有値全体である．このとき，任意の $\varepsilon > 0$ に対して正定数 C_ε が存在して

$$\|e^{tA}\| \leq C_\varepsilon e^{(\mu+\varepsilon)t}, \quad t \geq 0$$

となる．

証明： 定理 2.6 において $\sigma(A) = \{\lambda_j \mid j = 1,\cdots,r\}$ であり，$t \geq 0$ に対して

$$\|e^{tA}\| \leq \sum_{j=1}^{r} e^{\mathrm{Re}\,\lambda_j t} \sum_{k=0}^{m_j-1} \frac{t^k}{k!}\|(A-\lambda_j I)^k P_j\| \leq e^{\mu t}\sum_{j=1}^{r} \sum_{k=0}^{m_j-1} \frac{t^k}{k!}\|(A-\lambda_j I)^k P_j\|$$

したがって，$C_\varepsilon = \sup_{t \geq 0} e^{-\varepsilon t} \sum_{j=1}^{r} \sum_{k=0}^{m_j-1} \frac{t^k}{k!}\|(A-\lambda_j I)^k P_j\| < +\infty$, $\varepsilon > 0$ に対して $\|e^{tA}\| \leq C_\varepsilon e^{(\mu+\varepsilon)t}$, $t \geq 0$ が成り立つ． $\square$

★**練習問題 I.6.** $A = \begin{pmatrix} 3 & -3 & -1 \\ 3 & -4 & -2 \\ -4 & 7 & 4 \end{pmatrix}$ に対して，e^{tA} を求めよ．

☆**研究課題 6.** $A \in M_N(\mathbf{C})$ とするとき，$\sup_{t \geq 0} \|e^{tA}\| < +\infty$ が成り立つための条件を求めよ．

§3. 基本定理と定性的理論

微分方程式の解の存在と一意性を論ずるのが基本定理で，その性質を論ずるのが定性的理論である．本節では時間局所解の一意存在とその延長可能性の十分条件，定常解の安定性，変数係数線形方程式の解構造について，現代の非線形関数解析学を踏まえた精密な議論を展開する．

§3.1 初期値問題の解の存在と一意性

次の初期値問題について考える:
$$u'(t) = f(t, u(t)), \quad u(t_0) = a \tag{I.38}$$
$(t_0, a) \in \mathbf{R} \times \mathbf{R}^N$, $\tau > 0$, $\rho > 0$ として
$$D = \{(t, x) \in \mathbf{R} \times \mathbf{R}^N \mid t_0 \leq t \leq t_0 + \tau, \|x - a\| \leq \rho\}$$
とおく．

定理 3.1. $f : D \to \mathbf{R}^N$ は連続で，次のリプシッツ条件
$$\exists L > 0, \ \forall (t, x), (t, y) \in D, \quad \|f(t, x) - f(t, y)\| \leq L\|x - y\| \tag{I.39}$$
を満たすとする．また，$M = \max_{(t,x) \in D} \|f(t, x)\|$, $\tau_0 = \min\left\{\tau, \dfrac{\rho}{M}\right\}$ とおく．このとき，区間 $I = [t_0, t_0 + \tau_0]$ において初期値問題 (I.38) の解 $u(t)$ がただ1つ存在する．

$u \in C^1(I, \mathbf{R}^N)$ が初期値問題 (I.38) の解であることと，$u \in C(I, \mathbf{R}^N)$ が積分方程式
$$u(t) = a + \int_{t_0}^{t} f(s, u(s))\, ds \tag{I.40}$$
の解であることは同値である．以下では，初期値問題 (I.38) の代わりに，積分方程式 (I.40) を考える．定理 3.1 の証明には，次の縮小写像の原理を用いる．

定理 3.2. $(X, \|\cdot\|)$ をバナッハ空間，K を X の閉集合とする．また $\Phi : K \to K$ は縮小写像，すなわち $\gamma \in (0, 1)$ が存在して $\|\Phi[v] - \Phi[w]\| \leq \gamma \|v - w\|$, $\forall v, w \in K$ が成り立つとする．このとき，$\Phi[u] = u$ を満たす $u \in K$ がただ1つ存在する．

証明: 逐次近似法による．$u_0 \in K$ を1つ選び，K 上の点列を
$$u_n = \Phi[u_{n-1}], \quad n = 1, 2, \cdots \tag{I.41}$$
とする．各 $n \in \mathbf{N}$ に対して

$$\|u_n - u_{n+1}\| = \|\Phi[u_{n-1}] - \Phi[u_n]\| \leq \gamma\|u_{n-1} - u_n\| \leq \cdots \leq \gamma^n\|u_0 - u_1\|$$

よって, $n, p \in \mathbf{N}$ に対して

$$\|u_n - u_{n+p}\| \leq \sum_{j=0}^{p-1}\|u_{n+j} - u_{n+j+1}\|$$

$$\leq \sum_{j=0}^{p-1}\gamma^{n+j}\|u_0 - u_1\| \leq \frac{\gamma^n}{1-\gamma}\|u_0 - u_1\|$$

特に $\{u_n\}$ は X のコーシー列で X は完備だから, $u_n \to u, n \to \infty$ を満たす $u \in X$ が存在する. K は閉集合だから $u \in K$ であり, $\Phi : K \to K$ が連続なので (I.41) において $n \to \infty$ として, $u = \Phi[u]$ を得る.

一意性を示すため, $v \in K$ も $\Phi[v] = v$ を満たすとする. すると

$$\|u - v\| = \|\Phi[u] - \Phi[v]\| \leq \gamma\|u - v\| \quad \text{かつ} \quad 0 < \gamma < 1.$$

よって $\|u - v\| = 0, v = u$ となる. □

定理 3.1 の証明: $X = C(I, \mathbf{R}^N)$ はノルム $\|v\|_X = \max_{t \in I} e^{-L(t-t_0)}\|v(t)\|, v \in X$ によってバナッハ空間になる. また $K = \{v \in C(I, \mathbf{R}^N) \mid \|v(t) - a\| \leq \rho, t \in I\}$ は X の閉集合である. 各 $v \in K$ に対して

$$\Phi[v](t) = a + \int_{t_0}^{t} f(s, v(s))\,ds, \quad t \in I$$

と定めると, $\Phi : K \to K$ が縮小写像になることを示す. 実際, $v \in K$ に対して $\Phi[v] \in C(I, \mathbf{R}^N)$ であり, $t \in I$ に対して

$$\|\Phi[v](t) - a\| \leq \int_{t_0}^{t} \|f(s, v(s))\|\,ds \leq M(t - t_0) \leq M\tau_0 \leq \rho$$

だから $\Phi[v] \in K$ である. 次に $v, w \in K$ とする. $t \in I$ に対して

$$\|\Phi[v](t) - \Phi[w](t)\| \leq \int_{t_0}^{t} \|f(s, v(s)) - f(s, w(s))\|\,ds$$

$$\leq \int_{t_0}^{t} L\|v(s) - w(s)\|\,ds = \int_{t_0}^{t} Le^{L(s-t_0)}e^{-L(s-t_0)}\|v(s) - w(s)\|\,ds$$

$$\leq \int_{t_0}^{t} Le^{L(s-t_0)}\,ds \|v - w\|_X = \{e^{L(t-t_0)} - 1\}\|v - w\|_X$$

よって

$$e^{-L(t-t_0)}\|\Phi[v](t) - \Phi[w](t)\| \leq \{1 - e^{-L(t-t_0)}\}\|v - w\|_X$$

$$\leq (1 - e^{-L\tau_0})\|v - w\|_X$$

となり, $\gamma = 1 - e^{-L\tau_0} \in (0, 1)$ に対して $\|\Phi[v] - \Phi[w]\|_X \leq \gamma\|v - w\|_X$ となる.

縮小写像の原理より $\Phi[u] = u$ を満たす $u \in K$ がただ 1 つ存在し, $\Phi[u] = u$ は積分方程式 (I.40) にほかならない. (I.40) は (I.38) と同値であるから, 定理 3.1 が証明された. □

§3. 基本定理と定性的理論

開集合 $U \subset \mathbf{R}^N, f \in C^1(U, \mathbf{R}^N), x \in U$ に対して

$$Df(x) = \left(\frac{\partial f_i}{\partial x_j}(x)\right)_{i,j=1,\cdots,N}, \quad \|Df(x)\| = \left(\sum_{i,j=1}^{N}\left|\frac{\partial f_i}{\partial x_j}(x)\right|^2\right)^{1/2}$$

とおく.また,$\overline{B}(a,r) = \{x \in \mathbf{R}^N \mid \|x-a\| \leq r\} \subset U$ を満たす $a \in U, r > 0$ に対して $L(a,r) = \max\{\|Df(x)\| \mid x \in \overline{B}(a,r)\}$ とする.すると $x, y \in \overline{B}(a,r)$ に対して

$$f(x) - f(y) = \int_0^1 \frac{d}{d\theta} f(\theta x + (1-\theta)y)\, d\theta$$
$$= \int_0^1 Df(\theta x + (1-\theta)y)(x-y)\, d\theta$$

したがって

$$\|f(x) - f(y)\| \leq \int_0^1 \|Df(\theta x + (1-\theta)y)\|\|x-y\|\, d\theta \leq L(a,r)\|x-y\|$$

よって,$f(x)$ は $\overline{B}(a,r)$ においてリプシッツ条件を満たす.

以下 $f \in C^1(\mathbf{R}^N, \mathbf{R}^N)$ として,初期値問題

$$u'(t) = f(u(t)), \quad u(0) = a \tag{I.42}$$

を考える.任意の $a \in \mathbf{R}^N, r > 0$ に対して,f は $\overline{B}(a,r)$ においてリプシッツ条件を満たすので,定理 3.1 より,ある区間 $[0, T]$ において (I.42) の解が一意的に存在する.このような T の上限を (I.42) の解の**最大存在時間**といい,$T^*(a)$ と書くことにする.$T^*(a) = \infty$ のとき,(I.42) の解は**大域的に存在する**といい,$T^*(a) < \infty$ のとき,(I.42) の解は**有限時間で爆発する**という.

○例 3.1. $N = 1, f(x) = x^2$,すなわち $u'(t) = u(t)^2, u(0) = a \in \mathbf{R}$ の解は $u(t) = \dfrac{a}{1-at}$ で与えられるので

$$T^*(a) = \begin{cases} 1/a, & a > 0 \\ \infty, & a \leq 0 \end{cases}$$

定理 3.3. $f \in C^1(\mathbf{R}^N, \mathbf{R}^N), a \in \mathbf{R}^N$ とし,$T^*(a)$ を初期値問題 (I.42) の解 $u(t)$ の最大存在時間とする.このとき,$T^*(a) < \infty$ ならば,$\lim_{t \to T^*(a)} \|u(t)\| = \infty$.

証明: $T^*(a) < \infty$ であるが $\lim_{t \to T^*(a)} \|u(t)\| = \infty$ でないと仮定すると,$\rho > 0$ と区間 $(0, T^*(a))$ 内の列 $\{t_n\}$ で,$t_n \to T^*(a)$ かつ $\|u(t_n)\| \leq \rho, n \in \mathbf{N}$ を満たすものが存在する.特に $M = \max\{\|f(x)\| \mid x \in \mathbf{R}^N, \|x\| \leq \rho + 1\}, \tau_0 = \dfrac{1}{M}$ に対し,

$T^*(a) - \tau_0 < t_m$ を満たす $m \in \mathbf{N}$ が存在する．そこで $t = t_m$ を初期時刻とし，$u(t_m)$ を初期値として $u'(t) = f(u(t))$ を解く．定理 3.1 より，区間 $[t_m, t_m + \tau_0]$ において一意解が存在するので，(I.42) の解 $u(t)$ は区間 $[0, t_m + \tau_0]$ まで延長される．すると $T^*(a) < t_m + \tau_0$ となり，最大存在時間 $T^*(a)$ の定義に反する． □

●例題 3.1. $f \in C^1(\mathbf{R}^N, \mathbf{R}^N)$ は，ある正定数 C_0 に対して
$$(x, f(x)) \leq C_0(1 + \|x\|^2) \log(1 + \|x\|^2), \quad x \in \mathbf{R}^N$$
を満たすものとする．ただし，左辺は $\mathbf{R}^N$ のベクトル $x, f(x)$ の内積である．このとき，任意の $a \in \mathbf{R}^N$ に対して初期値問題 (I.42) の解 $u(t)$ は時間大域的に存在することを示せ．

解答: (I.42) の解 $u(t)$ の最大存在時間を $T^*(a)$ として，$w(t) = \|u(t)\|^2$ とおく．$t \in [0, T^*(a))$ に対して
$$\frac{1}{2} w'(t) = (u(t), u'(t)) = (u(t), f(u(t))) \leq C_0(1 + w(t)) \log(1 + w(t))$$
したがって
$$\frac{d}{dt} \log\left(\log(1 + w(t))\right) = \frac{w'(t)}{(1 + w(t)) \log(1 + w(t))} \leq 2C_0$$
この式を 0 から t まで積分して
$$\log\left(\log(1 + w(t))\right) \leq C_0 t + C_1, \quad \text{ただし } C_1 = \log\left(\log(1 + \|a\|^2)\right)$$
特にすべての $t \in [0, T^*(a))$ に対して
$$\|u(t)\|^2 = w(t) \leq \exp\left(\exp\left(C_0 t + C_1\right)\right) - 1 \tag{I.43}$$
となる．定理 3.3 と (I.43) より，$T^*(a) < \infty$ であると仮定すると
$$\infty = \lim_{t \to T^*(a)} \|u(t)\|^2 \leq \exp\left(\exp\left(C_0 T^*(a) + C_1\right)\right) - 1$$
これは矛盾である． □

★**練習問題 I.7.** $A \in M_N(\mathbf{C}), b \in \mathbf{C}^N$ として，初期値問題 $u'(t) = Au(t), u(0) = b$ を積分方程式に直す: $u(t) = b + \int_0^t Au(s)\, ds$．逐次近似法によって定まる関数列 $\{u_n(t)\}$:
$$u_0(t) = b, \quad u_n(t) = b + \int_0^t Au_{n-1}(s)\, ds, \quad n \in \mathbf{N}$$
を求めよ．次に，$\{u_n(t)\}$ の収束について考察せよ．

☆**研究課題 7.** $f \in C^1(\mathbf{R}^N, \mathbf{R}^N), a \in \mathbf{R}^N, u(t)$ は初期値問題 (I.42) の解とする．また，$\{a_n\}$ は a に収束する $\mathbf{R}^N$ の点列とし，$u_n(t)$ を初期条件 $u_n(0) = a_n$ を満たす $u'(t) = f(u(t))$ の解とする．このとき $T^*(a) \leq \liminf_{n \to \infty} T^*(a_n)$ であり，任意の $T \in (0, T^*(a))$ に対して $\lim_{n \to \infty} \max_{t \in [0,T]} \|u_n(t) - u(t)\| = 0$ が成り立つことを示せ．

§3.2 定常解の安定性

この小節では，$U \subset \mathbf{R}^N$ を空でない開集合，$f \in C^2(U, \mathbf{R}^N)$ として自励系の微分方程式

$$u'(t) = f(u(t)) \tag{I.44}$$

を考える．また $a \in U$ は $f(x)$ の**平衡点**，すなわち $f(a) = 0$ を満たす点とする．したがって $u(t) = a, t \in \mathbf{R}$ は (I.44) の**定常解**である．

補題 3.1. $\rho > 0$ は $\overline{B}_{2\rho}(a) \subset U$ を満たす定数として

$$g(x) = f(x) - Df(a)(x-a), \quad x \in \overline{B}_{2\rho}(a)$$

とおくと，$\|g(x)\| \leq M\|x-a\|^2$, $x \in \overline{B}_{2\rho}(a)$ を満たす定数 $M > 0$ が存在する．

証明: テイラーの定理より，$x \in \overline{B}_{2\rho}(a)$ に対して

$$g(x) = \sum_{i,j=1}^{N} \int_0^1 (1-\theta) \frac{\partial^2 f}{\partial x_i \partial x_j} (\theta x + (1-\theta)a)(x_i - a_i)(x_j - a_j)\, d\theta$$

ここで $M = \dfrac{1}{2} \sup\{\|D^2 f(x)\| \mid x \in \overline{B}_{2\rho}(a)\}$, $\|D^2 f(x)\| = \sqrt{\sum_{i,j,k=1}^{N} \left|\dfrac{\partial^2 f_k}{\partial x_i \partial x_j}(x)\right|^2}$
とおくと，$x \in \overline{B}_{2\rho}(a)$ に対して

$$\|g(x)\| \leq \int_0^1 (1-\theta)\|D^2 f(\theta x + (1-\theta)a)\|\, \|x-a\|^2\, d\theta \leq M\|x-a\|^2$$

が成り立つ． □

以下，$A = Df(a)$ の固有値の集合を $\sigma(A)$ とする．

定理 3.4. $\max\{\mathrm{Re}\,\lambda \mid \lambda \in \sigma(A)\} < 0$ ならば正定数 μ, C_0, ρ_0 が存在して，$\|x_0 - a\| \leq \rho_0$ ならば初期条件 $u(0) = x_0$ を満たす (I.44) の解 $u(t)$ が大域的に存在し，

$$\|u(t) - a\| \leq C_0 \|x_0 - a\| e^{-\mu t}, \quad \forall t \in [0, \infty)$$

となる[3]．特に，(I.44) の定常解 a は**漸近安定**である．

証明: 仮定から $\max\{\mathrm{Re}\,\lambda \mid \lambda \in \sigma(A)\} < -\mu < 0$ を満たす $\mu > 0$ が存在し，定理 2.7 から定数 $C_1 \geq 1$ が存在して

$$\|e^{tA}\| \leq C_1 e^{-\mu t}, \quad t \geq 0 \tag{I.45}$$

となる．また，定数 $\rho_0 > 0$ を

$$2C_1 \rho_0 \leq \rho, \quad 8C_1^2 M \rho_0 \leq \mu \tag{I.46}$$

---

[3] 線形化安定性．II 章の §1.3 参照．

を満たすようにとる．ここで，ρ, M は補題 3.1 で定めた正定数である．以下，$\|x_0 - a\| \leq \rho_0$ ならば $u(0) = x_0$ となる (I.44) の解 $u(t)$ が大域的に存在し

$$\|u(t) - a\| \leq 2C_1 \|x_0 - a\| e^{-\mu t}, \quad t \in [0, \infty) \tag{I.47}$$

が成り立つことを示す．実際，$\|x_0 - a\| \leq \rho_0 \leq \rho$ によって定理 3.1 が適用でき，十分小さな $T_1 > 0$ に対して $u(t)$ は区間 $[0, T_1]$ で一意に存在し，$t \in [0, T_1]$ に対して (I.47) を満たす．そこで区間 $[0, T]$ において (I.47) が成り立つような T の上限を T_* とし，$T_* < \infty$ であると仮定する．

すると $v(t) = u(t) - a$ は

$$v'(t) = f(a + v(t)) = Av(t) + g(a + v(t)), \quad v(0) = x_0 - a$$

を満たすので，定理 2.4 から

$$v(t) = e^{tA}v(0) + \int_0^t e^{(t-s)A} g(a + v(s))\, ds, \quad t \in [0, T_*]$$

となり，(I.45) と補題 3.1 より

$$\|v(t)\| \leq \|e^{tA}\| \|v(0)\| + \int_0^t \|e^{(t-s)A}\| \|g(a + v(s))\|\, ds$$

$$\leq C_1 \|v(0)\| e^{-\mu t} + C_1 M \int_0^t e^{-\mu(t-s)} \|v(s)\|^2\, ds$$

さらに $\|v(t)\| \leq 2C_1 \|v(0)\| e^{-\mu t},\ t \in [0, T_*]$ より

$$C_1 M \int_0^t e^{-\mu(t-s)} \|v(s)\|^2\, ds \leq C_1 M \int_0^t e^{-\mu(t-s)} \left(2C_1 \|v(0)\| e^{-\mu s}\right)^2 ds$$

$$\leq \frac{4C_1^2 M \rho_0}{\mu} C_1 \|v(0)\| e^{-\mu t} \leq \frac{1}{2} C_1 \|v(0)\| e^{-\mu t}, \quad t \in [0, T_*]$$

ただし (I.46) の 2 番目の条件を適用した．したがって $t \in [0, T_*]$ に対して

$$\|u(t) - a\| = \|v(t)\| \leq \frac{3}{2} C_1 \|x_0 - a\| e^{-\mu t} < 2C_1 \|x_0 - a\| e^{-\mu t}$$

となるが，これは T_* の定義に反する．よって $T_* = \infty$ でなければならない．すなわち解 $u(t)$ は大域的に存在し，すべての $t \in [0, \infty)$ に対して (I.47) が成り立つ． □

定常解の安定性は次で定義される．(I.44) の定常解 a は，定理 3.4 の意味で漸近安定ならば，定義 3.1 の意味で安定である．

定義 3.1. (I.44) の定常解 a は，任意の $\varepsilon > 0$ に対して $\delta > 0$ が存在して，$\|x_0 - a\| < \delta$ ならば初期条件 $u(0) = x_0$ を満たす (I.44) の解 $u(t)$ が大域的に存在し，$\|u(t) - a\| < \varepsilon, \forall t \in [0, \infty)$ を満たすとき**安定**であるという．また安定でないとき，**不安定**であるという．

定理 3.5. $\max\{\mathrm{Re}\,\lambda \mid \lambda \in \sigma(A)\} > 0$ ならば，(I.44) の定常解 a は不安定である．

§3. 基本定理と定性的理論

証明: $\text{Re}\,\lambda_0 = \max\{\text{Re}\,\lambda \mid \lambda \in \sigma(A)\}$ を満たす A の固有値 λ_0 をとり,$\mu_0 = \text{Re}\,\lambda_0$,$\gamma_0 = \text{Im}\,\lambda_0$ とおく.また $z_0 \in \mathbf{C}^N$,$x_0 = \text{Re}\,z_0$,$y_0 = \text{Im}\,z_0$ を固有値 λ_0 に対応する固有ベクトルとし,一般性を失わず $x_0 \neq 0$ としてよい.定理を背理法で示すため,(I.44) の定常解 a は安定であると仮定する.

$n \in \mathbf{N}$ に対して,$u_n(t)$ を $u_n'(t) = f(u_n(t))$,$u_n(0) = a + \delta_n x_0$ の解とする.$\delta_n > 0$ は後述の (I.49) で定める定数で,$\lim_{n\to\infty} \delta_n = 0$ を満たすものである.背理法の仮定より,十分大きな n に対して,$u_n(t)$ は大域的に存在する.また,$v_n(t) = u_n(t) - a$ は

$$v_n'(t) = Av_n(t) + g(a + v_n(t)), \quad v_n(0) = \delta_n x_0 \tag{I.48}$$

を満たす.ここで $v'(t) = Av(t)$,$v(0) = \delta_n z_0$ の解が $v(t) = \delta_n e^{\lambda_0 t} z_0$ で与えられることに着目して $w_n(t) = \delta_n \text{Re}[e^{\lambda_0 t} z_0] = \delta_n e^{\mu_0 t}[(\cos \gamma_0 t) x_0 - (\sin \gamma_0 t) y_0]$ とおく.$w_n(t)$ は $w_n'(t) = Aw_n(t)$,$w_n(0) = \delta_n x_0$ を満たすので,$e^{tA}(\delta_n x_0) = w_n(t)$.したがって,定理 2.4, (I.48) より

$$v_n(t) = w_n(t) + \int_0^t e^{(t-s)A} g(a + v_n(s))\,ds, \quad t \in [0, \infty)$$

また,$\|w_n(t)\| \leq \delta_n \|e^{\lambda_0 t} z_0\| = \delta_n e^{\mu_0 t}$,$t \geq 0$ であり

$$T_n = \begin{cases} 2\pi n/|\gamma_0|, & \gamma_0 \neq 0 \\ n, & \gamma_0 = 0 \end{cases}$$

に対して $w_n(T_n) = \delta_n e^{\mu_0 T_n} x_0$ となる.定理 2.7 より,$\mu_1 = \dfrac{3}{2}\mu_0$ に対して定数 $C_1 \in [1, \infty)$ が存在して $\|e^{tA}\| \leq C_1 e^{\mu_1 t}$,$t \geq 0$.そこで

$$\varepsilon_0 = \frac{\mu_0 \|x_0\|}{24 C_1 M}, \quad \delta_n = \varepsilon_0 e^{-\mu_0 T_n} \tag{I.49}$$

とおき,$t \in [0, T_n]$ に対して

$$\|v_n(t) - w_n(t)\| \leq \frac{1}{2} \delta_n e^{\mu_0 t} \|x_0\| \tag{I.50}$$

が成り立つことを示す.そのために,すべての $t \in [0, T]$ に対して (I.50) が成り立つような T の上限を $\widetilde{T}_n$ とおき,$\widetilde{T}_n < T_n$ と仮定する.すると $t \in [0, \widetilde{T}_n]$ に対して

$$\|v_n(t)\| \leq \|w_n(t)\| + \frac{1}{2}\delta_n e^{\mu_0 t}\|x_0\| \leq \delta_n e^{\mu_0 t}\|z_0\| + \delta_n e^{\mu_0 t}\|x_0\| \leq 2\delta_n e^{\mu_0 t}$$

であるから,補題 3.1 より

$$\begin{aligned}
\|v_n(t) - w_n(t)\| &\leq \int_0^t \|e^{(t-s)A}\|\,\|g(a+v_n(s))\|\,ds \\
&\leq C_1 M \int_0^t e^{\mu_1(t-s)} \|v_n(s)\|^2\,ds \leq C_1 M \int_0^t e^{\mu_1(t-s)} (2\delta_n e^{\mu_0 s})^2\,ds \\
&\leq \frac{4 C_1 M \delta_n^2 e^{2\mu_0 t}}{2\mu_0 - \mu_1} = \frac{8 C_1 M \delta_n e^{\mu_0 t}}{\mu_0 \|x_0\|} \delta_n e^{\mu_0 t} \|x_0\| \\
&\leq \frac{8 C_1 M \varepsilon_0}{\mu_0 \|x_0\|} \delta_n e^{\mu_0 t} \|x_0\| \leq \frac{1}{3} \delta_n e^{\mu_0 t} \|x_0\|
\end{aligned}$$

となり，$\widetilde{T}_n$ の定義に反する．よって $T_n \leq \widetilde{T}_n$ で，(I.50) はすべての $t \in [0, T_n]$ に対して成り立つ．特に

$$\|v_n(T_n)\| \geq \|w_n(T_n)\| - \frac{1}{2}\delta_n e^{\mu_0 T_n}\|x_0\| = \frac{1}{2}\delta_n e^{\mu_0 T_n}\|x_0\| = \frac{1}{2}\varepsilon_0\|x_0\|$$

であり，$\|u_n(T_n) - a\| \geq \frac{\varepsilon_0}{2}\|x_0\|$ が成り立つ．一方，最初に注意したように $\|u_n(0) - a\| = \delta_n\|x_0\| \to 0, n \to \infty$ であるから，この式は a が安定であるという仮定に反する． □

●例題 3.2. $\mu > 0$ を定数として

$$\frac{d}{dt}\begin{pmatrix} u_1(t) \\ u_2(t) \end{pmatrix} = \begin{pmatrix} u_2(t) \\ -u_1(t) + u_1(t)^3 - 2\mu u_2(t) \end{pmatrix} \tag{I.51}$$

の定常解 $a = {}^t(0,0)$, $b = {}^t(1,0)$ の安定性を調べよ．

解答： $x = {}^t(x_1, x_2) \in \mathbf{R}^2$ に対して $f(x) = {}^t(x_2, -x_1 + x_1^2 - 2\mu x_2)$ とおく．$Df(x) = \left(\frac{\partial f_i}{\partial x_j}\right)_{i,j}$ に対して，最初に $Df(b) = \begin{pmatrix} 0 & 1 \\ 2 & -2\mu \end{pmatrix}$ の固有値は $\lambda_1 = -\mu - \sqrt{\mu^2 + 2}$, $\lambda_2 = -\mu + \sqrt{\mu^2 + 2}$. $\lambda_1 < 0 < \lambda_2$ であるから (I.51) の定常解 b は不安定．次に，$Df(a) = \begin{pmatrix} 0 & 1 \\ -1 & -2\mu \end{pmatrix}$ の固有値は

$$\begin{cases} \lambda_1 = -\mu - \sqrt{\mu^2 - 1}, \ \lambda_2 = -\mu + \sqrt{\mu^2 - 1}, & \mu \geq 1 \\ \lambda_1 = -\mu - \imath\sqrt{1 - \mu^2}, \ \lambda_2 = -\mu + \imath\sqrt{1 - \mu^2}, & 0 < \mu < 1 \end{cases}$$

$0 < \mu < 1$ のとき $\operatorname{Re}\lambda_1 = \operatorname{Re}\lambda_2 = -\mu < 0$ となる．$\mu \geq 1$ のとき $\lambda_1 \leq \lambda_2 < 0$ となる．いずれの場合も (I.51) の定常解 a は漸近安定である． □

★練習問題 I.8. 例題 3.2 において，$\mu < 0$ のとき，(I.51) の定常解 a は不安定であることを示せ．また，$\mu = 0$ のとき，a は安定であるが，漸近安定でないことを示せ．

☆研究課題 8. 例題 3.2 において $\mu \geq 0$ の場合には，任意の $\beta > 1$ に対して初期条件 $(u_1(0), u_2(0)) = (\beta, 0)$ を満たす (I.51) の解は有限時間で爆発することを示せ．

§3.3 変数係数線形微分方程式

変数係数の線形微分方程式系

$$u'(t) = A(t)u(t), \quad t \in I \tag{I.52}$$

を考える．ここで，$A(t) = (a_{ij}(t))$ は区間 I 上の連続関数 $a_{ij}(t)$ を成分とする N 次正方行列であり，$u(t) = {}^t(u_1(t), \cdots, u_N(t))$ は N 次元列ベクトルに値をとる未知関数である．

§3. 基本定理と定性的理論

定理 3.6. 与えられた $t_0 \in I$, $b \in \mathbf{C}^N$ に対し, 初期条件 $u(t_0) = b$ を満たす (I.52) の大域解 (区間 I 全体で定義された解) $u(t)$ がただ 1 つ存在する.

証明: $t_0 \in J \subset I$ を満たす任意の有界閉区間 J において, $u(t_0) = b$ を満たす (I.52) の解 $u(t)$ がただ 1 つ存在することを示せばよい. また, $u \in C^1(J, \mathbf{C}^N)$ が $u(t_0) = b$ を満たす (I.52) の解であることと $u \in C(J, \mathbf{C}^N)$ が積分方程式

$$u(t) = b + \int_{t_0}^{t} A(s)u(s)\,ds, \quad t \in J \tag{I.53}$$

の解であることは同値であるので, (I.53) の解がただ 1 つ存在することを示す[4].

縮小写像の原理 (定理 3.2) を用いるため, $X = C(J, \mathbf{C}^N)$, $L = \max\{\|A(t)\| \mid t \in J\}$ とし, $v \in X$ に対して $\|v\|_X = \max\{e^{-2L|t-t_0|}\|v(t)\| \mid t \in J\}$ とおく. X はバナッハ空間になる. $v \in X$ に対して

$$F[v](t) = b + \int_{t_0}^{t} A(s)u(s)\,ds, \quad t \in J$$

とおく. $F: X \to X$ であり, $v, w \in X, t \in J$ に対して

$$\|F[v](t) - F[w](t)\| \leq \left|\int_{t_0}^{t} \|A(s)(v(s) - w(s))\|\,ds\right|$$
$$\leq \left|\int_{t_0}^{t} \|A(s)\|\,\|v(s) - w(s)\|\,ds\right| \leq \left|\int_{t_0}^{t} L\|v(s) - w(s)\|\,ds\right|$$
$$\leq \left|\int_{t_0}^{t} Le^{2L|s-t_0|}\|v - w\|_X\,ds\right| = \frac{1}{2}e^{2L|t-t_0|}\|v - w\|_X$$

したがって $\|F[v] - F[w]\|_X \leq \frac{1}{2}\|v - w\|_X$ となり, $F: X \to X$ は縮小写像であることから $F[u] = u$ を満たす $u \in X$ がただ 1 つ存在し, したがって積分方程式 (I.53) の解もただ 1 つ存在する. □

定理 3.7. (I.52) の解全体 $\mathcal{S} = \{u \in C^1(I, \mathbf{C}^N) \mid u'(t) = A(t)u(t), t \in I\}$ は $\mathbf{C}$ 上の N 次元線形空間で, 各 $t_0 \in I$ に対して $\Psi_{t_0}[u] = u(t_0)$, $u \in \mathcal{S}$ で定める $\Psi_{t_0}: \mathcal{S} \to \mathbf{C}^N$ は同型写像である.

証明: $\mathcal{S}$ は $\mathbf{C}$ 上の (無限次元) 線形空間 $C^1(I, \mathbf{C}^N)$ の線形部分空間である. 写像 $\Psi_{t_0}: \mathcal{S} \to \mathbf{C}^N$ は線形で, 定理 3.6 より全単射. したがって $\Psi_{t_0}: \mathcal{S} \to \mathbf{C}^N$ は同型写像である. 特に $\mathcal{S}$ は $\mathbf{C}^N$ と線形空間として同型で, $\mathcal{S}$ は $\mathbf{C}$ 上の N 次元線形空間である. □

定理 3.7 より, (I.52) の N 個の線形独立な解 $\phi_1(t), \cdots, \phi_N(t)$ が求まれば (I.52) の解全体は $\mathcal{S} = \{c_1\phi_1(t) + \cdots + c_N\phi_N(t) \mid c_1, \cdots, c_N \in \mathbf{C}\}$ で与えられる. したがって $c_1\phi_1(t) + \cdots + c_N\phi_N(t)$ ($c_1, \cdots, c_N$ 任意定数) は (I.52) の

---

[4] 定理 3.1, 3.3 を直接適用してもよい.

一般解になる．

定義 3.2. 合成写像 $\Psi_t \circ \Psi_s^{-1} : \mathbf{C}^N \to \mathbf{C}^N$, $t, s \in I$ は線形同型写像だから，N 次正方行列 $E(t,s)$ を用いて $\Psi_t \circ \Psi_s^{-1}[b] = E(t,s)b$, $b \in \mathbf{C}^N$ と表すことができる．この $E(t,s)$ を (I.52) の**基本行列**という．

係数行列 $A(t) = A$ が，t によらない定数係数の場合は，基本行列は行列の指数関数を用いて $E(t,s) = e^{(t-s)A}$, $t, s \in \mathbf{R}$ で与えられる．変数係数の場合は基本行列を具体的に求めることは容易ではない．

単なるいい換えであるが，$t_0 \in I$, $b \in \mathbf{C}^N$ に対して，初期条件 $u(t_0) = b$ を満たす (I.52) の解 $u(t)$ は，基本行列を用いて $u(t) = E(t, t_0)b$ と表される．特に

$$\frac{\partial E}{\partial t}(t, t_0)b = u'(t) = A(t)u(t) = A(t)E(t, t_0)b$$

であり，$b \in \mathbf{C}^N$ は任意であるので行列として

$$\frac{\partial E}{\partial t}(t, t_0) = A(t)E(t, t_0)$$

が成り立つ．

定理 3.8. $t_0 \in I$, $b \in \mathbf{C}^N$, $f \in C(I, \mathbf{C}^N)$ に対して，初期値問題

$$u'(t) = A(t)u(t) + f(t),\ t \in I, \quad u(t_0) = b \tag{I.54}$$

の解は

$$u(t) = E(t, t_0)b + \int_{t_0}^t E(t, s)g(s)\,ds, \quad t \in I$$

で与えられる．

証明: (I.52) の初期値問題の解の一意性から，$E(t,s)E(s,r) = E(t,r)$, $t, s, r \in I$ および $E(s,s) = I$ が成り立つ．$u(t)$ を (I.54) の解とし，$v(t) = E(t_0, t)u(t)$ とおくと，$u(t) = E(t, t_0)v(t)$．したがって

$$u'(t) = \frac{\partial E}{\partial t}(t, t_0)v(t) + E(t, t_0)v'(t) = A(t)E(t, t_0)v(t) + E(t, t_0)v'(t)$$
$$= A(t)u(t) + E(t, t_0)v'(t)$$

一方，$u'(t) = A(t)u(t) + f(t)$ より $E(t, t_0)v'(t) = f(t)$．よって $v'(t) = E(t_0, t)f(t)$．この式を t_0 から t まで積分して $v(t) = v(t_0) + \int_{t_0}^t E(t_0, s)f(s)\,ds$．さらに，$v(t_0) = E(t_0, t_0)u(t_0) = u(t_0) = b$ だから

$$u(t) = E(t, t_0)v(t) = E(t, t_0)v(t_0) + \int_{t_0}^t E(t, t_0)E(t_0, s)f(s)\,ds$$

§3. 基本定理と定性的理論　　　　　　　　　　　　　　　　　　　　　　37

$$= E(t,t_0)b + \int_{t_0}^{t} E(t,s)f(s)\,ds$$

□

単独の 2 階線形微分方程式

$$v''(t) + p(t)v'(t) + q(t)v(t) = 0, \quad t \in I \tag{I.55}$$

は

$$u(t) = \begin{pmatrix} v(t) \\ v'(t) \end{pmatrix}, \quad A(t) = \begin{pmatrix} 0 & 1 \\ -q(t) & -p(t) \end{pmatrix}$$

に対して $u'(t) = A(t)u(t)$ となり，(I.52) の形になる．ただし $p(t), q(t)$ は区間 I 上の連続関数とする．

$$\mathcal{S}_1 = \{u \in C^1(I, \mathbf{C}^2) \mid u'(t) = A(t)u(t),\ t \in I\}$$
$$\mathcal{S}_2 = \{v \in C^2(I, \mathbf{C}) \mid v''(t) + p(t)v'(t) + q(t)v(t) = 0,\ t \in I\}$$

とおき，写像 $\Psi : \mathcal{S}_2 \to \mathcal{S}_1$ を $\Psi[v] = {}^t(v, v'),\ v \in \mathcal{S}_2$ で定める．$\Psi : \mathcal{S}_2 \to \mathcal{S}_1$ は同型写像であり，定理 3.7 より $\mathcal{S}_2$ は $\mathbf{C}$ 上の 2 次元線形空間である．したがって (I.55) の線形独立な解 $\varphi_1(t), \varphi_2(t)$ が求まれば，$c_1\varphi_1(t) + c_2\varphi_2(t)$ (c_1, c_2 任意定数) は (I.55) の一般解となる．

変数係数の場合，(I.55) の非自明な解を求めることは容易ではないが，(I.55) の非自明な解 $\varphi(t)$ が 1 つみつかれば，$v(t) = \varphi(t)w(t)$ とおくことにより (I.55) のもう 1 つの解を求めることができる．実際，$v'(t) = \varphi'(t)w(t) + \varphi(t)w'(t)$ より

$$\begin{aligned}v''(t) &= \varphi''(t)w(t) + 2\varphi'(t)w'(t) + \varphi(t)w''(t) \\ &= -p(t)\varphi'(t)w(t) - p(t)\varphi(t)w'(t) - q(t)\varphi(t)w(t)\end{aligned}$$

したがって

$$\varphi(t)w''(t) = -\{p(t)\varphi(t) + 2\varphi'(t)\}w'(t)$$

この式は $w'(t)$ に対する 1 階線形微分方程式であり，$w(t)$ を求積法で求めることができる．

●例題 3.3. $n = 0, 1, 2, \cdots$ とすると，ルジャンドル方程式

$$(1 - t^2)v''(t) - 2tv'(t) + n(n+1)v(t) = 0, \quad -1 < t < 1 \tag{I.56}$$

は n 次の多項式解をもつ．$n = 1$ に対して (I.56) の一般解を求めよ．

解答： $n = 1$ のとき，$\varphi(t) = t$ が (I.56) の解であることは容易に確かめられる．$v(t) = tw(t)$ とおき，(I.56) に代入して $w''(t) = -\dfrac{2(1 - 2t^2)}{t(1 - t^2)}w'(t)$. さらに

$$\frac{2(1-2t^2)}{t(1-t^2)} = \frac{2}{t} + \frac{1}{1+t} - \frac{1}{1-t}$$

より $w'(t) = \dfrac{C_1}{t^2(1-t^2)}$ （C_1 任意定数）．この式を積分して

$$w(t) = \frac{C_1}{2}\log\frac{1+t}{1-t} - \frac{C_1}{t} + C_2$$

$v(t) = tw(t)$ より，(I.56) の一般解は

$$v(t) = C_1\left\{\frac{t}{2}\log\frac{1+t}{1-t} - 1\right\} + C_2 t \quad (C_1, C_2 \text{ 任意定数})$$
□

次の例題も，変数係数の場合に (I.55) の一般解が具体的に求まる例である．

●**例題 3.4.** ベッセル方程式

$$t^2 v''(t) + t v'(t) + (t^2 - \nu^2)v(t) = 0, \quad 0 < t < \infty \quad (\text{I.57})$$

において，$\nu = \dfrac{1}{2}$ のとき一般解を求めよ．

解答： $\nu = \dfrac{1}{2}$ のとき，$w(t) = \sqrt{t}\, v(t)$ と変換すると，$w(t)$ は $w''(t) = w(t)$ を満たす．この一般解は $w(t) = C_1\cos t + C_2\sin t$ で与えられるから，(I.57) の一般解は

$$v(t) = \frac{C_1}{\sqrt{t}}\cos t + \frac{C_2}{\sqrt{t}}\sin t \quad (C_1, C_2 \text{ 任意定数})$$
□

★**練習問題 I.9.** 2 階線形微分方程式 (I.55) に対して，$w(t) = \dfrac{v'(t)}{v(t)}$ と変換すると，リッカチの方程式 $w'(t) + w(t)^2 + p(t)w(t) + q(t) = 0$ となることを示せ．

☆**研究課題 9.** 例題 3.3 において，$n = 2$ のとき，(I.56) の一般解を求めよ．

§4. 補　足

微分方程式の統論としては力学系理論が重要であるが，次章で数理モデリングと組み合わせた入門的な解説をするので，本節では 2 点境界値問題とラプラス変換を扱う．前者は楕円型偏微分方程式の最も簡単なモデルで，とりわけグリーン関数を理解するうえで有用であり，後者は微分方程式解法の基本的道具として，システム科学をはじめとする工学で頻繁に用いられるものである．

§4.1　2 点境界値問題

この小節では独立変数を x で表し，いくつかの例を説明する．

§4. 補足

●**例題 4.1.** $f(x)$ は区間 $[0, l]$ 上の連続関数とする．ディリクレ境界値問題
$$u''(x) = -f(x),\ 0 < x < l, \quad u(0) = u(l) = 0 \qquad (\text{I.58})$$
の解 $u(x)$ を求めよ．

解答： 定理 2.1 より，初期条件 $u(0) = 0$, $u'(0) = b$ を満たす $u''(x) = -f(x)$ の解は
$$u(x) = bx - \int_0^x (x-y)f(y)\,dy \qquad (\text{I.59})$$
で与えられる．$u(x)$ が境界条件 $u(l) = 0$ を満たすように定数 b を定めると
$$b = \frac{1}{l}\int_0^l (l-y)f(y)\,dy$$
(I.59) に代入して
$$\begin{aligned}
u(x) &= \frac{x}{l}\int_0^l (l-y)f(y)\,dy - \int_0^x (x-y)f(y)\,dy \\
&= \int_0^x \frac{y(l-x)}{l}f(y)\,dy + \int_x^l \frac{x(l-y)}{l}f(y)\,dy \\
&= \int_0^l G(x,y)f(y)\,dy
\end{aligned}$$
ここで
$$G(x,y) = \begin{cases} \dfrac{y(l-x)}{l}, & 0 \leq y \leq x \leq l \\[2mm] \dfrac{x(l-y)}{l}, & 0 \leq x \leq y \leq l \end{cases}$$
を (I.58) のグリーン関数とよぶ． □

初期値問題と異なり，境界値問題の解は常に存在するとは限らない．

●**例題 4.2.** κ を正定数，$f(x)$ を区間 $[0, l]$ 上の連続関数とするとき
$$u''(x) + \kappa^2 u(x) = -f(x),\ 0 < x < l, \quad u(0) = u(l) = 0 \qquad (\text{I.60})$$
の可解性について調べよ．

解答： 定理 2.1 より，初期条件 $u(0) = 0, u'(0) = b$ を満たす $u''(x) + \kappa^2 u(x) = -f(x)$ の解は
$$u(x) = b\frac{\sin \kappa x}{\kappa} - \int_0^x \frac{\sin \kappa(x-y)}{\kappa}f(y)\,dy \qquad (\text{I.61})$$
で与えられる．この $u(x)$ が境界条件 $u(l) = 0$ を満たすかどうかを，2 つの場合に分けて考える．

(Case I) $\sin \kappa l \neq 0$, すなわち $\kappa \notin \dfrac{\pi}{l}\mathbf{N}$ のとき．例題 4.1 と同様に $u(l) = 0$ を満たす定数 b がただ 1 つ定まる．この値を (I.61) に代入すると

$$u(x) = \frac{\sin \kappa x}{\kappa} \frac{\kappa}{\sin \kappa l} \int_0^l \frac{\sin \kappa(l-y)}{\kappa} f(y)\,dy - \int_0^x \frac{\sin \kappa(x-y)}{\kappa} f(y)\,dy$$

$$= \int_0^x \frac{\sin \kappa y \sin \kappa (l-x)}{\kappa \sin \kappa l} f(y)\,dy + \int_x^l \frac{\sin \kappa x \sin \kappa(l-y)}{\kappa \sin \kappa l} f(y)\,dy$$

したがってグリーン関数

$$G(x,y) = \begin{cases} \dfrac{\sin \kappa y \sin \kappa(l-x)}{\kappa \sin \kappa l}, & 0 \le y \le x \le l \\ \dfrac{\sin \kappa x \sin \kappa(l-y)}{\kappa \sin \kappa l}, & 0 \le x \le y \le l \end{cases}$$

に対して解は $u(x) = \displaystyle\int_0^l G(x,y) f(y)\,dy$ で与えられる.

(Case II) $\kappa = \dfrac{n\pi}{l}$, $n \in \mathbf{N}$ のとき. $\sin \kappa l = 0$, (I.61) より, $u(l) = 0$ となるための必要十分条件は

$$\int_0^l \frac{\sin \kappa(l-y)}{\kappa} f(y)\,dy = 0 \iff \int_0^l f(y) \sin \kappa y\,dy = 0 \quad (\text{I.62})$$

したがって, $f(x)$ が直交条件 (I.62) を満たさないときは, (I.60) の解は存在しない. 逆に $f(x)$ が (I.62) を満たすときは, 任意の $b \in \mathbf{C}$ に対して (I.61) で与えられる $u(x)$ が (I.60) の解となる. □

境界値問題 (I.60) の可解性は対応する固有値問題と深く関係している.

●**例題 4.3.** 複素数 λ に対して, 固有値問題

$$-u''(x) = \lambda u(x), \quad 0 < x < l, \quad u(0) = u(l) = 0 \quad (\text{I.63})$$

の解の集合, すなわち固有空間 $\mathcal{S}_\lambda$ を定めよ.

解答: $u \in \mathcal{S}_\lambda$ とし, 方程式に $u(x)$ の複素共役 $\overline{u(x)}$ をかけて区間 $[0,l]$ 上で積分する:

$$\lambda \int_0^l |u(x)|^2\,dx = -\int_0^l \overline{u(x)} u''(x)\,dx$$

$$= -\left[\overline{u(x)} u'(x)\right]_0^l + \int_0^l |u'(x)|^2\,dx = \int_0^l |u'(x)|^2\,dx$$

したがって, 境界条件から $u(x)$ が定数関数 0 でなければ $\lambda > 0$. すなわち, $\lambda \in \mathbf{C} \setminus (0, \infty)$ のとき $\mathcal{S}_\lambda = \{0\}$ である.

$\lambda > 0$ の場合には, 例題 4.2 より $\lambda = \left(\dfrac{n\pi}{l}\right)^2$, $n \in \mathbf{N}$ のとき

$$\mathcal{S}_\lambda = \left\{ c \sin \frac{n\pi}{l} x \;\middle|\; c \in \mathbf{C} \right\}$$

で, それ以外のときは $\mathcal{S}_\lambda = \{0\}$ である. □

以下では, 楕円積分・楕円関数と関連する非線形方程式の境界値問題を取り上げる.

§4. 補足

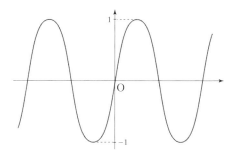

図 I.3　$\mathrm{sn}\,(x, 0.8)$ のグラフ

定義 4.1. $0 \leq k < 1$ に対して

$$F(z) = \int_0^z \frac{dy}{\sqrt{(1-y^2)(1-k^2 y^2)}}, \quad -1 \leq z \leq 1 \quad (\mathrm{I.64})$$

とおき，$K(k) = \displaystyle\int_0^1 \frac{dy}{\sqrt{(1-y^2)(1-k^2 y^2)}}$ を**第 1 種完全楕円積分**という．また，$x = F(z)$ の逆関数を用いて

$$\mathrm{sn}\,(x, k) = \begin{cases} F^{-1}(x), & -K(k) \leq x \leq K(k) \\ F^{-1}(2K(k) - x), & K(k) \leq x \leq 3K(k) \end{cases}$$

とおき，$\mathrm{sn}\,(x, k)$ を周期 $4K(k)$ の周期関数として $\mathbf{R}$ 全体に拡張したものを**ヤコビの楕円関数**という．

●**例題 4.4.** λ を正定数とするとき，境界値問題

$$u''(x) + \lambda u(x) = 2u(x)^3,\ 0 < x < l, \quad u(0) = u(l) = 0 \quad (\mathrm{I.65})$$

について考察せよ．ただし，未知関数 $u(x)$ は実数値関数とする．

解答： 自明な解である定数関数 0 以外の (I.65) の解を調べる．$u(x)$ が (I.65) の解であれば $-u(x)$ も (I.65) の解となるので，最初から $u'(0) > 0$ としてよい．まず，$u'(x) > 0,\, 0 < x < \dfrac{l}{2}$ かつ $u'\left(\dfrac{l}{2}\right) = 0$ を満たす解を探す．実際，§1.3 のエネルギー保存則より，$u\left(\dfrac{l}{2}\right) = a$ に対して

$$u'(x)^2 + \lambda u(x)^2 - u(x)^4 = \lambda a^2 - a^4, \quad 0 \leq x \leq \frac{l}{2}$$

また，$0 < x < \dfrac{l}{2}$ のとき $0 < u(x) < a,\, u'(x) > 0$ だから

$$u'(x) = \sqrt{\lambda a^2 - a^4 - \lambda u(x)^2 + u(x)^4} = \sqrt{\{a^2 - u(x)^2\}\{\lambda - a^2 - u(x)^2\}}$$

ここで $a^2 < \lambda - a^2$ とし, $k = \dfrac{a}{\sqrt{\lambda - a^2}}, v(x) = \dfrac{u(x)}{a}$ とおくと, $0 < k < 1$ かつ
$$v'(x) = \frac{a}{k}\sqrt{\{1 - v(x)^2\}\{1 - k^2 v(x)^2\}}$$
したがって, (I.64) の $F(z)$ を用いて $F(v(x)) = \dfrac{a}{k}x$. すなわち, $u(x) = av(x) = a\,\mathrm{sn}\left(\dfrac{a}{k}x, k\right)$. さらに $a = \dfrac{k\sqrt{\lambda}}{\sqrt{1 + k^2}}, v\left(\dfrac{l}{2}\right) = 1$ より
$$K(k) = F\left(v\left(\frac{l}{2}\right)\right) = \frac{al}{2k} = \frac{l\sqrt{\lambda}}{2\sqrt{1 + k^2}} \tag{I.66}$$

この (I.66) において, $K(k)$ は k に関して狭義単調増加で $K(0) = \dfrac{\pi}{2}, \displaystyle\lim_{k\to 1} K(k) = \infty$. また, 最右辺は k に関して狭義単調減少. よって各 $\lambda > \left(\dfrac{\pi}{l}\right)^2$ に対して (I.66) を満たす $k \in (0, 1)$ がただ 1 つ存在する. この k を $k_1(\lambda)$ とおくと
$$u(x) = \frac{k_1(\lambda)\sqrt{\lambda}}{\sqrt{1 + k_1(\lambda)^2}} \mathrm{sn}\left(\frac{\sqrt{\lambda}\,x}{\sqrt{1 + k_1(\lambda)^2}}, k_1(\lambda)\right), \quad 0 \leq x \leq l$$
が (I.65) の解となる.

$n \in \mathbf{N}$ に対して $u'(x) > 0, 0 < x < \dfrac{l}{2n}$ かつ $u'\left(\dfrac{l}{2n}\right) = 0$ を満たす解も同様に求めることができる. すなわち $\lambda > \left(\dfrac{n\pi}{l}\right)^2$ に対して
$$K(k) = \frac{l\sqrt{\lambda}}{2n\sqrt{1 + k^2}} \tag{I.67}$$
を満たす $k = k_n(\lambda) \in (0, 1)$ がただ 1 つ存在し,
$$u(x) = \frac{k_n(\lambda)\sqrt{\lambda}}{\sqrt{1 + k_n(\lambda)^2}} \mathrm{sn}\left(\frac{\sqrt{\lambda}\,x}{\sqrt{1 + k_n(\lambda)^2}}, k_n(\lambda)\right), \quad 0 \leq x \leq l$$
は (I.65) の解となる. ここで, $\lambda = \left(\dfrac{n\pi}{l}\right)^2, n \in \mathbf{N}$ は固有値問題 (I.63) の固有値であることを注意しておく [5]. □

★練習問題 I.10. 複素数 λ に対して, ノイマン境界条件に対する固有値問題
$$-u''(x) = \lambda u(x), \ 0 < x < l, \quad u'(0) = u'(l) = 0$$
の固有空間を決定せよ.

☆研究課題 10. λ を複素数, $f(x)$ を区間 $[0, l]$ 上の連続関数とするとき
$$u''(x) + \lambda u(x) = -f(x), \ 0 < x < l, \quad u'(0) = u'(l) = 0$$
の可解性について調べよ.

---

[5] 解の分岐. 自明な解から非自明な解が分岐する. II 章の §2.5 参照.

§4.2 ラプラス変換

定義 4.2. 区間 $[0, \infty)$ で定義された複素数値関数 $f(t)$ と複素数 s に対して
$$F(s) = \int_0^\infty f(t) e^{-st}\, dt \tag{I.68}$$
で定義される関数を $f(t)$ の**ラプラス変換**といい，
$$F(s) = \mathcal{L}[f(t)]$$
と表す．ただし $F(s)$ の定義域は，(I.68) の右辺の積分が収束するような s の集合とする．

○**例 4.1.** $a \in \mathbf{C}$ に対して，$\mathcal{L}[e^{at}] = \dfrac{1}{s-a}$．実際，$\mathrm{Re}\, s > \mathrm{Re}\, a$ を満たす s に対して
$$\int_0^\infty e^{at} e^{-st}\, dt = \int_0^\infty e^{-(s-a)t}\, dt = \left[\frac{-1}{s-a} e^{-(s-a)t}\right]_0^\infty = \frac{1}{s-a}$$
となる．

ラプラス変換の基本的な性質を公式としてまとめておく．

公式	$f(t)$	$\mathcal{L}[f(t)]$
1	$f'(t)$	$sF(s) - f(0)$
2	$f''(t)$	$s^2 F(s) - f(0)s - f'(0)$
3	$f^{(n)}(t)$	$s^n F(s) - \sum_{k=0}^{n-1} f^{(k)}(0) s^{n-k-1}$
4	$t^n f(t)$	$(-1)^n F^{(n)}(s)$
5	$e^{at} f(t)$	$F(s-a)$
6	$f(t-\alpha) H(t-\alpha)$	$e^{-\alpha s} F(s)$
7	$af(t) + bg(t)$	$aF(s) + bG(s)$
8	$f(t) * g(t)$	$F(s) G(s)$

ただし $F(s) = \mathcal{L}[f(t)]$, $G(s) = \mathcal{L}[g(t)]$, $a, b \in \mathbf{C}$, $\alpha > 0$, $n \in \mathbf{N}$. また，
$$H(t) = \begin{cases} 0, & t < 0 \\ 1, & t > 0 \end{cases}$$
はヘヴィサイド関数，$f(t) * g(t)$ は $f(t)$ と $g(t)$ の合成積である．

●例題 4.5. 公式 1, 2, 3 を示せ.

解答: 部分積分により

$$\mathcal{L}[f'(t)] = \int_0^\infty f'(t)e^{-st}\,dt = \left[f(t)e^{-st}\right]_0^\infty + s\int_0^\infty f(t)e^{-st}\,dt$$
$$= \lim_{t\uparrow+\infty} f(t)e^{-st} - f(0) + sF(s)$$

ここで $\int_0^\infty f(t)e^{-st}\,dt$ が収束するような s を考えているので, $\lim_{t\to\infty} f(t)e^{-st} = 0$ として, $\mathcal{L}[f'(t)] = sF(s) - f(0)$ を得る [6]. 次に公式 2 は, 公式 1 を 2 回用いると

$$\mathcal{L}[f''(t)] = s\mathcal{L}[f'(t)] - f'(0) = s\{sF(s) - f(0)\} - f'(0)$$
$$= s^2 F(s) - f(0)s - f'(0)$$

公式 3 は, この議論を n 回繰り返して得られる. □

●例題 4.6. $\omega \in \mathbf{R}$, $n \in \mathbf{N}$ に対して次を示せ:

$$\mathcal{L}[\cos\omega t] = \frac{s}{s^2+\omega^2}, \quad \mathcal{L}[\sin\omega t] = \frac{\omega}{s^2+\omega^2}, \quad \mathcal{L}\left[\frac{t^n}{n!}\right] = \frac{1}{s^{n+1}}$$

解答: $f(t) = \cos\omega t$, $F(s) = \mathcal{L}[f(t)]$ とおいて $f''(t) = -\omega^2 f(t)$, $f(0) = 1$, $f'(0) = 0$. 公式 2 より $-\omega^2 F(s) = \mathcal{L}[f''(t)] = s^2 F(s) - f(0)s - f'(0) = s^2 F(s) - s$. よって, $F(s) = \frac{s}{s^2+\omega^2}$ となる. $\mathcal{L}[\sin\omega t] = \frac{\omega}{s^2+\omega^2}$ も同様.

また, $g(t) = \frac{t^n}{n!}$, $G(s) = \mathcal{L}[g(t)]$ に対し $g^{(k)}(0) = 0$, $0 \leq k \leq n-1$, かつ $g^{(n)}(t) = 1$. よって例 4.1 と公式 3 より $\frac{1}{s} = \mathcal{L}[g^{(n)}(t)] = s^n G(s)$ となり, 求める $G(s) = \frac{1}{s^{n+1}}$ を得る. □

●例題 4.7. 公式 4 を示せ.

解答: 微分と積分の順序交換により

$$F'(s) = \frac{d}{ds}\int_0^\infty f(t)e^{-st}\,dt = \int_0^\infty f(t)(-t)e^{-st}\,dt = -\mathcal{L}[tf(t)]$$

これを繰り返して $F^{(n)}(s) = (-1)^n \mathcal{L}[t^n f(t)]$. □

●例題 4.8. $\mathcal{L}[t\cos\omega t]$ を求めよ.

解答: $F(s) = \mathcal{L}[\cos\omega t]$ とおくと $F(s) = \frac{s}{s^2+\omega^2}$. 公式 4 より,

$$\mathcal{L}[t\cos\omega t] = -F'(s) = \frac{s^2-\omega^2}{(s^2+\omega^2)^2}$$

□

---

[6] 正確には絶対収束. 0 に収束するような点列 $t_k \uparrow +\infty$ をとる.

§4. 補足

●例題 **4.9.** 公式 5, 6 を示せ.

解答: $\mathcal{L}[e^{at}f(t)] = \int_0^\infty e^{at}f(t)e^{-st}\,dt = \int_0^\infty f(t)e^{-(s-a)t}\,dt = F(s-a)$ より,
公式 5 が得られる. また, ヘヴィサイド関数の定義より

$$\mathcal{L}[f(t-\alpha)H(t-\alpha)] = \int_0^\infty f(t-\alpha)H(t-\alpha)e^{-st}\,dt$$

$$= \int_\alpha^\infty f(t-\alpha)e^{-st}\,dt$$

$$= \int_0^\infty f(\tau)e^{-s(\tau+\alpha)}\,d\tau = e^{-\alpha s}F(s)$$

となり, 公式 6 が成り立つ. □

複素関数 $F(s)$ に対して $\mathcal{L}[f(t)] = F(s)$ を満たす関数 $f(t)$ が一意的であることが知られているので,

$$\mathcal{L}^{-1}[F(s)] = f(t)$$

と書いて $F(s)$ の**ラプラス逆変換**という. 例えば, 公式 5 と例題 3 から

$$\mathcal{L}[e^{at}\cos\omega t] = \frac{s-a}{(s-a)^2+\omega^2}, \quad \mathcal{L}[e^{at}\sin\omega t] = \frac{\omega}{(s-a)^2+\omega^2}$$

$$\mathcal{L}\left[\frac{t^n}{n!}e^{at}\right] = \frac{1}{(s-a)^{n+1}}$$

で, ラプラス逆変換に関する次の表が得られる.

$F(s)$	$\mathcal{L}^{-1}[F(s)]$
$\dfrac{1}{(s-a)^{n+1}}$	$\dfrac{t^n}{n!}e^{at}$
$\dfrac{s-a}{(s-a)^2+\omega^2}$	$e^{at}\cos\omega t$
$\dfrac{\omega}{(s-a)^2+\omega^2}$	$e^{at}\sin\omega t$

●例題 **4.10.** $F(s) = \dfrac{1}{(s^2+2s+1)(s^2+2s+3)}$ に対して $\mathcal{L}^{-1}[F(s)]$ を求めよ.

解答: $F(s) = \dfrac{1}{2}\left\{\dfrac{1}{(s+1)^2} - \dfrac{1}{(s+1)^2+2}\right\}$ より

$$\mathcal{L}^{-1}[F(s)] = \frac{1}{2}\left\{\mathcal{L}^{-1}\left[\frac{1}{(s+1)^2}\right] - \mathcal{L}^{-1}\left[\frac{1}{(s+1)^2+2}\right]\right\}$$

$$= \frac{1}{2}e^{-t}\left(t - \frac{1}{\sqrt{2}}\sin\sqrt{2}t\right) \quad \Box$$

● 例題 **4.11.** 公式 8 を示せ．

解答: 積分の順序交換より

$$\int_0^\infty f(t) * g(t) e^{-st} \, dt = \int_0^\infty \left(\int_0^t f(t-\tau) g(\tau) \, d\tau \right) e^{-st} \, dt$$

$$= \int_0^\infty \left(\int_\tau^\infty f(t-\tau) e^{-s(t-\tau)} \, dt \right) g(\tau) e^{-s\tau} \, d\tau$$

$$= \int_0^\infty \left(\int_0^\infty f(\sigma) e^{-s\sigma} \, d\sigma \right) g(\tau) e^{-s\tau} \, d\tau$$

$$= F(s) G(s)$$

よって $\mathcal{L}[f(t) * g(t)] = F(s) G(s)$. □

定数係数高階線形微分方程式の初期値問題

$$\sum_{k=0}^n c_k D^k u(t) = f(t), \ t \geq 0, \quad D^i u(0) = a_i, \ 0 \leq i \leq n-1 \quad \text{(I.69)}$$

を考える．ただし $u(t)$ は未知関数，$D = \dfrac{d}{dt}$ とする．また，$f(t)$ は与えられた関数で，$c_0, c_1, \cdots, c_{n-1} \in \mathbf{C}$, $c_n = 1$, $a_0, a_1, \cdots, a_{n-1} \in \mathbf{C}$ は定数である．$U(s) = \mathcal{L}[u(t)]$, $F(s) = \mathcal{L}[f(t)]$ とおき，(I.69) をラプラス変換して公式 3 を適用する．$P(s) = \sum_{k=0}^n c_k s^k$, $Q(s) = \sum_{k=0}^n c_k \sum_{j=0}^{k-1} a_j s^{k-j-1}$ に対し

$$P(s) U(s) = Q(s) + F(s)$$

したがって，$Q(s) = \sum_{k=0}^{n-1} b_k s^k$, $b_k = \sum_{j=0}^{n-k-1} c_{j+k+1} a_j$ より

$$U(s) = \frac{Q(s)}{P(s)} + \frac{F(s)}{P(s)} = \sum_{k=0}^{n-1} b_k \frac{s^k}{P(s)} + \frac{F(s)}{P(s)}$$

一方，$f(t) = 0, a_0 = a_1 = \cdots = a_{n-2} = 0, a_{n-1} = 1$ のときの (I.69) の解 $\varphi(t)$ に対して $\varphi(t) = \mathcal{L}^{-1} \left[\dfrac{1}{P(s)} \right]$. よって (I.69) の解は

$$u(t) = \mathcal{L}^{-1} \left[\frac{Q(s)}{P(s)} \right] + \mathcal{L}^{-1} \left[\frac{F(s)}{P(s)} \right]$$

$$= \sum_{k=0}^{n-1} b_k D^k \varphi(t) + \varphi(t) * f(t)$$

と表示される．

例題 2.3 をラプラス変換を用いて解く．

§4. 補足

●例題 4.12. $\omega > 0$, $a, b \in \mathbf{R}$ として初期値問題
$$u''(t) + 3u'(t) + 2u(t) = \cos\omega t, \quad u(0) = a, \quad u'(0) = b$$
の解を求めよ．

解答: $U(s) = \mathcal{L}[u(t)]$ に対し $(s^2 + 3s + 2)U(s) = as + b + 3a + \dfrac{s}{s^2 + \omega^2}$. よって
$$U(s) = \frac{as + b + 3a}{(s+1)(s+2)} + \frac{s}{(s+1)(s+2)(s^2+\omega^2)}.$$
部分分数分解
$$\frac{as+b+3a}{(s+1)(s+2)}z = \frac{2a+b}{s+1} - \frac{a+b}{s+2}$$
$$\frac{s}{(s+1)(s+2)(s^2+\omega^2)} = -\frac{1}{(1+\omega^2)(s+1)} + \frac{2}{(4+\omega^2)(s+2)}$$
$$+ \frac{(2-\omega^2)s + 3\omega^2}{(1+\omega^2)(4+\omega^2)(s^2+\omega^2)}$$
を適用してラプラス逆変換すると
$$u(t) = (2a+b)e^{-t} - (a+b)e^{-2t} - \frac{e^{-t}}{1+\omega^2} + \frac{2e^{-2t}}{4+\omega^2}$$
$$+ \frac{(2-\omega^2)\cos\omega t + 3\omega\sin\omega t}{(1+\omega^2)(4+\omega^2)}$$
$$= \left(2a+b - \frac{1}{1+\omega^2}\right)e^{-t} - \left(a+b - \frac{2}{4+\omega^2}\right)e^{-2t}$$
$$+ \frac{(2-\omega^2)\cos\omega t + 3\omega\sin\omega t}{(1+\omega^2)(4+\omega^2)}$$
□

★練習問題 I.11. 微分積分方程式に対する初期値問題
$$u'(t) + 2u(t) + \int_0^t u(\tau)\,d\tau = H(t-1) - H(t-2),\ t > 0,\quad u(0) = 1$$
の解 $u(t)$ を求めよ．

☆研究課題 11. デルタ関数 $\delta(t)$ について調べ[7]，$\alpha > 0$ に対して
$$\mathcal{L}[\delta(t-\alpha)] = e^{-\alpha s}, \quad \frac{d}{dt}H(t-\alpha) = \delta(t-\alpha)$$
を示せ．

---

[7] II 章の §3.9 参照．

数理モデリング

　現実の問題に数学を適用するためには，法則や経験則を用いてさまざまな現象を適切な数式で表すことが必要で，このことを「数理モデリング」という．数式を新たな出発点として数学的な考察と数値シミュレーションを加えると，数式が示しているものを視覚化し，現実と対比させることができる．このサイクルをとおして，現象の予測やものの見方を確立することが数理科学がめざしているものである．本章は，数学と数理モデリングに関する自然科学と工学の進展を見すえて，伝統に縛られない新しい見方で構成した．

§1. 場の記述

　本節では，非線形常微分方程式系で記述する数理モデリングを扱う．これらは化学反応や生物個体数動態であり，そのモデルは粒子を動かす場が形成される規則を記述している．したがって，「場」がどのように定式化されているかを読みとれば，解の挙動を予測し，数学的に解明することができる．逆に，マルサスの法則のように規則の適用範囲を誤ると，現実と大きく異なる予測が計上されることになる．最初に微分を用いた数理モデリング法と，常微分方程式から導出される力学系を解説する．次に，勾配系・ハミルトン系を題材として，局所理論の要である線形化について述べる．

§1.1　化学反応・生物個体数

　数理モデリングは，何が未知数であり，それが何の関数であるかを記述することからはじまる．例えば，時間に依存する物質の濃度は，t を時間変数として $x = x(t)$ と書き表すことができる．生物個体数の増大や放射線物質の崩壊など，化学反応をともなわない濃度変化が起こるとき，$x(t)$ は

$$\frac{dx}{dt} = ax \tag{II.1}$$

§1. 場の記述

という法則に従う．ここで a は x の変化率で $a>0, a<0$ はそれぞれ x の生成，消滅を表している．一方，物質が外部から補給されたり消費されたりする場合には定数 b に対して

$$\frac{dx}{dt} = b \tag{II.2}$$

が成り立つ．

一般に現象を記述する方程式 (系) を **数理モデル** といい，数理モデルをたてることを **モデリング** という．(II.1) や (II.2) は，反応・生成・消滅・補給・消費を記述するモデルであるが，これらの要素を正しく取り上げるだけで，生命や物質に関する数多くの現象をモデリングすることができる．

これらの現象に出会ったとき，(II.1) と (II.2) のどちらを取り上げるべきであろうか．このことを理解するために，a, b を正定数として (II.1), (II.2) を考える．初期値を $x(0) = x_0$ とすると，解はそれぞれ

$$x(t) = x_0 e^{at} \tag{II.3}$$

と

$$x(t) = bt + x_0 \tag{II.4}$$

で与えられる．$t \to +\infty$ での増大度は，(II.3) が (II.4) よりはるかに大きい．これは，後者が補給のモデルであるのに対し，前者が増殖のモデルであることによる．前者ではわずかな初期値から雪だるま式に個体数が増大する一方，$x_0 = 0$ であれば，いつまでたっても何も生まれず $x(t) = 0$ となる．ところが (II.4) では，$x(t)$ の増加は x の状態とかかわりなく，一定である．したがって $b < 0$ の場合には，ゆっくりではあっても一定の割合で減少し，いつかは $x(t) < 0$ となる．

○例 **1.1** (化学反応). 温度一定の溶液があるとき，その中の化学反応によって単位時間に物質が生成される割合を **反応速度** という．反応速度 v は，反応分子の衝突頻度 p に比例し，経験則から p は反応化合物の濃度 c に比例する．したがって，v は c に比例係数 (反応速度定数) k をかけ合わせたものになる．このことを **質量作用の法則** という．

反応式

$$A + B \to P \qquad (k) \tag{II.5}$$

は 2 種類の物質 A, B から P が反応速度係数 k で生成されることを表す．A,

B の濃度を $[A], [B]$ とすると A の減衰についての質量作用の法則は

$$\frac{d[A]}{dt} = -k[A][B] \tag{II.6}$$

同様に B の減衰については

$$\frac{d[B]}{dt} = -k[A][B] \tag{II.7}$$

さらに P の増大については $[P]$ を P の濃度として

$$\frac{d[P]}{dt} = k[A][B] \tag{II.8}$$

で表すことができる．化合物 P は原子 A と B から構成されているので，(II.6), (II.7), (II.8) から得られる 2 つの等式

$$\frac{d}{dt}\{[A]+[P]\} = 0, \quad \frac{d}{dt}\{[B]+[P]\} = 0 \tag{II.9}$$

はそれぞれ A 原子，B 原子に関する**質量保存則**を示している．結合 (II.5) と同時に解離反応

$$P \to A + B \quad (\ell) \tag{II.10}$$

が同時に起こっている場合は，(II.6), (II.7), (II.8) はそれぞれ

$$\frac{d[A]}{dt} = -k[A][B] + \ell[P]$$

$$\frac{d[B]}{dt} = -k[A][B] + \ell[P]$$

$$\frac{d[P]}{dt} = k[A][B] - \ell[P] \tag{II.11}$$

に変更される．このときも，原子 A, B に関する質量保存則 (II.9) が成り立つ．反応式

$$A + A \to P \quad (k) \tag{II.12}$$

は同じ分子 A が 2 つ結合することを表している．この場合は，左辺の 2 つの A を別々のものと考え A_1, A_2 とおくと，質量作用の法則は

$$\frac{d[A_1]}{dt} = -k[A_1][A_2], \quad \frac{d[A_2]}{dt} = -k[A_1][A_2], \quad \frac{d[P]}{dt} = k[A_1][A_2]$$

となる．したがって

$$\frac{d[A]}{dt} = -k[A]^2, \quad \frac{d[P]}{dt} = k[A]^2 \tag{II.13}$$

でよいように思われるが，(II.13) から得られる $\frac{d}{dt}\{[A]+[P]\} = 0$ は質量保存

則を表していない. すなわち, $P = AA$ であるから質量保存は

$$\frac{d}{dt}\{[A] + 2[P]\} = 0 \tag{II.14}$$

でなければならない.

実際, A_1, A_2 は同じ A を表すので, その結合の機会は (II.12) で定めた反応速度, あるいは $P = AA$ が分解する機会の 2 倍ある. したがって, 結合反応 (II.12) に対するモデルとしては, 結合が 2 の速さになると考えて

$$\frac{d[A]}{dt} = -2k[A]^2, \qquad \frac{d[P]}{dt} = k[A]^2 \tag{II.15}$$

とする. 実際, (II.15) のもとで (II.14) が成り立つ.

無次元化と求積法

微分方程式に現れる定数は, 独立変数や従属変数を何倍かするような簡単な変数変換で, その多くを 1 とすることができる. このような操作によってできる限り定数を減らすことを**無次元化**という. 例えば, $k > 0$ を定数とする 1 階微分方程式 $\frac{da}{dt} = -ka^2$ は $\bar{t} = kt$ とすることで, より簡単な

$$\frac{da}{d\bar{t}} = -a^2$$

に変更することができる.

一方, 微分方程式の解を陽に表示するのが求積法である. 最も簡単な 1 階単独常微分方程式

$$\dot{x} = f(x) \tag{II.16}$$

では, 変数分離型

$$\int \frac{dx}{f(x)} = t \tag{II.17}$$

の左辺の積分が得られれば, 解を表示することができる. ただし $\dot{x} = \frac{dx}{dt}$ とした. このとき, あらかじめ無次元化を行えばより簡明な解の表示ができる. このことを**求積**という.

●**例題 1.1.** $[A], [B], [P]$ に対する連立系 (II.6), (II.7), (II.8) は求積可能であることを示せ.

解答: 質量保存則 (II.9) により, α, β を定数として $[A] = \alpha - [P], [B] = \beta - [P]$ であり, $X = [P]$ として

$$\frac{dX}{dt} = -k(\alpha - X)(\beta - X) \tag{II.18}$$

が得られる．(II.18) は変数分離型 (II.16) であり，部分分数分解によって求積可能である． □

○例 1.2 (生物個体数)．生物個体数 N の時間変動に関する**マルサスの法則**は，時刻を t として

$$\frac{dN}{dt} = bN \tag{II.19}$$

で定式化される．ただし，定数 $b > 0$ は人口の増加率である．この場合，(II.19) から $\int \frac{dN}{N} = bt$，したがって $\log N = bt + c$ となる．ただし c は積分定数である．初期値 $N(0)$ によって c を定めれば，$\log N(0) = c$ より

$$N(t) = N(0)e^{bt} \tag{II.20}$$

であり，特に $N(t)$ は時刻 t とともに指数関数的に増大することになる．

この予測が説得力をもたないのは，数理モデル (II.19) の基になっているマルサスの法則が，時間の増大とともに現実的でなくなってくるからである．そこで増殖率に関する**抑制効果**を入れて (II.19) をより実際的にすることを考える．

○例 1.3 (成長曲線方程式)．このモデル

$$\frac{dN}{dt} = b\left(1 - \frac{N}{N_0}\right)N, \qquad 0 < N(0) < N_0 \tag{II.21}$$

では，あらかじめ与えた量 $N_0 > 0$ を越えると個体数の増殖率が減少に転ずるようになっている．ここでは $b > 0$ が本来の増殖率，$1 - \frac{N}{N_0}$ は N の増大とともに増殖率を抑制する因子である．(II.21) は (II.18) の特別な場合で，求積法によって解を表示することが可能である．

○例 1.4 (ヒドラの再生)．p, q, r, s を正定数とした方程式系

$$\dot{x} = -x + \frac{x^p}{y^q}, \quad \dot{y} = -y + \frac{x^r}{y^s}, \qquad x, y > 0 \tag{II.22}$$

は，形態形成に関するチューリングの仮説 (拡散によるパターン形成) に基づいて，ギーラーとマインハルトによって提案された．x が活性因子，y が抑制因子の濃度を表し，$0 < \frac{p-1}{r} < \frac{q}{s+1}$ のときにチューリングパターンが発生することが知られている [1]．

---

1) (II.22) においては x や y に対応する物質はみつかっていないので，概念的なモデルとみなすことが適切である．

§1. 場の記述　　　　　　　　　　　　　　　　　　　　　　　　　　53

○例 1.5 (伝染病). 数理モデル

$$\frac{dS}{dt} = -\beta SI, \quad \frac{dI}{dt} = \beta SI - \gamma I, \quad \frac{dR}{dt} = \gamma I \tag{II.23}$$

は何を記述しているのであろうか．これまでの説明から，このモデルは質量作用，減衰，補給の3つの要素から成り立っていることがわかる．これらの要素を反応則で表すと $S + I \to I\ (\beta),\ I \to R\ (\gamma)$ となる．実際，(II.23) は伝染病の流行についてのモデルである．ここではすでに感染した感染者，まだ感染していない感染可能者，感染後病気が治り免疫を得た除外者がそれぞれ I, S, R で表されている．したがって β, γ はそれぞれ伝染率，除外率を示す．

★練習問題 II.1 (ウイルスの侵入). X, Y, V をそれぞれ未感染細胞，感染細胞，ウイルスの個体数としたモデル

$$\begin{aligned}\frac{dX}{dt} &= \lambda - \mu X - \beta XV \\ \frac{dY}{dt} &= \beta XV - \alpha Y \\ \frac{dV}{dt} &= kY - uV - \beta XV\end{aligned} \tag{II.24}$$

の反応式を表示し，定数 $\lambda, \mu, \alpha, \beta, k, u$ が何を表しているかを述べよ．

☆研究課題 12. A, B の化合物 AB があり，重合

$$B + B \to BB \quad (k), \quad BB \to B + B \quad (\ell)$$

に基づいて，反応 $AB + B \to P\ (k),\ P \to AB + B\ (\ell)$ が起こっているとき，質量作用の法則に基づいて $[AB], [P]$ に関するモデルを立てよ．

§1.2 力学系

成長曲線方程式 (II.21), すなわち

$$\frac{dN}{dt} = b\left(1 - \frac{N}{N_0}\right)N, \qquad 0 < N(0) < N_0 \tag{II.25}$$

に求積法を実行すると

$$\int \frac{1}{N} + \frac{\frac{1}{N_0}}{1 - \frac{N}{N_0}}\, dN = \int \frac{dN}{N(1 - \frac{N}{N_0})} = \int b\, dt$$

したがって

$$\log N - \log\left|1 - \frac{N}{N_0}\right| = bt + c, \quad \therefore\ \frac{N}{1 - \frac{N}{N_0}} = \pm e^{bt+c} = Ce^{bt}$$

となる．ただし $C = \pm e^c$ とする．積分定数 c を初期値 $N(0)$ から定めると

$$N(t) = \frac{N(0)}{\frac{N(0)}{N_0} + \left(1 - \frac{N(0)}{N_0}\right)e^{-bt}} \tag{II.26}$$

であり，(II.26) から (II.25) では

$$\lim_{t\uparrow +\infty} N(t) = N_0 \tag{II.27}$$

が成り立つことがわかる

もともと (II.25) は N が環境容量 N_0 より小さいときは増加するが，N_0 を超えたときには減少に転ずるようにモデルが設計されていた．しかし (II.27) は，マルサスの法則において増殖率に抑制因子を取り入れた結果，$0 < N(0) < N_0$ のとき生物個体数 $N(t)$ は定められた N_0 に近づくが，N_0 を越えることができない図 II.1 のような現象が発生することを示している．

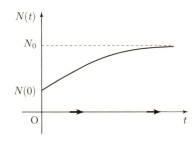

図 II.1　抑 制 因 子

しかしこの現象は，求積法を行って解を表示しなくても，方程式 (II.21) から直接導出することができる．

●**例題 1.2.** (II.25) において $N = N(t)$ は $0 \leq t < +\infty$ で一意に存在し，(II.27) が成り立つことを，常微分方程式論における**基本定理**，すなわち**初期値問題の解の一意存在**と，**背理法**を用いて直接示せ．

解答: (II.25) は右辺を $f(N)$ とおいて

$$\frac{dN}{dt} = f(N), \quad N|_{t=0} = N(0) \in (0, N_0)$$

と表すことができる．$N\dot{N}$ 平面上の曲線 $\dot{N} = f(N)$ は N 軸と $N = 0$, $N = N_0$ で交わる，上に凸の放物線である．$0 < N < N_0$ では $f(N) > 0$ であるから，しばらくは関係 $0 < N(t) < N_0$ が維持される．T をこのような状態が成り立ち続ける t の上限であるとする．定義より $0 < T \leq +\infty$ であり，$N(t)$ は $0 \leq t < T$ で単調増加で，

$$N(0) < N(t) < N_0,\ 0 < t < T, \quad N_* \equiv \lim_{t\uparrow T} N(t) \leq N_0 \tag{II.28}$$

が成り立つ．

§1. 場の記述

最初に $T = +\infty$ を示す. 実際 $T < +\infty$ のときは (II.28) の第2式から
$$N(T) = N_* \in (N(0), N_0]$$
である. 仮に $N(T) < N_0$ であるとすると, $0 < t - T \ll 1$ において $0 < N(t) < N_0$ であり, T の定義に反する. また $N(T) = N_0$ の場合, 初期値問題の解の一意性から $N(t) \equiv N_0$ となり, 時間 t をさかのぼると仮定 $N(0) < N_0$ に反する. いずれにしても矛盾なので, $T = +\infty$ となる. このことは
$$N(0) < N(t) < N_0, \quad 0 < t < +\infty \tag{II.29}$$
であることを意味する.

次に (II.27) を示す. 実際, (II.29) より常に $f(N) > 0$, よって $N(t)$ は単調増加であり, 極限
$$\lim_{t\uparrow+\infty} N(t) = N_\infty \in (N(0), N_0] \tag{II.30}$$
をもつ. $N_\infty \neq N_0$ を仮定して矛盾を導けばよい. 実際, このときは $f(N)$ は $N \in [N(0), N_\infty]$ に関する最小値 $c_0 > 0$ をもつので, 常に $\dfrac{dN}{dt} \geq c_0, t \geq 0$. したがって $\lim_{t\uparrow+\infty} N(t) = +\infty$ となり, (II.30) に反する. □

一般の $f(N)$ に対して積分 (II.17) が初等関数の範囲で実行できることはあまり期待できない. こうなると, この方法で微分方程式 (II.16) の解の性質を論ずることはあまり有効ではない. 逆に, 解を初等関数で表示することで, 必要な情報が簡単に得られるかというとそうともいえない. 実際, (II.27) の性質は
$$f(0) = f(N_0) = 0, \quad f(N) \begin{cases} > 0, & 0 < N < N_0 \\ < 0, & N > N_0 \end{cases}$$
だけから得られるもので, $f(N) = b\left(1 - \dfrac{N}{N_0}\right) N$ に限るものではない.

平衡点

ポアンカレは, 天体力学の多体問題の研究において, 解の一意存在を数学的に検証すれば, 解を表示せずに微分方程式だけから必要な情報を引き出すことができると考えた. 以後, 初期値問題
$$\dot{x} = f(x), \quad x(0) = x_0 \tag{II.31}$$
が時間局所的に (すなわち $|t| \ll 1$ の範囲で) 一意的な解 $x = x(t)$ をもつ場合について考えることにしよう. 例えば, $f = f(x)$ が $x = x_0$ の近傍で局所リプシッツ条件を満たす場合にはこの要請が成立する (§I.3.1).

(II.31) において $f(x_0) = 0$ となる x_0 を**平衡点**という. 初期値問題 (II.31) の解の一意性から, 平衡点を初期値とする (II.16) の解は常にその点にとどまる.

また，平衡点以外を初期値とする解は平衡点を通過することはできない．

解を表示しないで，平衡点の近くでの解の挙動を解析することを考える．すなわち初期値が平衡点から少しゆらいだとき，平衡点から離れない(**安定**)，平衡点に近づく(**漸近安定**)，近くにとどまらない(**不安定**)，遠ざかる(**漸近不安定**)などの性質を考える[2]．

(II.31) の平衡点 $x = x_0$ は $f = f(x)$ が $x = x_0$ で微分可能で，$f'(x_0) \neq 0$ のとき，**非退化平衡点**とよぶ．この場合 x_0 の安定性は $f'(x_0)$ の符号によって定まり，特に，安定かつ漸近安定か不安定かつ漸近不安定しか起こりえない．実際，

$$f(x) = f(x_0) + f'(x_0)(x - x_0) + o(|x - x_0|), \quad x \to x_0$$
$$f(x_0) = 0 \tag{II.32}$$

であるから，$f'(x_0) < 0$ のとき，$x = x_0$ の近くの解 $x = x(t)$ は x_0 に向かい，$f'(x_0) > 0$ のとき，$x = x_0$ の近くの解 $x = x(t)$ は x_0 から離れる．すなわち平衡点 x_0 は $f'(x_0) < 0$ のとき (漸近) 安定，$f'(x_0) > 0$ のとき (漸近) 不安定である[3]．

安定・不安定な臨界点はかってに指定することはできない．図 II.2 は，2つの非退化安定平衡点の間には，必ず不安定平衡点が存在しなければならないことを示している．実際，平衡点相互の関係を明確にすることが大域理論の出発点である．

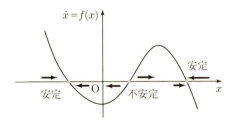

図 **II.2** 1 次元力学系

連立常微分方程式系

$$\dot{x} = f(x, y), \qquad \dot{y} = g(x, y) \tag{II.33}$$

---

2) 平衡点全体とすべての解の挙動を議論する**大域理論**に対して，個別の平衡点の近傍の解の挙動に関する議論を**局所理論**とよぶ．平衡点 (定常解) の安定性・不安定性の正確な定義は I 章の §3.2 参照．

3) 非退化平衡点 x_0 の近傍の解の挙動を $f'(x_0)$ の符号で判定することを**線形化安定性の理論**という．一般に線形化安定であれば漸近安定になる．I 章の §3.2 参照．

§1. 場の記述

についても 2 変数関数 $f = f(x, y)$, $g = g(x, y)$ が (x, y) について局所リプシッツ条件を満たせば，初期値 $(x(0), y(0))$ を与えたときに時間局所解 $(x, y) = (x(t), y(t))$ の一意存在が成り立つ．今後もこの条件を仮定する．

(II.33) の解が xy 平面上を移動することによってできる曲線 $\mathcal{O} = \{(x(t), y(t))\}_t$ をその**軌道**，そのときの xy 平面を**相平面**という．平衡点とその安定性は (II.33) に対しても定義できる．すなわち，単独方程式 (II.16) の場合と同様に

$$f(x_0, y_0) = g(x_0, y_0) = 0 \tag{II.34}$$

となる (x_0, y_0) が (II.33) の平衡点であって，初期値問題の解の一意性により，平衡点を通る軌道は相平面上でその 1 点のみからなる．

★**練習問題 II.2.** $\dot{x} = x - x^3$ の平衡点をすべて求めて，その安定性を調べよ．次に，一般の初期値に対して解が時間無限大でどのような振る舞いをするかを説明せよ．同時に，求積法で解を表示することでこのことを確認せよ．

☆**研究課題 13.** 方程式系 (II.11) に対して質量保存則を導出して，(II.18) を一般化した単独方程式に帰着せよ．次に，求積法を適用し，$\alpha = \beta$, $\alpha \neq \beta$ のそれぞれについて解を表示せよ．最後に，$t \uparrow +\infty$ での解の極限を求めよ．

注意 II.1 (無限小)．$R \to 0$ に依存する量 $Q(R)$ が $Q(R)/R = 0$, $R \to 0$ を満たすとき $Q(R) = o(R)$ と書く．また，定数 $C > 0$ が存在して $|Q(R)| \le CR$ が成り立つとき $Q(R) = O(R)$ と書く．したがって (II.32) の第 1 式は

$$\lim_{x \to x_0} \frac{f(x) - f(x_0)}{x - x_0} = f'(x_0)$$

を意味する．一方，次の小節で述べる (II.39) は $f = f(x, y)$ をベクトル $z = \begin{pmatrix} x \\ y \end{pmatrix}$ の関数と考えると理解しやすい．すなわち，ベクトル

$$\nabla f(z_0) = \begin{pmatrix} f_x(x_0, y_0) \\ f_y(x_0, y_0) \end{pmatrix}, \quad z_0 = \begin{pmatrix} x_0 \\ y_0 \end{pmatrix} \tag{II.35}$$

を用意し，ベクトル z の長さを $|z|$，ベクトル z, w の内積を $z \cdot w$ と書くと，(II.39) は

$$f(z) = f(z_0) + \nabla f(z_0) \cdot (z - z_0) + o(|z - z_0|) \tag{II.36}$$

と表すことができる．§1.5 で述べるように，(II.35) で表される ∇f を f の**勾配**という．(II.32), (II.36) を比較すると，2 変数関数では勾配 ∇f が 1 変数関数の微分 f' に対応していることがわかる．(II.35) の ∇f は位置 z によって定まるベクトルで，§1.5 で述べるように，**ベクトル場**という．これに対して，f のように位置を独立変数とするスカラー関数を**スカラー場**という．(II.36) と同等な (II.39) を簡単に

$$df = f_x \, dx + f_y \, dy$$

と書き，df や dx, dy を**微分形式**とよぶ．微分形式については §4.5 で述べる．

§1.3 相平面

連立微分方程式系 (II.33),すなわち

$$\dot{x} = f(x, y), \qquad \dot{y} = g(x, y) \tag{II.37}$$

の右辺 $f(x,y)$, $g(x,y)$ には,独立変数 t が含まれていない.単独方程式 (II.16) も同様で,この形を**自励系**とよぶ.自励系の場合には,解 $(x(t), y(t))$ を一定時間ずらせたものも (初期値は一般に異なるが) 解となる.すなわち,固定した $T>0$ に対して $(\widetilde{x}(t), \widetilde{y}(t)) = (x(t+T), y(t+T))$ も (II.37) の解である.

初期値問題の一意性から,

$$(\widetilde{x}(0), \widetilde{y}(0)) = (x(0), y(0)) \implies (\widetilde{x}(t), \widetilde{y}(t)) = (x(t), y(t))$$

となり,解のつくる軌道 $\mathcal{O} = \{(x(t), y(t))\}_t$ は xy 平面 (相平面) 上の自己交差しない閉曲線 (**単一またはジョルダン閉曲線**という) となる [4].もしすべての解が $-\infty < t < +\infty$ で存在するのであれば,xy 空間は解軌道の族で埋め尽くされる [5].

線形化方程式

連立常微分方程式系 (II.33) に対して (x_0, y_0) をその平衡点 (II.34) とする.(II.33) の軌道は相平面上の曲線であり,平衡点の安定性の様相は単独方程式 (II.16) に比べるとより複雑なものとなるが,線形化安定性については同様の議論を展開することができる.すなわち (II.33) を

$$\frac{d}{dt}\begin{pmatrix} x \\ y \end{pmatrix} = \begin{pmatrix} f(x,y) \\ g(x,y) \end{pmatrix} \tag{II.38}$$

と書いて,右辺を (x_0, y_0) の近傍で展開する.2 変数関数の全微分の理論を使うと $f(x,y)$, $g(x,y)$ が (x_0, y_0) で連続偏微分可能であるときは,$(x,y) \to (x_0, y_0)$ において

$$f(x,y) = f(x_0, y_0) + f_x(x_0, y_0)(x - x_0) + f_y(x_0, y_0)(y - y_0)$$
$$+ o\left(\sqrt{(x-x_0)^2 + (y-y_0)^2}\right)$$

$$g(x,y) = g(x_0, y_0) + g_x(x_0, y_0)(x - x_0) + g_y(x_0, y_0)(y - y_0)$$
$$+ o\left(\sqrt{(x-x_0)^2 + (y-y_0)^2}\right)$$

$$f_x = \frac{\partial f}{\partial x}, \quad f_y = \frac{\partial f}{\partial y}, \quad g_x = \frac{\partial g}{\partial x}, \quad g_y = \frac{\partial g}{\partial y} \tag{II.39}$$

---

[4] このことを軌道は横断的に交わらないという.
[5] このときの軌道の全体 (束) を葉層という.

§1. 場の記述

が成り立つ. したがって (II.34), すなわち $f(x_0, y_0) = g(x_0, y_0) = 0$ より, (II.38) は

$$X = x - x_0, \qquad Y = y - y_0 \tag{II.40}$$

に対して

$$\frac{d}{dt}\begin{pmatrix} X \\ Y \end{pmatrix} = \begin{pmatrix} f_x(x_0, y_0) & f_y(x_0, y_0) \\ g_x(x_0, y_0) & g_y(x_0, y_0) \end{pmatrix} \begin{pmatrix} X \\ Y \end{pmatrix} + o\left(\sqrt{X^2 + Y^2}\right) \begin{pmatrix} 1 \\ 1 \end{pmatrix} \tag{II.41}$$

となる. (II.40) の (X, Y) を平衡点 (x_0, y_0) からの**摂動**, (II.41) の誤差の項を無視した

$$\frac{d}{dt}\begin{pmatrix} X \\ Y \end{pmatrix} = \begin{pmatrix} f_x(x_0, y_0) & f_y(x_0, y_0) \\ g_x(x_0, y_0) & g_y(x_0, y_0) \end{pmatrix} \begin{pmatrix} X \\ Y \end{pmatrix} \tag{II.42}$$

を (II.38) の**線形化方程式**とよぶ. **線形化行列**

$$A = \begin{pmatrix} f_x(x_0, y_0) & f_y(x_0, y_0) \\ g_x(x_0, y_0) & g_y(x_0, y_0) \end{pmatrix}$$

が非退化である場合には, (II.38) の軌道は (x_0, y_0) の近傍で線形化方程式 (II.42) によって近似される.

ベクトル $Z = \begin{pmatrix} X \\ Y \end{pmatrix}$ を導入すると, 線形化方程式 (II.42) は

$$\frac{dZ}{dt} = AZ \tag{II.43}$$

と書くことができ, 解の形を $Z(t) = e^{\lambda t} Z_0$ と仮定して代入すれば

$$(A - \lambda I)Z_0 = 0 \tag{II.44}$$

が得られる. (II.44) が自明でない $Z_0 \neq \begin{pmatrix} 0 \\ 0 \end{pmatrix}$ に対して成り立てば, (II.43) は自明でない解 $Z(t) = e^{\lambda t} Z_0$ をもつ. この条件を満たす λ は A の**固有値**で, **固有方程式** $|\lambda I - A| = 0$ から求めることができる. また, このときの Z_0 は**固有ベクトル**である. ただし I は単位行列で, $|B|$ は行列 B の行列式を表す.

$n \times n$ 行列 A が相異なる n 個の固有値 $\lambda_1, \cdots, \lambda_n$ をもつ場合には, 対応する固有ベクトル $Z_1, \cdots, Z_n$ は線形独立であり, ベクトル空間 $\mathbf{C}^n$ の基底となる. したがって (II.43) の一般解は $e^{\lambda_i t} Z_i, i = 1, \cdots, n$ の線形結合で表される:

$$Z(t) = c_1 e^{\lambda_1 t} Z_1 + \cdots + c_n e^{\lambda_n t} Z_n \tag{II.45}$$

ただし $c_1, \cdots, c_n$ はスカラーである．複素数 $\lambda = a + \imath b, a, b \in \mathbf{R}$ に対するオイラーの公式

$$e^{t\lambda} = e^{ta}(\cos tb + \imath \sin tb) \tag{II.46}$$

と (II.45) から，$\lambda_1, \cdots, \lambda_n$ が虚部をもつかどうか，実部の符号はどうであるかによって $t \uparrow +\infty$ としたときの $Z(t)$ の挙動が $c_1, \cdots, c_n$ と関連づけて規定される (I 章の定理 2.7)．一般の A についても解は A のジョルダン標準形と変換行列によって表示される[6]ので，A が退化しない場合には固有値の実部の符号と虚部の有無で，$t \uparrow +\infty$ の挙動が定まる (I 章の §3.2)．

$n = 2$ の場合，非退化安定平衡点は結節点 (吸込)，渦状点 (吸込)，渦心点，また，非退化不安定平衡点は結節点 (湧出)，渦状点 (湧出)，鞍点に分類される．A の固有値に複素数がでてくると，渦状点や渦心点などが現れる．

●例題 1.3 (ロッカ・ボルテラ系)．

$$\dot{x} = \alpha x - \beta xy, \qquad \dot{y} = -\gamma y + \delta xy \tag{II.47}$$

の平衡点と，その近くの軌道の様子を定めよ．ただし $\alpha, \beta, \gamma, \delta > 0$ は定数である．

解答： 以後 $x, y > 0$ で考える[7]．平衡点は，$\alpha x - \beta xy = -\gamma y + \delta xy = 0$ より $(x, y) = \left(\dfrac{\gamma}{\delta}, \dfrac{\alpha}{\beta}\right)$．この点の近くでの軌道を調べるために $x = \dfrac{\gamma}{\delta} + u, y = \dfrac{\alpha}{\beta} + v$ と変数変換する．(u, v) が $(0, 0)$ に近いとしてそれらの 2 次 (以上) の項を無視すると

$$\frac{du}{dt} \approx -\left(\frac{\beta\gamma}{\delta}\right)v, \qquad \frac{dv}{dt} \approx \left(\frac{\delta\alpha}{\beta}\right)u \tag{II.48}$$

となる．したがって線形化行列は

$$A = \begin{pmatrix} 0 & -\frac{\beta\gamma}{\delta} \\ \frac{\delta\alpha}{\beta} & 0 \end{pmatrix}$$

で，その固有値は異なる純虚数 $\pm \imath(\alpha\gamma)^{1/2}$ であるから，平衡点 $\left(\dfrac{\gamma}{\delta}, \dfrac{\alpha}{\beta}\right)$ は渦心点である．ただし $\imath$ は虚数単位 $\imath = \sqrt{-1}$ を表す． □

成長曲線方程式は求積できるが，ロッカ・ボルテラ系は求積できない．しかし図 II.3 のように，解が周期的になることが証明できる．

★練習問題 II.3. 微分方程式系

$$\frac{dx}{dt} = x - x^2 - xy, \qquad \frac{dy}{dt} = \frac{1}{2}y - \frac{1}{4}y^2 - \frac{3}{4}xy \tag{II.49}$$

---

[6] 行列のスペクトル分解も適用可能．I 章の §2.3 参照．
[7] 次の小節で，初期値がこの条件を満たすときは任意の時刻で成り立つことを示す．

§1. 場の記述

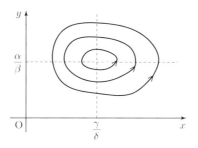

図 **II.3** 被食者・捕食者

を第 1 象限で考え，すべての平衡点を求めてその安定性を論ぜよ．次に，平衡点の近傍での軌道を描き，最後に第 1 象限での葉層の概略を描け．

☆研究課題 **14.** 心臓の鼓動に関するモデル
$$\varepsilon \frac{dx}{dt} = -(x^3 - Tx + b), \qquad \frac{db}{dt} = x - x_a$$
について相空間に軌道を描いて解の大域的挙動を論ぜよ．ただし x, b はそれぞれ筋肉ファイバーの長さ，化学制御指数，T, x_a はそれぞれ (筋肉ファイバー) 張力，標準的長さである．

§1.4　ハミルトン系・勾配系

最初にロッカ・ボルテラ系 (II.47)，すなわち
$$\dot{x} = \alpha x - \beta xy, \qquad \dot{y} = -\gamma y + \delta xy \tag{II.50}$$
を考える．(II.50) において，$x = x(t)$ は被食者，$y = y(t)$ は捕食者，α, γ は x, y の増加，減少率，β, δ は被食・捕食による減少，増加率を表している．

●例題 **1.4.** ロッカ・ボルテラ系 (II.50) において，初期値が第 1 象限にある解は，平衡点以外は常に時間周期解であり，x, y のそれぞれの時間平均は平衡点の値と一致することを示せ．

解答： (II.50) を
$$\dot{x} = (\alpha - \beta y)x, \qquad \dot{y} = (-\gamma + \delta x)y \tag{II.51}$$
と書き，
$$a(t) = \alpha - \beta y(t), \qquad b(t) = -\gamma + \delta x(t)$$
を与えられた関数として積分すれば，正の初期値
$$x|_{t=0} = x(0) > 0, \qquad y|_{t=0} = y(0) > 0 \tag{II.52}$$
を与えた解は第 1 象限にとどまることがわかる．

(II.51) から
$$\frac{dy}{dx} = \frac{\frac{dy}{dt}}{\frac{dx}{dt}} = \frac{(-\gamma + \delta x)y}{(\alpha - \beta y)x}$$

したがって
$$\int \frac{\alpha - \beta y}{y} dy = \int \frac{-\gamma + \delta x}{x} dx$$

となり，解 $(x, y) = (x(t), y(t))$ は，xy 平面で
$$\alpha \log y - \beta y = -\gamma \log x + \delta x + c \tag{II.53}$$

で定められる集合 $\mathcal{A}$ 上にある．ただし c は積分定数である．(II.53) を (II.47) の**第1積分**とよぶ．第1積分が存在するため，力学系は1次元的なふるまいをする．すなわち，与えられた c に対して (II.53) は xy 平面の第1象限の単一閉曲線となり，(II.47) の各解はこれらの閉曲線上を時間周期的に移動する．

実際，$\mathcal{A}$ の各連結成分 $\mathcal{C}$ は第1象限に曲線か1点を定める[8]．1点からなる軌道は平衡点であり，平衡点は $\left(\frac{\gamma}{\delta}, \frac{\alpha}{\beta}\right)$ のみであるので，$\mathcal{C}$ が曲線の場合には，自己交叉しない[9]．また $\mathcal{C}$ は第1象限で有界であり，したがってこのとき閉曲線である．すなわち $\mathcal{C}$ は1点か単一閉曲線で，後者の場合には $\mathcal{C}$ 上には平衡解が存在しない．特に解の速さ $v = \sqrt{\dot{x}^2 + \dot{y}^2}$ は $\mathcal{C}$ 上で正の最小値をとるので，$\mathcal{C}$ 上の1点を初期値とする解は，有限時間の後に同じ点に戻ってくる．すなわち，(II.50), (II.52) の任意の解は，平衡解か時間周期解のいずれかである．

解 $(x(t), y(t))$ の時間周期を T とすると，被食者・捕食者の個体数の平均値は
$$\overline{x} = \frac{1}{T} \int_0^T x(t)\,dt, \qquad \overline{y} = \frac{1}{T} \int_0^T y(t)\,dt$$

である．一方，方程式より $\frac{1}{x}\frac{dx}{dt} = \alpha - \beta y$，したがって
$$\int_{x(0)}^{x(T)} \frac{dx}{x} = \int_0^T (\alpha - \beta y)\,dt = \alpha T - \beta T \overline{y}$$

が成り立つ．$x(0) = x(T)$ より左辺は 0 であるから
$$\overline{y} = \frac{1}{T} \int_0^T y(t)\,dt = \frac{\alpha}{\beta}$$

同様に $\overline{x} = \frac{\gamma}{\delta}$．ここで $(\overline{x}, \overline{y}) = \left(\frac{\gamma}{\delta}, \frac{\alpha}{\beta}\right)$ は (II.47) の平衡点なので，$\alpha \overline{x} - \beta \overline{xy} = -\gamma \overline{y} + \delta \overline{xy} = 0$ である． □

連立微分方程式系 (II.37) には，保存量や値が常に減少するリヤプノフ関数（注意 II.4）を備えた形が存在する．勾配系やハミルトン系はそのようなものである．

---

[8] 陰関数定理を用いて示す．
[9] 実際には初期値が異なると c も異なり，$\mathcal{A}$ 自身が連結になる．

§1. 場の記述

○**例 1.6** (勾配系). 勾配系は連立微分方程式系 (II.33) の特別な場合で，与えられたスカラー関数 $\varphi(x, y)$ に対して $f = -\varphi_x$, $g = -\varphi_y$ である場合，すなわち

$$\dot{x} = -\varphi_x(x, y), \quad \dot{y} = -\varphi_y(x, y) \tag{II.54}$$

で記述されるものである．勾配系 (II.54) の平衡点は

$$\varphi_x(x_0, y_0) = \varphi_y(x_0, y_0) = 0 \tag{II.55}$$

となる点 (x_0, y_0) で，このような点を (2 変数関数) $\varphi(x, y)$ の**臨界点**という．すなわち (II.55) を満たす (x_0, y_0) は $\varphi(x, y)$ の立場からは臨界点であり，(II.54) からみると平衡点である．勾配系 (II.54) では $\dfrac{d}{dt}\varphi(x(t), y(t)) = -\dot{x}(t)^2 - \dot{y}(t)^2 \leq 0$ が成り立つ．特に $\dfrac{d}{dt}\varphi(x(t), y(t)) = 0$ となるのは

$$\varphi_x(x(t), y(t)) = \varphi_y(x(t), y(t)) = 0$$

のときに限る．すなわち平衡点を除いた軌道の上では

$$\frac{d}{dt}\varphi(x(t), y(t)) < 0$$

であり，$\varphi(x, y)$ の値は常に減少する．したがって勾配系の軌道は $z = \varphi(x, y)$ のグラフ，特に $\varphi(x, y)$ の等高線 $\{(x, y) \mid \varphi(x, y) = c\}$ (c 定数) に大きく支配される．

○**例 1.7** (ハミルトン系). ハミルトン系は，連立微分方程式系 (II.33) においてスカラー関数 $\varphi = \varphi(x, y)$ を用いて $f = -\varphi_y$, $g = \varphi_x$ で与えられるものである:

$$\dot{x} = -\varphi_y(x, y), \quad \dot{y} = \varphi_x(x, y) \tag{II.56}$$

ハミルトン系では $\varphi(x, y)$ は第 1 積分であり，軌道上で常に

$$\frac{d}{dt}\varphi(x, y) = \dot{x}\varphi_x + \dot{y}\varphi_y = \dot{x}\dot{y} - \dot{y}\dot{x} = 0$$

が成り立つ．一方，平衡点 (x_0, y_0) が $\varphi(x, y)$ の臨界点，すなわち (II.55) であるのは勾配系の場合と同じである．

●**例題 1.5.** ロッカ・ボルテラ系 (II.51) は変換

$$\xi = \log x, \quad \eta = \log y \tag{II.57}$$

によってハミルトン系となることを示せ．

解答: 変換 (II.57) により (II.51) は

$$\dot{\xi} = \alpha - \beta e^\eta, \quad \dot{\eta} = -\gamma + \delta e^\xi \tag{II.58}$$

さらに $\varphi(\xi, \eta) = -\alpha\eta + \beta e^\eta - \gamma\xi + \delta e^\xi$ に対して (II.58) は

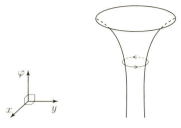

図 **II.4** ハミルトン系

$$\dot{\xi} = -\varphi_\eta, \qquad \dot{\eta} = \varphi_\xi \tag{II.59}$$

となる. (II.59) はハミルトン系である. □

(II.59) から $\dfrac{d}{dt}\varphi(\xi,\eta) = 0$ となり, $\varphi = -c$ は本小節の最初に計算したロッカ・ボルテラ系の第 1 積分と一致する.

平衡点の安定性

(x_0, y_0) を勾配系 (II.54) の平衡点, すなわち $\varphi(x,y)$ の臨界点として, 摂動 $X = x - x_0, Y = y - y_0$ を考える. (X,Y) が小さいとき, すなわち (x,y) が平衡点 (x_0, y_0) の近傍にあるときは,

$$\varphi_x(x,y) = \frac{\partial \varphi_x}{\partial x}(x_0, y_0)X + \frac{\partial \varphi_x}{\partial y}(x_0, y_0)Y + o\left(\sqrt{X^2 + Y^2}\right)$$

$$\varphi_y(x,y) = \frac{\partial \varphi_y}{\partial x}(x_0, y_0)X + \frac{\partial \varphi_y}{\partial y}(x_0, y_0)Y + o\left(\sqrt{X^2 + Y^2}\right)$$

であるから, (II.54) の (x_0, y_0) における線形化方程式は

$$\frac{d}{dt}\begin{pmatrix} X \\ Y \end{pmatrix} = -\begin{pmatrix} \varphi_{xx}(x_0, y_0) & \varphi_{xy}(x_0, y_0) \\ \varphi_{xy}(x_0, y_0) & \varphi_{yy}(x_0, y_0) \end{pmatrix}\begin{pmatrix} X \\ Y \end{pmatrix} \tag{II.60}$$

である.

一般に

$$A = \begin{pmatrix} \varphi_{xx}(x_0, y_0) & \varphi_{xy}(x_0, y_0) \\ \varphi_{xy}(x_0, y_0) & \varphi_{yy}(x_0, y_0) \end{pmatrix}$$

をスカラー関数 $\varphi(x,y)$ の**ヘッセ行列**という. ヘッセ行列は実対称行列であるので直交行列 Q, $Q^{-1} = {}^tQ$ を用いて対角化できる: ${}^tQAQ = \Lambda \equiv \begin{pmatrix} \lambda_1 & 0 \\ 0 & \lambda_2 \end{pmatrix}$. 変数変換 $\begin{pmatrix} \xi \\ \eta \end{pmatrix} = {}^tQ \begin{pmatrix} X \\ Y \end{pmatrix}$ により, (II.60) は

§1. 場 の 記 述

$$\frac{d}{dt}\begin{pmatrix}\xi\\\eta\end{pmatrix} = -\Lambda\begin{pmatrix}\xi\\\eta\end{pmatrix}$$

すなわち

$$\dot{\xi} = -\lambda_1 \xi, \qquad \dot{\eta} = -\lambda_2 \eta \tag{II.61}$$

と書き直すことができる.

$\lambda_1\lambda_2 \neq 0$ のときは A は正則行列で,このような (x_0, y_0) を $\varphi(x,y)$ の非退化臨界点,また,A の負の固有値の数を臨界点 (x_0, y_0) の**モース指数**という.この場合 $\varphi(x,y)$ は 2 変数関数であるので,モース指数は 0, 1, 2 の 3 種類があり,これにより 2 変数関数 $z = \varphi(x,y)$ の非退化臨界点はそれぞれ,極小・鞍点・極大に分類される. (II.61) により,これらの臨界点を (II.54) の平衡点とみたときにはそれぞれ,安定・条件安定・不安定であることがわかる.また逆変換 $\begin{pmatrix}X\\Y\end{pmatrix} = Q\begin{pmatrix}\xi\\\eta\end{pmatrix}$ により,臨界点の近傍での $z = \varphi(x,y)$ のグラフの形状や,その臨界点を平衡点とみたときの勾配系の軌道を詳細に描写することができる.

★**練習問題 II.4.** $\varphi(x,y) = \frac{1}{2}(x^2+y^2)$, $\varphi(x,y) = \frac{1}{2}(x^2-y^2)$ のそれぞれについて勾配系とハミルトン系を書き,平衡点とその安定性を調べよ.次に,$\varphi = \varphi(x,y)$ の等高線といくつかの軌道を図示せよ.

☆**研究課題 15.** 関数 $\varphi(x,y) = (1-x^2-y^2)(1+2x^2)(1+2y^2)$, $x^2+y^2 \leq 1$ の臨界点をすべて求めて分類し,グラフの概形を描け.次に,この関数を用いた勾配系とハミルトン系の軌道をいくつか書き加えよ.

注意 II.2. ハミルトン系 (II.56) の場合には線形化方程式は

$$\frac{d}{dt}\begin{pmatrix}X\\Y\end{pmatrix} = \begin{pmatrix}-\varphi_{xy}(x_0,y_0) & -\varphi_{yy}(x_0,y_0)\\ \varphi_{xx}(x_0,y_0) & \varphi_{xy}(x_0,y_0)\end{pmatrix}\begin{pmatrix}X\\Y\end{pmatrix}$$

となる.線形化行列

$$B = \begin{pmatrix}-\varphi_{xy}(x_0,y_0) & -\varphi_{yy}(x_0,y_0)\\ \varphi_{xx}(x_0,y_0) & \varphi_{xy}(x_0,y_0)\end{pmatrix}$$

の固有方程式は

$$\begin{vmatrix}\lambda + \varphi_{xy}(x_0,y_0) & \varphi_{yy}(x_0,y_0)\\ -\varphi_{xx}(x_0,y_0) & \lambda - \varphi_{xy}(x_0,y_0)\end{vmatrix}$$
$$= (\lambda + \varphi_{xy}(x_0,y_0))(\lambda - \varphi_{xy}(x_0,y_0)) + \varphi_{xx}(x_0,y_0)\varphi_{yy}(x_0,y_0)$$
$$= \lambda^2 - \varphi_{xy}(x_0,y_0)^2 + \varphi_{xx}(x_0,y_0)\varphi_{yy}(x_0,y_0) = 0$$

これから B の固有値は $\lambda = \pm\sqrt{-D}$ で，平衡点 (x_0, y_0) は $D > 0$ のときは渦心点，$D < 0$ のときは鞍点となる．

注意 II.3. II 章の §1.5 で述べるように，空間 3 次元の勾配系は

$$\dot{x}_1 = -f_{x_1}(x_1, x_2, x_3), \quad \dot{x}_2 = -f_{x_2}(x_1, x_2, x_3), \quad \dot{x}_3 = -f_{x_3}(x_1, x_2, x_3)$$

で与えられる．ニュートンの運動方程式が 2 階であるのに対し，ハミルトン力学では位置と運動量を独立変数として，多体問題をハミルトン系で記述する．

注意 II.4. 勾配系やハミルトン系は連立微分方程式系 (II.33) の特別な場合で，スカラー関数 $z = \varphi(x, y)$ が「場」として「粒子」の位置や運動量 (x, y) の動態を支配しているものと解釈できる．物理原理に由来するモデルでは，勾配系のリヤプノフ関数は自由エネルギー，ハミルトン系の第 1 積分 (ハミルトニアン) はエネルギーを表すことがある．第 1 積分 (II.53) が $\dfrac{d}{dt} F(x(t), y(t)) = 0$ と表すことができるのに対して，解 $(x(t), y(t))$ が常に

$$\frac{d}{dt} F(x(t), y(t)) \leq 0 \tag{II.62}$$

を満たしている場合に，$F(x, y)$ を**リヤプノフ関数**という．2 変数の場合でリヤプノフ関数が存在したとしても解軌道 $\mathcal{O}$ が定まるわけではないが，$\mathcal{O}$ を閉じ込める曲線を初期値によって決めることができる．一般に勾配系はリヤプノフ関数をもち，ハミルトン系は第 1 積分をもつ．

§1.5 勾　　配

勾配の概念を説明するために，3 次元ベクトルに関する初等的な事柄を確認する．

確認 (ベクトルの内積と外積)　3 次元空間上で x, y, z 座標を**右手系**にとり，以下 $\boldsymbol{a}, \boldsymbol{b}, \cdots$ はベクトル，$a, b, \cdots$ はスカラーとする．標準基底 $\boldsymbol{i} = {}^t(1, 0, 0)$, $\boldsymbol{j} = {}^t(0, 1, 0)$, $\boldsymbol{k} = {}^t(0, 0, 1)$ は長さ 1 で互いに直交し，任意のベクトル $\boldsymbol{a} = {}^t(a_1, a_2, a_3)$ は $\boldsymbol{a} = a_1 \boldsymbol{i} + a_2 \boldsymbol{j} + a_3 \boldsymbol{k}$ と書き表すことができる．a_1, a_2, a_3 を $\boldsymbol{a}$ の x, y, z 成分，$|\boldsymbol{a}| = \sqrt{a_1^2 + a_2^2 + a_3^2}$ を $\boldsymbol{a}$ の**長さ**という．

一般にベクトル $x \in \mathbf{R}^3$ の長さを $|x|$ と書く．2 つのベクトル $x, y \in \mathbf{R}^3$ のなす角を θ とするとき $x \cdot y = |x| |y| \cos \theta$ をその**内積**という．標準基底に対して

$$\boldsymbol{i} \cdot \boldsymbol{j} = \boldsymbol{j} \cdot \boldsymbol{k} = \boldsymbol{k} \cdot \boldsymbol{i} = 0, \qquad \boldsymbol{i} \cdot \boldsymbol{i} = \boldsymbol{j} \cdot \boldsymbol{j} = \boldsymbol{k} \cdot \boldsymbol{k} = 1 \tag{II.63}$$

となる一方，任意のベクトル $\boldsymbol{a}, \boldsymbol{b}, \boldsymbol{c}$, スカラー c に対して交換則・結合則・分配則

$$\boldsymbol{a} \cdot \boldsymbol{b} = \boldsymbol{b} \cdot \boldsymbol{a}, \quad c(\boldsymbol{a} \cdot \boldsymbol{b}) = (c\boldsymbol{a}) \cdot \boldsymbol{b}), \quad \boldsymbol{a} \cdot (\boldsymbol{b} + \boldsymbol{c}) = \boldsymbol{a} \cdot \boldsymbol{b} + \boldsymbol{a} \cdot \boldsymbol{c} \tag{II.64}$$

が成り立つ．(II.63)–(II.64) によって，$\boldsymbol{a} = {}^t(a_1, a_2, a_3)$, $\boldsymbol{b} = {}^t(b_1, b_2, b_3)$ に対し

$$\boldsymbol{a} \cdot \boldsymbol{b} = a_1 b_1 + a_2 b_2 + a_3 b_3 \tag{II.65}$$

が得られる．

§1. 場の記述

2つのベクトル $x, y \in \mathbf{R}^3$ の**外積** $x \times y$ はこれらのベクトルのつくる平面に垂直で，この2つのベクトルのつくる平行四辺形の面積を長さとし，$x, y, x \times y$ が右手系となるような3次元ベクトルをさす．標準基底に対して

$$i \times j = k, \quad j \times k = i, \quad k \times i = j$$
$$i \times i = j \times j = k \times k = 0 \tag{II.66}$$

となる一方，任意のベクトル a, b, c，スカラー c に対して交換則・結合則・分配則

$$a \times b = -(b \times a), \quad c(a \times b) = (ca) \times b$$
$$a \times (b + c) = (a \times b) + (a \times c) \tag{II.67}$$

が成り立つ．(II.66)–(II.67)により，$a = {}^t(a_1, a_2, a_3)$，$b = {}^t(b_1, b_2, b_3)$ に対して

$$a \times b = \begin{pmatrix} a_2 b_3 - a_3 b_2 \\ a_3 b_1 - a_1 b_3 \\ a_1 b_2 - a_2 b_1 \end{pmatrix} \tag{II.68}$$

が得られる． ◀

(II.54)は2変数関数 (2次元のスカラー場) $z = \varphi(x, y)$ に由来する勾配系であるが，3変数関数 (3次元のスカラー場) $f = f(x_1, x_2, x_3)$ に支配される勾配系も導出することができる．このとき勾配作用素が導入される．「勾配」を理解するために，次のような状況を考える．

昆虫は樹液を構成する化学物質の濃度を認識して，樹液にたどりつくことができる．その物質の $x = (x_1, x_2, x_3) \in \mathbf{R}^3$ における濃度を $f = f(x)$ とすれば，$f(x) = $ 定数 となる x の集合は一般に**等高面**とよばれる曲面となる．昆虫は単位ベクトル $e = (e_1, e_2, e_3)$ の方向に $0 < s \ll 1$ だけ微小に移動したときの f の変化率 $\left.\dfrac{d}{ds}f(x+se)\right|_{s=0}$ を嗅ぎとり，この値が最も大きくなるように単位ベクトル e を選んで進む．この性質を**走化性**という．

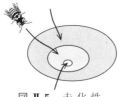

図 II.5 走化性

ここで $f(x+se) = f(x_1+se_1, x_2+se_2, x_3+se_3)$ に注意して合成関数の微分の公式を適用すると

$$\left.\frac{d}{ds}f(x+se)\right|_{s=0} = f_{x_1}(x)e_1 + f_{x_2}(x)e_2 + f_{x_3}(x)e_3 \tag{II.69}$$

が得られる．このとき $\nabla f = {}^t\left(\dfrac{\partial f}{\partial x_1}, \dfrac{\partial f}{\partial x_2}, \dfrac{\partial f}{\partial x_3}\right)$ とおき，ベクトルの内積を"·"で表せば，(II.69) の右辺は $\nabla f(x) \cdot e$ に等しい．すなわち

$$\left.\dfrac{d}{ds}f(x+se)\right|_{s=0} = \nabla f(x) \cdot e$$

であり，$\left.\dfrac{d}{ds}f(x+se)\right|_{s=0}$ が最大となるような単位ベクトル e は $e = \dfrac{\nabla f(x)}{|\nabla f(x)|}$ である．またそのときの濃度の変化率は $|\cdot|$ をベクトルの長さとして

$$\nabla f(x) \cdot e = |\nabla f(x)| \tag{II.70}$$

である．この方向 e と大きさ $|\nabla f(x)|$ をもつベクトルは $|\nabla f(x)|e = \nabla f(x)$ にほかならない．すなわち $\nabla f(x)$ は，走化性として地点 x において昆虫に働く力を表している．一般に，$x = (x_1, x_2, x_3) \in \mathbf{R}^3$ の関数 $f = f(x)$ を**スカラー場**といい，x によって定まるベクトル，すなわちベクトル値関数を**ベクトル場**という．∇f はスカラー場 f によって定まるベクトル場であり，f の**勾配**という．

(II.69) は

$$f(x+se) = f(x) + s\nabla f(x) \cdot e + o(s) \tag{II.71}$$

と表され，関係

$$\left.\dfrac{d^2}{ds^2}f(x+se)\right|_{s=0} = A(x)e \cdot e \tag{II.72}$$

を用いると，さらに

$$f(x+se) = f(x) + s\nabla f(x) \cdot e + \dfrac{s^2}{2}A(x)e \cdot e + o(s^2) \tag{II.73}$$

に精密化される．ただし $A(x) = \left(\dfrac{\partial^2 f}{\partial x_i \partial x_j}(x)\right)_{1 \leq i,j \leq 3}$ は (3 変数関数 $f = f(x)$ に対する) ヘッセ行列である．ここで

$$\nabla f(x_0) = 0 \tag{II.74}$$

となる $x_0 \in \mathbf{R}^3$ を f の**臨界点**，その点でヘッセ行列 $A(x_0)$ が正則であるものを**非退化臨界点**，$A(x_0)$ の負の固有値の数を**モース指数**とよぶのは空間 2 次元の場合と同様である．この場合，$f = f(x)$, $x = (x_1, x_2, x_3)$ は 3 変数関数であり，モース指数は 0, 1, 2, 3 の値をとる．

空間 3 次元での勾配系は

$$\dot{x} = -\nabla f(x) \tag{II.75}$$

で定められ，この軌道の上で常に

§1. 場 の 記 述

$$\frac{d}{dt}f(x) = \nabla f(x) \cdot \dot{x} = -|\dot{x}|^2 \leq 0 \qquad (\text{II}.76)$$

が成り立つ．また，(II.74) で定められる $f(x)$ の臨界点 x_0 は，勾配系 (II.75) の平衡点となる．$f = f(x)$ が $x = x_0$ で 2 回微分可能であるときは

$$\begin{aligned} f(x) = &f(x_0) + \nabla f(x_0) \cdot (x - x_0) \\ &+ \frac{1}{2} A(x_0)(x-x_0) \cdot (x-x_0) + o(|x-x_0|^2) \end{aligned} \qquad (\text{II}.77)$$

が成り立つので，$A(x_0)$ が退化しなければ臨界点 $x = x_0$ の近傍で (II.75) は

$$\dot{X} = -A(x_0)X, \qquad X = x - x_0$$

で近似される．空間 2 次元のときと同様にして実対称行列 $A(x_0)$ は直交行列 Q で対角化できる：${}^tQAQ = \begin{pmatrix} \lambda_1 & & \\ & \lambda_2 & \\ & & \lambda_3 \end{pmatrix} = \Lambda$．このとき，単位行列 e に対して $f = {}^tQe = (f_1, f_2, f_3)$ も単位行列で

$$\begin{aligned} A(x_0)e \cdot e &= (A(x_0)e, e) \\ &= (A(x_0)Q\,{}^tQe, Q\,{}^tQe) = ({}^tQA(x_0)f, f) \\ &= (\Lambda f, f) = \lambda_1 f_1^2 + \lambda_2 f_2^2 + \lambda_3 f_3^2 \end{aligned}$$

より，非退化特異点 x_0 のモース指数は安定な軌道のつくる空間の余次元を表していることがわかる．ここで $x, y \in \mathbf{R}^3$ に対し $x \cdot y = (x, y)$ とした．

<u>ベクトル場・スカラー場の微積分</u>

$\boldsymbol{a} = \boldsymbol{a}(x_1, x_2, x_3) \in \mathbf{R}^3$ をベクトル場，$\varphi = \varphi(x_1, x_2, x_3) \in \mathbf{R}$ をスカラー場とする．ベクトル場

$$\boldsymbol{a} = \boldsymbol{a}(x_1, x_2, x_3) = {}^t(a_1(x_1, x_2, x_3), a_2(x_1, x_2, x_3), a_3(x_1, x_2, x_3))$$

の各成分 $a_i = a_i(x_1, x_2, x_3)$, $i = 1, 2, 3$ はスカラー場である．ベクトル場の偏微分は，$\dfrac{\partial \boldsymbol{a}}{\partial x_i} = {}^t\left(\dfrac{\partial a_1}{\partial x_i}, \dfrac{\partial a_2}{\partial x_i}, \dfrac{\partial a_3}{\partial x_i}\right)$, $i = 1, 2, 3$ のように成分ごとに定め，(重) 積分も同様である．

○例 **1.8** (万有引力の法則)．原点にある質量 M の太陽から位置 $\boldsymbol{x} = {}^t(x_1, x_2, x_3)$ にある質量 m の物体が受ける力は，重力定数 G を用いてベクトル場

$$\boldsymbol{F} = -\frac{GMm}{4\pi|\boldsymbol{x}|^3}\boldsymbol{x}$$

で与えられる．

○例 1.9 (速度場). 位置 $x = {}^t(x_1, x_2, x_3)$ における定常的な流体の速度は，ベクトル場 $v = v(x_1, x_2, x_3)$ で表示される．

勾配作用素・発散・回転

スカラー場 φ の勾配 $\nabla \varphi = {}^t\left(\dfrac{\partial \varphi}{\partial x_1}, \dfrac{\partial \varphi}{\partial x_2}, \dfrac{\partial \varphi}{\partial x_3} \right)$ から，ベクトル演算子

$$\nabla = {}^t\left(\frac{\partial}{\partial x_1}, \frac{\partial}{\partial x_2}, \frac{\partial}{\partial x_3} \right)$$

を取り出し，**勾配作用素**という．勾配作用素 ∇ は grad とも書く．この作用素とベクトル場 a との内積と外積は

$$\nabla \cdot a = \frac{\partial a_1}{\partial x_1} + \frac{\partial a_2}{\partial x_2} + \frac{\partial a_3}{\partial x_3}$$

$$\nabla \times a = {}^t\left(\frac{\partial a_3}{\partial x_2} - \frac{\partial a_2}{\partial x_3}, \frac{\partial a_1}{\partial x_3} - \frac{\partial a_3}{\partial x_1}, \frac{\partial a_2}{\partial x_1} - \frac{\partial a_1}{\partial x_2} \right)$$

で与えられるスカラー場とベクトル場で，それぞれ a の**発散**，**回転**といい div a, rot a とも書く[10]．

★**練習問題 II.5.** ベクトル a, b, c に対して以下を示せ：
$a \times (b \times c) = (c \cdot a)b - (a \cdot b)c$, $\quad a \times (b \times c) + b \times (c \times a) + c \times (a \times b) = 0$

☆**研究課題 16.** 半径 r の球面の表面積は $4\pi r^2$ であるから，原点のみから単位時間当たり Q の定量の流体が湧き出すとき，位置 x での流体の速度 v は

$$v = \frac{Qx}{4\pi r^3}, \quad x = (x_1, x_2, x_3),\ r = |x|$$

である．この速度場に対して，実際に原点以外で $\nabla \cdot v = 0$ が成り立つことを示せ．

注意 II.5. 発散は，ベクトル場からスカラー場をつくる操作のひとつである．その意味を理解するために，細いパイプを一方向に流れる定常流体を考える．仮想的に $x, x + \Delta x$ の間に流体が湧き出すとすると，その量は速度 v の空間的な変化と Δx との積 $\dfrac{dv}{dx}\Delta x$ で与えられる．

$v = v(x)$ が 3 次元空間にある定常流体の速度ベクトルである場合には，縦・横・高さが $\Delta x_1, \Delta x_2, \Delta x_3$ の微小な直方体を考える．速度ベクトルを

$$v = {}^t(v_1(x_1, x_2, x_3), v_2(x_1, x_2, x_3), v_3(x_1, x_2, x_3))$$

とする．パイプの場合と同じように考えて，x_1 方向からこの直方体に湧き出す流体の流量は $\dfrac{\partial v_1}{\partial x_1}\Delta x_1$ に側面の面積 $\Delta x_2 \Delta x_3$ をかけた $\dfrac{\partial v_1}{\partial x_1}\Delta x_1 \Delta x_2 \Delta x_3$ であり，x_2, x_3 方向も考えて加え合わせれば

---

[10] 本章ではベクトルの内積を "·"，3 次元のベクトルの外積を "×" で記述する．

$$\left(\frac{\partial v_1}{\partial x_1} + \frac{\partial v_2}{\partial x_2} + \frac{\partial v_3}{\partial x_3}\right)\Delta x_1 \Delta x_2 \Delta x_3 = (\nabla \cdot \boldsymbol{v})\Delta \boldsymbol{x}$$

となる．すなわち，$\nabla \cdot \boldsymbol{v}$ は単位時間当たりにその地点に湧き出す流体の流量を表す．有界領域 Ω 全体では $\int_\Omega \nabla \cdot \boldsymbol{v}\, d\boldsymbol{x}$ であり[11]，これはその境界 $\partial\Omega$ から外に出る流量によって見積もることができる．すなわち，境界 $\partial\Omega$ が C^1 で，ベクトル場 $\boldsymbol{v}$ も Ω の閉包 $\overline{\Omega}$ 上で C^1 であるときは

$$\int_\Omega \nabla \cdot \boldsymbol{v}\, d\boldsymbol{x} = \int_{\partial\Omega} \boldsymbol{v} \cdot \boldsymbol{\nu}\, dS \qquad (\text{II}.78)$$

が成り立ち，これを**ガウスの発散公式**という．ただし，$\boldsymbol{\nu}$ は $\partial\Omega$ の外向き単位法ベクトル，dS はその**面積要素**である[12]．(II.78) は空間 2 次元でも対応する結果が成り立ち，これを**グリーンの公式**という．さらに，空間 1 次元の場合は

$$\int_a^b f'(x)\, dx = f(b) - f(a)$$

と書ける．これは**微分積分学の基本定理**とよばれている．以上については §3.2 で詳しく解説する．

注意 II.6. §3.1 で述べるように，原点を固定した剛体では時間のみに依存するベクトル (角速度) $\boldsymbol{\omega}$ があり，位置ベクトル $\boldsymbol{x} = {}^t(x_1, x_2, x_3)$，速度ベクトル $\boldsymbol{v} = \dfrac{d\boldsymbol{x}}{dt} = {}^t(v_1, v_2, v_3)$ は関係 $\boldsymbol{v} = \boldsymbol{\omega} \times \boldsymbol{x}$ を満たしている．簡単な計算より，これから

$$\nabla \times \boldsymbol{v} = 2\boldsymbol{\omega} \qquad (\text{II}.79)$$

が得られる．剛体の場合には，時刻 t の瞬間では，角速度 $\boldsymbol{\omega}$ を軸とし，その大きさを速さとして回転しているので，$\boldsymbol{v}$ が流体の速度ベクトルのときはその回転 $\nabla \times \boldsymbol{v}$ はこの流体の剛体的な運動要素を記述しており，特に**渦度**とよばれる．

2 次元ベクトル場 $\boldsymbol{v} = {}^t(v_1(x), v_2(x))$, $\boldsymbol{x} = (x_1, x_2)$ は，第 3 成分が 0 である 3 次元ベクトル場とみなす．このとき $\nabla \times \boldsymbol{v} = {}^t\left(0, 0, \dfrac{\partial v_2}{\partial x_1} - \dfrac{\partial v_1}{\partial x_2}\right)$ となり，$\boldsymbol{v}$ の渦度はスカラー場 $\omega = \partial_{x_1} v_2 - \partial_{x_2} v_1$ と同一視される．

§2. 最適化

本節で扱うのは，最適化に関連する応用数学である．最適化や均衡は関数の極値としてモデリングすることができる．ニュートン法をはじめとして，線形化は，ヤコビ行列をとおして関数の極値や零点を求めるときに有効である．有限次元の最大・最小問題においても線形化の手法が基本である．すなわち，陰関数定理によって制約付き変分問題のラグランジュ乗数が導出され，下半連続な凸関数は大域的最小値をもつ．

---

11) リューピルの定理．詳細は次節で述べる．
12) 面積要素の求め方は §4.1 参照．

§2.1 非線形方程式・ニュートン法

非退化でモース指数 0 の臨界点がある場合，近くの点を初期値とし，勾配系に従ってたどっていけばその点にたどり着く．逆にこの原理を応用することで，さまざまな方程式の解を求めることができる．なかでもニュートン法は古くから知られている有力な方法である．例えば，最も簡単な 1 変数単独方程式

$$f(x) = 0, \quad x \in \mathbf{R} \tag{II.80}$$

の場合でも，解析的に解が求められるような特別な場合を除いて，$x_k \to x_*$, $f(x_k) \to 0$ となるよう反復列 $x_k, k = 0, 1, 2, \cdots$ をつくることになる．すなわち，$f = f(x)$ が $x = x_*$ で連続であれば $f(x_*) = 0$ となり，$x = x_k, k \gg 1$ は (II.80) の近似解となる．

一般に，写像 $g : \mathbf{R}^n \to \mathbf{R}^n$ に対し

$$x = g(x), \quad x \in \mathbf{R}^n \tag{II.81}$$

の解 $x = x_*$ を $g = g(x)$ の**不動点**という．(II.81) に対しては

$$x_{k+1} = g(x_k), \quad k = 0, 1, 2, \cdots \tag{II.82}$$

によって反復列を帰納的に構成することができる．(II.80) では，$g(x) = x + f(x)$ とおくと (II.81) に変換することができる．この場合の反復列

$$x_{k+1} = x_k + f(x_k), \quad k = 0, 1, 2, \cdots \tag{II.83}$$

は

$$\frac{dx}{dt} = f(x) \tag{II.84}$$

の陽的オイラー差分法[13] に対応する．(II.84) の解自身も平衡解に至るまでに紆余曲折することが多く，(II.83) では収束が得られなかったり，収束の速度が十分でなかったりする．**ニュートン法**は (II.81) を

$$x = g(x), \qquad g(x) = x - \frac{f(x)}{f'(x)} \tag{II.85}$$

と書き直し，(II.82) で反復列を構成するものである．この方法は，点 $(x_k, f(x_k))$ で $y = f(x)$ の接線を引いて，その接線が x 軸と交わるときの x 座標を x_{k+1} とおくもので，初期推定 x_0 が真の解 x_* に近いときに有効である．

I 章の §3.1 で述べた**縮小写像**の原理は不動点方程式の解法で基本的なもので，反復列を用いた解の構成の基盤となるものである．

---

[13] III 章の §2.1 参照.

縮小写像の原理再説

$0 < L < 1$ に対して，条件
$$|g(x) - g(y)| \le L|x - y|, \quad x, y \in F \tag{II.86}$$
を満たす $g : F \to F$ を (狭義) **縮小写像**という[14]．ただし $|\cdot|$ はベクトルの長さ，$F \subset \mathbf{R}^n$ は部分集合である．次は I 章の定理 3.2 をユークリッド空間に適用したもので，証明もまったく同じである．

定理 2.1 (縮小写像の原理). $F \subset \mathbf{R}^n$ は閉集合，$g : F \to F$ は縮小写像であるとすると，不動点
$$x_* = g(x_*), \quad x_* \in F \tag{II.87}$$
が一意に存在する．(II.82) で定められる反復列 $x_k \in F$, $k = 0, 1, 2, \cdots$ は x_* に収束する．ただし $x_0 \in F$ は任意である．

証明: $g : F \to F$ より，(II.82) によって反復列 $x_k \in F$, $k = 0, 1, 2, \cdots$ が定義できる．条件 (II.86) より
$$|x_{k+1} - x_k| = |g(x_k) - g(x_{k-1})| \le L|x_k - x_{k-1}| \le \cdots \le L^k|x_1 - x_0|$$
$m < n$ に対して
$$|x_n - x_m| \le |x_n - x_{n-1}| + |x_{n-1} - x_{n-2}| + \cdots + |x_{m+1} - x_m|$$
$$\le (L^{n-1} + L^{n-2} + \cdots + L^m)|x_1 - x_0|$$
$$\le \sum_{k=m}^{\infty} L^k |x_1 - x_0| \le \frac{L^m}{1-L}|x_1 - x_0| \tag{II.88}$$
であり，$0 < L < 1$ より (II.88) の右辺は $m \to \infty$ で 0 に収束する．すなわち，$\{x_k\} \subset F$ は**コーシー列**であり，F は閉集合なので $\lim_{k \to \infty} x_k = x_*$ となる $x_* \in F$ が存在する．$g = g(x)$ は連続であるから，(II.82) で $k \to \infty$ とすれば (II.87) が得られる．(II.87) を満たす $x_* \in F$ の一意性も同様に示すことができる． □

$g = g(x)$ が 1 変数 C^1 関数で，(II.87) の解 x_* と定数 $d > 0, 0 < L < 1$ が存在し，
$$|g'(x)| \le L, \quad x \in F \equiv [x_* - d, x_* + d] \tag{II.89}$$
が成り立つときは，定理 2.1 の仮定が満たされる．実際，平均値の定理から
$$|g(x) - g(y)| \le L|x - y|, \quad \forall x, y \in F$$
であるので (II.86) が得られ，特に $x_* = g(x_*)$ より
$$|g(x) - x_*| \le L|x - x_*| \le Ld < d, \quad \forall x \in F$$

---

[14] 一般に (II.86) が成り立つことを $g = g(x)$ は F 上**リプシッツ連続**であるといい，$L > 0$ をその**リプシッツ係数**という．リプシッツ係数が $0 < L < 1$ を満たし，値域も F に含まれる場合が縮小写像である．I 章の §3.1 参照．

であるので，$g(x) \in F = [x_* - d, x_* + d]$ も成り立つ．

誤差評価

定理 2.1 の証明を適用すると，反復列の誤差を見積もることができる．

定理 2.2 (収束の速さ)．前定理において，$\varepsilon_k = |x_k - x_{k+1}|$, $k = 1, 2, \cdots$ に対して

$$\frac{\varepsilon_k}{1+L} \leq |x_k - x_*| \leq \frac{\varepsilon_k}{1-L}, \quad \varepsilon_k \leq L^k \varepsilon_0 \tag{II.90}$$

が成り立つ．

証明： $x_* = g(x_*)$ と (II.86) より

$$\varepsilon_k = |x_{k+1} - x_k| \leq |x_{k+1} - g(x_*)| + |x_* - x_k| \leq (L+1)|x_k - x_*|$$

$$|x_k - x_*| \leq |x_k - x_{k+1}| + |g(x_k) - g(x_*)| \leq \varepsilon_k + L|x_k - x_*|$$

この 2 つの不等式から (II.90) の第 1 式が得られる．第 2 式は (II.88) と同様に

$$\varepsilon_k = |x_{k+1} - x_k| = |g(x_k) - g(x_{k-1})| \leq L|x_k - x_{k-1}| = L\varepsilon_{k-1} \leq \cdots \leq L^k \varepsilon_0$$

によって得られる． □

(II.90) より

$$|x_k - x_*| \leq \frac{\varepsilon_0}{1-L} L^k, \quad k = 1, 2, \cdots \tag{II.91}$$

が得られる．(II.91) は**事前** (ア・プリオリ) 評価であり，反復列 x_k と真の解 x_* との誤差を計算開始前の量 ε_0, L で上からおさえているものである．一般に事前評価を用いると，有効数字を定めたときに必要な反復計算回数 k をあらかじめ上から評価することができる．

これに対し (II.90) の第 1 式は，反復列の誤差をそれまで (またはそのとき) 計算した量 ε_k を用いて評価している，**事後** (ア・ポステリオリ) である．この不等式は事前評価 (II.91) よりも精度が良く，誤差も上下で評価されている[15]．

○例 **2.1** (ニュートン法の収束)．(II.80) に対するニュートン法 (II.82), (II.85) において，$f = f(x)$ は 1 変数 C^2 関数で $f(x_*) = 0$, $f'(x_*) \neq 0$ であるものとする．すると，$|x - x_*| \ll 1$ に対して $f'(x) \neq 0$ であり

$$g(x) = x - \frac{f(x)}{f'(x)}, \quad g'(x) = 1 - \frac{f'(x)^2 - f(x)f''(x)}{f'(x)^2} = \frac{f(x)f''(x)}{f'(x)}$$

特に $g'(x_*) = 0$ であるから，$0 < d \ll 1$ に対して仮定 (II.89) が $0 < L < 1$ で

---

[15] 事後評価を用いて，終了条件をプログラムに取り込んでおくと，計算の状況を判断して少ない反復回数で必要な有効数字を得ることができる．

§2. 最適化

成り立つ．したがって，十分な初期推定を表す条件 $|x_0 - x_*| \leq d$ のもとで，反復列 $x_k, k = 0, 1, 2, \cdots$ は真の解 x_* に収束する．

さらに $f(x_*) = 0$ から

$$x_{k+1} - x_* = x_k - x_* - \frac{f(x_k)}{f'(x_k)} = -\frac{f(x_k) - f(x_*) - (x_k - x_*)f'(x_k)}{f'(x_k)}$$

したがって $F = [x_* - d, x_* + d]$ 上で $|f'(x)| \geq A > 0$, $|f''(x)| \leq B$ とすると，平均値の定理より

$$|x_{k+1} - x_*| \leq \frac{B}{2A}|x_k - x_*|^2, \quad k = 1, 2, \cdots \tag{II.92}$$

となる．(II.92) から，$x_k \to x_*$ が **2 次収束**することがわかる．

○**例 2.2** (**擬似ニュートン法**)．高次元のベクトル場を用いると，連立非線形方程式

$$f_i(x_1, x_2, \cdots, x_n) = 0, \quad i = 1, 2, \cdots, n \tag{II.93}$$

も単独の場合と同じような扱いをすることができる．すなわち $x = (x_1, x_2, \cdots, x_n)$, $f(x) = {}^t(f_1(x), f_2(x), \cdots, f_n(x))$ を導入し，(II.93) を

$$f(x) = 0 \tag{II.94}$$

と書く．$f(x)$ の**ヤコビ行列**

$$J(x) = \left(\frac{\partial f_i(x)}{\partial x_j} \right)_{1 \leq i, j \leq n} = \begin{pmatrix} \frac{\partial f_1(x)}{\partial x_1} & \cdots & \frac{\partial f_1(x)}{\partial x_n} \\ \vdots & \cdots & \vdots \\ \frac{\partial f_n(x)}{\partial x_1} & \cdots & \frac{\partial f_n(x)}{\partial x_n} \end{pmatrix}$$

を用いて，(II.94) を $x = g(x)$, $g(x) = x - J(x)^{-1}f(x)$ と書き直してニュートン反復列

$$x^{k+1} = x^k - J(x^k)^{-1}f(x^k), \quad k = 0, 1, 2, \cdots$$

を構成する．より簡単に $x^{k+1} = x^k - J(x^0)^{-1}f(x^k), k = 0, 1, 2, \cdots$ としたものを**擬似** (または**簡易**) **ニュートン法**という．

連立方程式

縮小写像の原理 (定理 2.1) は多変数関数でも成り立つ．一方，行列

$$A = \left(a_{ij} \right)_{1 \leq i, j \leq n} = \begin{pmatrix} a_{11} & \cdots & a_{1n} \\ \vdots & \cdots & \vdots \\ a_{n1} & \cdots & a_{nn} \end{pmatrix}$$

のノルムを $|A| = \sqrt{\sum_{i,j=1}^{n} a_{ij}^2}$ で定めると

$$|Ax| \leq |A|\,|x| \tag{II.95}$$

が成り立つので，(II.89) に対応する条件を，$g'(x)$ をベクトル場 $g = g(x)$ のヤコビ行列に置き換えることで，定理 2.2 に対応する定理を示すことができる．また，多変数 C^2 関数に対する平均値の定理を用いると，$J(x_*)$ が正則であるときは，十分な初期推定 $|x_0 - x_*| \ll 1$ のもとで，ニュートン反復列が 2 次収束をすることも示すことができる．

★練習問題 II.6. $a^{1/3}$, $a > 0$ を求めるニュートン反復列を与える式を書き，これを用いて $7^{1/3}$ を小数点以下 2 桁まで求めよ．

☆研究課題 17. "シャウダーの不動点定理" を用いて，$f = f(x,t)$ が単に連続であるときも，常微分方程式 (系)

$$\frac{dx}{dt} = f(x,t), \qquad x(0) = x_0 \tag{II.96}$$

の局所解が存在することを示せ．また解が一意でないような f の例をあげよ．

§2.2 ラグランジュ乗数・陰関数定理

ワイヤーシュトラスの定理によって，$a \leq x \leq b$ 上で定義された連続関数 $y = f(x)$ は最大・最小をとる．もし $f(x)$ が $a < x < b$ 上微分可能であり，$x_0 \in (a,b)$ であるとすれば

$$f(x) = f(x_0) + f'(x_0)(x - x_0) + o(|x - x_0|)$$

より，$f'(x_0) > 0$ も $f'(x_0) < 0$ も不可能である．したがって $f'(x_0) = 0$ となる．よって，$f(x)$ の $a \leq x \leq b$ での最大・最小が生ずるのは $f'(x_0) = 0$ となる $x_0 \in (a,b)$ か $x = a$, $x = b$ のいずれかである．$f(x)$ が 2 回微分可能で $x_0 \in (a,b)$, $f'(x_0) = 0$ の場合，$f''(x_0) > 0$ のときは $x = x_0$ は極小点，$f''(x_0) < 0$ のときは極大点である．このことは

$$f(x) = f(x_0) + f'(x_0)(x - x_0) + \frac{1}{2}f''(x_0)(x - x_0)^2 + o(|x - x_0|^2)$$

からわかる．$f''(x_0) \neq 0$ となる臨界点 x_0 は $f(x)$ の非退化臨界点である．周期的な C^2 関数，例えば，$f(x+1) = f(x)$ のすべての臨界点が非退化である場合には，1 周期の間に生ずる極大点の個数と極小点の個数は一致しなければならない．

§2. 最適化

$D \subset \mathbf{R}^2$ を領域,すなわち連結開集合とし,$\overline{D}$ をその閉包とする[16]. D が有界のとき,$\overline{D}$ 上の連続関数 $f(x,y)$ は最大・最小をとる.さらに $f(x,y)$ が $(x_0, y_0) \in D$ で全微分可能のときは偏導関数 $f_x(x_0, y_0), f_y(x_0, y_0)$ が存在して

$$f(x,y) = f(x_0, y_0) + f_x(x_0, y_0)(x - x_0) + f_y(x_0, y_0)(y - y_0) + o(\sqrt{(x-x_0)^2 + (y-y_0)^2})$$

が成り立つ.注意 II.1 で述べたように,このことは $z = (x,y)$, $z_0 = (x_0, y_0)$, $\nabla f = (f_x, f_y)$ に対して

$$f(z) = f(z_0) + \nabla f(z_0) \cdot (z - z_0) + o(|z - z_0|)$$

と表記される.$f(x,y)$ の臨界点は $\nabla f(x_0, y_0) = 0$ によって定義され,逆に,$f(x,y)$ は D 上で連続偏微分可能であれば,全微分可能である.$f(x,y)$ が 2 回連続微分可能のときは,**ヘッセ行列**

$$H = \begin{pmatrix} f_{xx} & f_{xy} \\ f_{yx} & f_{yy} \end{pmatrix}$$

によって

$$f(z) = f(z_0) + \nabla f(z_0) \cdot (z - z_0) + \frac{1}{2} H(z_0)(z - z_0) \cdot (z - z_0) + o(|z - z_0|^2)$$

が成り立つ.H は**実対称行列**なので**直交行列**で対角化でき,したがって,非退化臨界点はその負の固有値の数である**モース指数**によって分類される.すなわち,モース指数が 0, 1, 2 のときは,**極小**,**鞍点**,**極大**である.閉曲面上の C^2 関数で臨界点がすべて非退化のときは極小点と極大点の数を加えて,鞍点の数を引いたものは常に 1 である.

制約付き最大最小問題

条件 $f(x,y) = 0$ のもとで $z = g(x,y)$ を最大・最小にする問題は,制約付き最大・最小問題のひとつである.制約条件 $f(x,y) = 0$ が,例えば $y = h(x)$ のように解けるのであれば $z = g(x, h(x))$ を最大・最小化すればよい.

● **例題 2.1.** $f(x,y) = x^2 + y^2 - 1$ に対し,$f(x,y) = 0$ の解を,局所的に $x = h(y)$ または $y = h(x)$ と表示せよ.

解答: $f(x,y) = 0$ は平面上の単位円を表す.$(x,y) \neq (\pm 1, 0)$ の近傍では,$f(x,y) = 0$ は $y = \pm\sqrt{1-x^2}$ のいずれかによって一意的に表示できる.$(x,y) \neq (0, \pm 1)$ のときも

---

[16] §4.3 の注意 II.19 参照.

$x = \pm\sqrt{1-y^2}$ が使える．いずれかを用いれば $f(x,y) = 0$ は局所的に $x = h(y)$ または $y = h(x)$ と表示できる． □

陰関数定理は，上で述べたような変換を保証し，そのことからラグランジュ乗数原理が得られる．陰関数定理は定理自身もその証明も重要であり，以下では 2 変数の場合に述べるが，これらの結果は，任意数の変数の関数に対して成立する．

定理 2.3 (陰関数定理). $D \subset \mathbf{R}^2$ は領域，$f = f(x,y)$ は $f_y = \dfrac{\partial f}{\partial y}$ とともに D 上の連続関数で，$(x_0, y_0) \in D$ に対して $f(x_0, y_0) = 0$, $f_y(x_0, y_0) \neq 0$ が成り立つものとすると，$x = x_0$ の近傍に

$$y_0 = h(x_0), \qquad f(x, h(x)) = 0 \tag{II.97}$$

となる連続関数 $h = h(x)$ が一意に存在する．もし，f_x が D 上で存在すれば $h(x)$ は微分可能で

$$h'(x) = -\frac{f_x(x, h(x))}{f_y(x, h(x))} \tag{II.98}$$

が成り立つ．

前半の証明: $f_y(x_0, y_0) \neq 0$ であるから一般性を失わず $f_y(x_0, y_0) > 0$ とする．以下，$B(z, r)$ は平面上で中心 z, 半径 $r > 0$ の円板を表す．f_y は連続なので，十分小さい $r > 0$ と $z_0 = (x_0, y_0)$ に対して $B(z_0, r)$ 上 $f_y > 0$ となる．$\varphi(t) = f(x_0, y_0 + t)$ は連続微分可能で $\varphi'(t) = f_y(x_0, y_0 + t) > 0$, $|t| < r$, $\varphi(0) = f(x_0, y_0) = 0$. したがって

$$\varphi\left(-\frac{r}{2}\right) = f\left(x_0, y_0 - \frac{r}{2}\right) < 0 < \varphi\left(\frac{r}{2}\right) = f\left(x_0, y_0 + \frac{r}{2}\right)$$

となる．

$f(x, y)$ は D 上で連続であるから，十分小さい $\delta > 0$ をとれば

$$f\left(x, y_0 - \frac{r}{2}\right) < 0 < f\left(x, y_0 + \frac{r}{2}\right), \quad |x - x_0| < \delta$$

$$E \equiv [x_0 - \delta, x_0 + \delta] \times \left[y_0 - \frac{r}{2}, y_0 + \frac{r}{2}\right] \subset B(z_0, r) \tag{II.99}$$

が得られる．$x \in I \equiv (x_0 - \delta, x_0 + \delta)$ を固定して $\varphi^x(t) = f(x, y_0 + t)$ とおく．$E \subset B(z_0, r)$ より $(\varphi^x)'(t) = f_y(x, y_0 + t) > 0$, $|t| \leq \dfrac{r}{2}$. また (II.99) より

$$\varphi^x\left(-\frac{r}{2}\right) < 0 < \varphi^x\left(\frac{r}{2}\right)$$

これらのことから $\varphi^x(t_x) = 0$ を満たすただ 1 つの $t_x \in \left[-\dfrac{r}{2}, \dfrac{r}{2}\right]$ が存在する．この $h(x) = y_0 + t_x$ と書けば (II.97) が成立する． □

$h(x)$ の連続性の証明: 点 $x_* \in (x_0 - \delta, x_0 + \delta)$ と列 $x_k \to x_*$ をとるとき，$h(x_k) \to h(x_*)$ が成り立つことをいう．実際，$h(x)$ の定義から $h(x_k) \in \left[y_0 - \dfrac{r}{2}, y_0 + \dfrac{r}{2}\right]$ であ

§2. 最適化

るので,部分列 (同じ記号で書く) をとると

$$h(x_k) \to y_* \in \left[y_0 - \frac{r}{2}, y_0 + \frac{r}{2}\right]$$

となる y_* が存在する.$f(x,y)$ の連続性を用いて $f(x_k, h(x_k)) = 0$ において極限をとれば $f(x_*, y_*) = 0$, $y_* \in \left[y_0 - \frac{r}{2}, y_0 + \frac{r}{2}\right]$ であり,この条件を満たす y_* の一意性によって $y_* = h(x_*)$ である. □

後半の証明: D 上で f_x が存在するときは,$h(x)$ も微分可能で (II.98) が成り立つことを示す.これらは $x = x_0$ において示せば,他のときも同様にして示すことができる.$|\Delta x| \ll 1$ をとり,$\Delta y = h(x_0 + \Delta x) - h(x_0)$ とおく.

$$f(x_0, y_0) = 0, \quad f(x_0 + \Delta x, y_0 + \Delta y) = 0 \tag{II.100}$$

であり,$h(x)$ の連続性により $\Delta x \to 0$ で $\Delta y \to 0$ となる.$y \mapsto f(x_0 + \Delta x, y)$ に平均値の定理を適用すると

$$f(x_0 + \Delta x, y_0 + \Delta y) = f(x_0 + \Delta x, y_0) + f_y(x_0 + \Delta x, y_0 + \theta \Delta y)\Delta y$$

$0 < \theta < 1$ であり,一方,仮定から

$$f(x_0 + \Delta x, y_0) = f(x_0, y_0) + f_x(x_0, y_0)\Delta x + o(\Delta x) \tag{II.101}$$

も成り立つ.(II.100)–(II.101) より

$$0 = f_x(x_0, y_0)\Delta x + f_y(x_0 + \Delta x, y_0 + \theta \Delta y)\Delta y + o(\Delta x)$$

$$\frac{\Delta y}{\Delta x} = -\frac{f_x(x_0, y_0)}{f_y(x_0 + \Delta x, y_0 + \theta \Delta y)} + o(1)$$

f_y の連続性と $f_y(x_0, y_0) \neq 0$ より

$$h'(x_0) = \lim_{\Delta x \to 0} \frac{\Delta y}{\Delta x} = -\frac{f_x(x_0, y_0)}{f_y(x_0, y_0)}$$

となり,求める関係が示された. □

定理 2.4 (ラグランジュ乗数原理). $f(x,y), g(x,y)$ が領域 D 上で連続微分可能で,$(x_0, y_0) \in D$ が制約 $f(x,y) = 0$ のもとでの $z = g(x,y)$ の最大 (最小,または臨界) 点で $\nabla f(x_0, y_0) \neq 0$ が成り立つものとすれば,$\lambda \in \mathbf{R}$ に対して

$$\nabla g(x_0, y_0) = \lambda \nabla f(x_0, y_0) \tag{II.102}$$

が成り立つ.

証明: 一般性を失うことなく $f_y(x_0, y_0) \neq 0$ としてよい.陰関数定理から,$x = x_0$ の近傍に (II.97) を満たす連続な関数 $h = h(x)$ が一意に存在する.$h(x)$ は $x = x_0$ で微分可能で,$\varphi(x) = g(x, h(x))$ は $x = x_0$ を臨界点とする:

$$\varphi'(x_0) = g_x(x_0, y_0) + g_y(x_0, y_0)h'(x_0) = 0$$

(II.98) より,これは

$$g_x(x_0, y_0) - \frac{g_y(x_0, y_0)f_x(x_0, y_0)}{f_y(x_0, y_0)} = 0$$

を意味する. $\lambda = \dfrac{g_y(x_0, y_0)}{f_y(x_0, y_0)}$ に対して

$$g_x(x_0, y_0) = \lambda f_x(x_0, y_0), \qquad g_y(x_0, y_0) = \lambda f_x(x_0, y_0)$$

となり (II.102) が得られる. □

★**練習問題 II.7.** ラグランジュ乗数原理を用いて $x^2 + y^2 = 1$ のもとで $z = xy$ を最大・最小とせよ.

☆**研究課題 18.** $x = (x_1, x_2) \in \mathbf{R}^2$, $f(x, \lambda) = {}^t(x_1 - \lambda x_1 - x_2^3, 2x_2 - \lambda x_2 - x_1^3) \in \mathbf{R}^2$ とする. 与えられた $\lambda \in \mathbf{R}$ に対して $f(x, \lambda) = 0$ の解 x をすべて求め, $x = 0$ から解が「分岐」する λ を定めよ. 次に, そのような $\lambda, x = 0$ でヘッセ行列が退化することを確認せよ.

注意 II.7 (ワイヤーシュトラスの定理の証明). $y = f(x)$ が $a \leq x \leq b$ で連続であるとし, 例えば $m = \sup\limits_{x \in [a,b]} f(x)$ とおく. 当面 $m = +\infty$ も認めることにすれば, m は定義可能である. このことは $\lim\limits_{k \to \infty} f(x_k) = m$ となる点列 $\{x_k\}$ が有界閉区間 $[a, b]$ に存在することを意味する. ところが $[a, b]$ は "点列コンパクト" であるから, $\{x_k\}$ の適当な部分列 $\{x'_k\} \subset \{x_k\}$ は収束する. すなわち, 適当な $x_0 \in [a, b]$ に対して $\lim\limits_{k \to \infty} x'_k = x_0$ である. ここで $f(x)$ の連続性を用いると $\lim\limits_{k \to \infty} f(x'_k) = f(x_0)$ となる. 左辺は m であるから $\sup\limits_{x \in [a,b]} f(x) = f(x_0)$ となる. すなわち m は有限であり, $f(x)$ は x_0 で最大値 m をとる.

§2.3 凸解析

下から有界な凸関数は, 必ずしも連続でなくても下半連続であれば最小をとる. また, 最小点の一意性は狭義凸性から得られる (図 II.6, II.7). この事実から多価の微係数が定義され, 解析学の一分野である「凸解析」が拓かれる. 行列に転置行列があるように, 凸関数にはルジャンドル変換が定義され, 線形計画法やハミルトン力学に内在する双対性を記述するのである.

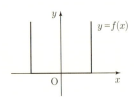 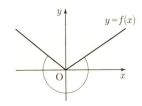

図 II.6 最小点が一意的でない例　　図 II.7 最小点が多価の微係数をもつ例

§2. 最適化

凸関数

集合 $K \subset \mathbf{R}^n$ は，条件
$$x, y \in K,\ 0 < \lambda < 1 \implies \lambda x + (1-\lambda)y \in K$$
を満たすとき**凸集合**であるといい，関数 $f = f(x): \mathbf{R}^n \to (-\infty, +\infty]$ は
$$x, y \in \mathbf{R}^n,\ \lambda \in (0,1) \implies f(\lambda x + (1-\lambda)y) \le \lambda f(x) + (1-\lambda)f(y)$$
を満たすとき**凸関数**．また，$D(f) = \{x \in \mathbf{R}^n \mid f(x) < +\infty\}$ を $f(x)$ の**有効定義域**という．凸関数の有効定義域は凸集合である．$D(f) \ne \emptyset$ であるとき，関数 $f = f(x): \mathbf{R}^n \to (-\infty, +\infty]$ は**適正**．また，常に
$$\lim_{k \to \infty} x_k = x_0 \implies f(x_0) \le \liminf_{k \to \infty} f(x_k)$$
が成り立つとき**下半連続**であるという．

以下で述べるのは，主として適正，凸，下半連続な関数である．

●**例題 2.2.** $f = f(x): \mathbf{R}^n \to (-\infty, +\infty]$ が $\lim_{|x| \to +\infty} f(x) = +\infty$ であるとき**統御的**，$j = \inf_{x \in \mathbf{R}^n} f(x) > -\infty$ であるとき**下に有界**という．適正，統御的，下に有界な下半連続関数は最小値をもつ．

証明: 仮定から，$f(x_k) \to j$ となる $\{x_k\} \subset \mathbf{R}^n$ (最小化列) が存在する．$f = f(x)$ は統御的であり，いかなる部分列 $\{x'_k\}$ に対しても $\lim_{k \to \infty} |x'_k| = +\infty$ となることはありえないので，ある定数 $C > 0$ に対して $|x_k| \le C$ となる．したがって部分列をとると，$x'_k \to x_0$ となる $x_0 \in \mathbf{R}^n$ が存在する．最後に，$f = f(x)$ の下半連続性より
$$j = \lim_{k \to \infty} f(x'_k) = \liminf_{k \to \infty} f(x'_k) \ge f(x_0)$$
となる．j の定義より $f(x_0) \ge j$ であるから $j = f(x_0)$. よって j は $f = f(x)$ の最小値で $x = x_0$ で達成される．□

○**例 2.3.** 空でない集合 $K \subset \mathbf{R}^n$ に対して
$$1_K(x) = \begin{cases} 0, & x \in K \\ +\infty, & x \in \mathbf{R}^n \setminus K \end{cases}$$
をその**指示関数**という．K が凸閉集合であるとき，その指示関数は適正，凸，下半連続である．

定義 2.1. 関数 $f(x)$ に対して $\mathrm{epi}(f) = \{(x, y) \mid x \in \mathbf{R}^n, y \ge f(x)\} \subset \mathbf{R}^{n+1}$ をその**エピグラフ**という．$f(x)$ が凸関数であることとそのエピグラフが $\mathbf{R}^{n+1}$ の凸集合であることは同等である．

○**例 2.4.** 関数 $f = f(x): \mathbf{R}^n \to (-\infty, +\infty]$ に対して次の (1)–(3) は同値である：

(1) $f(x)$ は下半連続
(2) 任意の $c \in \mathbf{R}$ に対して $\{x \in \mathbf{R}^n \mid f(x) \leq c\}$ は $\mathbf{R}^n$ の閉集合
(3) $\mathrm{epi}(f)$ は $\mathbf{R}^{n+1}$ の閉集合

ルジャンドル変換

関数 $f = f(x) : \mathbf{R}^n \to (-\infty, +\infty]$ に対し,
$$f^*(\xi) = \sup_x \{x \cdot \xi - f(x)\} \tag{II.103}$$
をその**ルジャンドル変換**または**共役関数**という.

○**例 2.5.** 空でない $K \subset \mathbf{R}^n$ に対して, その指示関数 $1_K(x)$ のルジャンドル変換
$$1_K^*(\xi) = \sup\{x \cdot \xi \mid x \in K\} \tag{II.104}$$
を K の**支持関数**という[17].

定理 2.5 (フェンシェル・モローの双対性定理). $f = f(x) : \mathbf{R}^n \to (-\infty, +\infty]$ が適正, 凸, 下半連続のときは, $f^* = f^*(\xi)$ も同様であり, 等式
$$f^{**}(x) \equiv \sup_\xi \{\xi \cdot x - f^*(\xi)\} = f(x) \tag{II.105}$$
が成り立つ.

定理 2.5 後半の証明: $f(x)$ が適正であるから, 各 $x \in D(f)$ に対して定まるアフィン関数 $\varphi_x(\xi) = x \cdot \xi - f(x)$ のエピグラフ $\mathrm{epi}(\varphi_x)$ は $\mathbf{R}^{n+1}$ の閉凸集合, したがって
$$\mathrm{epi}(f^*) = \bigcap_{x \in D(f)} \mathrm{epi}(\varphi_x)$$
も同様である. よってこの場合も $f^*(\xi)$ が下半連続な凸関数である. □

次の事実は直観的には明らかであろう[18].

定理 2.6 (分離定理). $f = f(x) : \mathbf{R}^n \to (-\infty, +\infty]$ が適正, 凸, 下半連続のとき, 各 $x_0 \in \mathbf{R}^n$, $-\infty < c_0 < f(x_0)$ に対して $\mathbf{R}^n$ 上のアフィン関数 $h(x) = a \cdot x + b$ で, $h(x_0) = c_0$, $h(x) < f(x), \forall x \in \mathbf{R}^n$ を満たすものがある.

定理 2.5 前半の証明: 定理 2.6 によって $a \cdot x + b < f(x), \forall x \in \mathbf{R}^n$ となる $a \in \mathbf{R}^n$, $b \in \mathbf{R}$ がとれるので
$$f^*(\xi) = \sup_{x \in \mathbf{R}^n} \{x \cdot \xi - f(x)\} \leq \sup_{x \in \mathbf{R}^n} \{(a - \xi) \cdot x - b\}$$
特に $f^*(a) \leq -b$ である.

---
[17] K が凸閉集合のときは支持関数 1_K^* から K を再現することができる.
[18] 厳密な証明は [23] 参照.

§2. 最適化

等式 (II.105) を示すため
$$\mathcal{L}(f) = \{h(x) : \text{アフィン関数} \mid h(x) \leq f(x), \forall x \in \mathbf{R}^n\}$$
とおく．ただしアフィン関数は $h(x) = a \cdot x + b, a \in \mathbf{R}^n, b \in \mathbf{R}$ の形の関数をさす．定理 2.6 より，$x_0 \in \mathbf{R}^n$，$-\infty < c_0 < f(x_0)$ に対してアフィン関数 $h(x)$ で $h(x_0) = c_0$，$h(x) < f(x), \forall x \in \mathbf{R}^n$ を満たすものが存在する．特に $\mathcal{L}(f) \neq \emptyset$，各 $x \in \mathbf{R}^n$ に対して $f(x) = \sup\{h(x) \mid h \in \mathcal{L}(f)\}$ である．定義 (II.103) より，$\xi_0 \in \mathbf{R}^n$，$f^*(\xi_0) < +\infty$ に対して
$$f^*(\xi_0) \geq x \cdot \xi_0 - f(x), \quad f(x) \geq \xi_0 \cdot x - f^*(\xi_0), \quad \forall x \in \mathbf{R}^n$$
したがって $x \cdot \xi_0 - f^*(\xi_0) \in \mathcal{L}(f)$．特に $\sup_{\xi \in D(f^*)}\{x \cdot \xi - f^*(\xi)\} \leq \sup\{h(x) \mid h \in \mathcal{L}(f)\}$ であり，$f^{**}(x) \leq f(x)$ が得られる．

逆向きを示すため，$h(x) = a \cdot x + b \in \mathcal{L}(f)$ をとる．$x \in D(f)$ に対して $f(x) \geq a \cdot x + b$ であるから，$-b \geq a \cdot x - f(x)$．よって $-b \geq f^*(a) = \sup_{x \in D(f)}\{a \cdot x - f(x)\}$ であり，任意の $x \in \mathbf{R}^n$ に対して $h(x) = a \cdot x + b \leq a \cdot x - f^*(a) \leq f^{**}(x)$ となって $f(x) = \sup\{h(x) \mid h \in \mathcal{L}(f)\} \leq f^{**}(x)$ が得られる． □

★練習問題 II.8. $a \in \mathbf{R}^n, b \in \mathbf{R}$ に対して定められるアフィン関数 $f(x) = a \cdot x + b$ は適正，凸，下半連続であることを示せ．

☆研究課題 19. $a \in \mathbf{R}^n, c \in \mathbf{R}$ をそれぞれ定ベクトル，定スカラーとして $f(x) = a \cdot x + c$ のルジャンドル変換を求め，(II.105) が成り立つことを確認せよ．また，行列 $A : \mathbf{R}^n \to \mathbf{R}^m$，ベクトル $b \in \mathbf{R}^m$，関数 $f(x) = \frac{1}{2}|Ax - b|^2$ について同様の計算をせよ．

§2.4 線形計画法

価格関数とよばれる関数 $\varphi = \varphi(x,y) : \mathbf{R}^n \times \mathbf{R}^m \to (-\infty, +\infty]$ が (2変数関数として) 適正，凸，下半連続であるとき，最大・最小問題
$$(P) \ \inf_x \varphi(x, 0), \qquad (P^*) \ \sup_q \{-\varphi^*(0, q)\}$$
をそれぞれ**主問題**，**双対問題**という．これらは $x \mapsto \varphi(x,0)$, $q \mapsto \varphi^*(0,q)$ が統御的で下に有界のときは解 $\overline{x} \in \mathbf{R}^n, \overline{q} \in \mathbf{R}^m$ をもつ．

定義より
$$\varphi^*(p, q) = \sup_{x,y}\{x \cdot p + y \cdot q - \varphi(x,y)\}$$
であるから，$\Phi(y) = \inf_x \varphi(x, y)$ が適正・凸・下半連続であれば
$$\varphi^*(0, q) = \sup_{x,y}\{y \cdot q - \varphi(x,y)\} = \sup_y\{y \cdot q - \Phi(y)\} = \Phi^*(q)$$
特に

$$\sup_q -\varphi^*(0,q) = \sup_q -\Phi^*(q) = \sup_q \{0 \cdot q - \Phi^*(q)\}$$
$$= \Phi^{**}(0) = \Phi(0) = \inf_x \varphi(x,0)$$

となり，主問題 (P)，双対問題 (P^*) は同じ値をもつ．このことを(クーン・タッカーの) **双対定理**という．以下，$z \in \mathbf{R}^n$ に対してそのすべての成分が非負のとき $z \geq 0$ と書く．

双対性定理

定理 2.7. 与えられた (m,n) 行列 $A: \mathbf{R}^n \to \mathbf{R}^m$，ベクトル $r \in \mathbf{R}^n, d \in \mathbf{R}^m$ に対して

(P) $\quad x \geq 0, Ax \geq d$ のもとで $r \cdot x$ を最小化

(P^*) $\quad q \geq 0, {}^t\!Aq \leq r$ のもとで $q \cdot d$ を最大化

は同じ値をもつ．

証明： 集合 $\{z \in \mathbf{R}^n \mid z \geq 0\}$ は空でない凸閉集合なので，その指示関数

$$1_{z \geq 0}(x) = \begin{cases} 0, & x \geq 0 \\ +\infty, & \text{その他の } x \in \mathbf{R}^n \end{cases}$$

は $\mathbf{R}^n$ 上で定義された，適正，凸，下半連続関数である．また，

$$\sup_{q \geq 0} z \cdot q = \begin{cases} 0, & z \leq 0 \\ +\infty, & \text{その他} \end{cases} \tag{II.106}$$

である．したがって，与えられた行列 $A: \mathbf{R}^n \to \mathbf{R}^m$，ベクトル $r \in \mathbf{R}^n, d \in \mathbf{R}^m$ に対して価格関数を $\varphi(x,y) = r \cdot x + 1_K(x,y)$，$K = \{(x,y) \mid x \geq 0, Ax \geq d+y\}$ とおくと，そのルジャンドル変換は

$$\varphi^*(p,q) = \sup_{x,y} \{x \cdot p + y \cdot q - \varphi(p,q)\}$$
$$= \sup_{x,y} \{x \cdot (p-r) + y \cdot q - 1_K(x,y)\}$$
$$= \sup_{x \geq 0,\, y - Ax + d \leq 0} \{x \cdot (p-r) + (y - Ax + d) \cdot q + (Ax - d) \cdot q\}$$
$$= \sup_{x \geq 0} \{x \cdot (p-r) + 1_{q \geq 0}(q) + Ax \cdot q - d \cdot q\}$$
$$= 1_{q \geq 0}(q) - q \cdot d + \sup_{x \geq 0}(p - r + {}^t\!Aq) \cdot x$$
$$= \begin{cases} -qd, & p - r + {}^t\!Aq \leq 0,\, q \geq 0 \\ +\infty, & \text{その他} \end{cases}$$

であり，$\varphi(x,y)$ を価格関数とする主問題・双対問題は

§2. 最適化

$$(P) \quad x \geq 0, Ax \geq d \text{ のもとで } r \cdot x \text{ を最小化}$$
$$(P^*) \quad q \geq 0, {}^tAq \leq r \text{ のもとで } q \cdot d \text{ を最大化}$$

となる．クーン・タッカーの双対定理から両者は同じ値をもつ． □

○**例 2.6** (生産計画問題)．r を資源の保有量，q を製品の量，${}^tA$ を製品を作るときに必要な資源の係数，d を販売の価格係数とする．すなわち ${}^tA = (a_{ji})$ において，a_{ji} は第 i 種の単位量の製品を作るときに必要な第 j 種の資源の量であり，双対問題 (P^*) では q_i は第 i 種製品の価格である．したがって，(P^*) は資源に対する制約 ${}^tAq \leq r$ のもとで売り上げ $q \cdot d$ を最大にする $q = \bar{q}$ を求める問題である．一方，主問題 (P) はバイヤーが資源を購入する問題であり，x_j は第 j 種の資源の買い取り価格を表す．$Ax \geq d$ はメーカーが資源をバイヤーに売却したほうが有利であること，すなわち売買が成立するための条件であり，この条件のもとでバイヤーは買い取り総額 $r \cdot x$ を最小にする $x = \bar{x}$ を選ぶ．このような $\bar{x}$ は**影の価格** (シャドープライス) とよばれる．

○**例 2.7** (栄養問題)．x を食材の購入量，A を食材に含まれる栄養を示す係数，d を調理師に要求される栄養水準，r を食材の単価とする．すなわち，$A = (a_{ij})$ に対して a_{ij} は第 j 種の単位量の食材に含まれる第 i 種の栄養の量であり，主問題 (P) は，栄養水準 $Ax \geq d$ を満たして食材費用 $r \cdot x$ を最小化する $x = \bar{x}$ を求める問題である．一方，双対問題 (P^*) では，q は製薬会社の提示する，食品に代わる栄養剤の価格であり，${}^tAq \leq r$ は消費者が食材の代わりに，栄養剤を購入する条件である．製薬会社はこの条件のもとで，栄養剤の組合せ価格 $q \cdot d$ を最大化する $q = \bar{q}$ を選ぶことになる．

鞍点定理

$x \in \mathbf{R}^n$ を固定して，写像 $y \mapsto \varphi(x, y)$ を考える．そのルジャンドル変換を
$$-L(x, q) = \sup_y \{y \cdot q - \varphi(x, y)\}$$
と書き，$L(x, q)$ を**ラグランジュ関数**とよぶ．このとき
$$\varphi^*(p, q) = \sup_{x,y} \{x \cdot p + y \cdot q - \varphi(x, y)\} = \sup_x \{x \cdot p - L(x, q)\}$$
であり，$\varphi^*(0, q) = \sup_x \{-L(x, q)\} = -\inf_x L(x, q)$ となる．したがって双対問題は
$$\sup_q \{-\varphi^*(0, q)\} = \sup_q \inf_x L(x, q)$$

と書くことができる．一方，$\varphi_x^*(q) = -L(x,q)$ であるから $\varphi(x,y) = \varphi_x^{**}(y) = \sup_q \{y \cdot q + L(x,q)\}$ であり，特に $\varphi(x,0) = \sup_q L(x,q)$ となる．したがって，主問題は

$$\inf_x \varphi(x,0) = \inf_x \sup_q L(x,q)$$

と書くことができる．双対問題と主問題の解がそれぞれ $\overline{q} \in \mathbf{R}^m, \overline{x} \in \mathbf{R}^n$ であることから

$$L(\overline{x},\overline{q}) = \inf_x L(x,\overline{q}) = \sup_q L(\overline{x},q)$$
$$L(\overline{x},q) \leq L(\overline{x},\overline{q}) \leq L(x,\overline{q}), \quad \forall (x,q) \in \mathbf{R}^n \times \mathbf{R}^m$$

が成り立つ．これを(クーン・タッカーの)**鞍点定理**という．

線形計画法では，行列 $A : \mathbf{R}^n \to \mathbf{R}^m$，ベクトル $r \in \mathbf{R}^n, d \in \mathbf{R}^m$ に対して主問題と双対問題は

$(P) \quad x \geq 0, Ax \geq d$ のもとで $r \cdot x$ を最小化

$(P^*) \quad q \geq 0, {}^tAq \leq r$ のもとで $q \cdot d$ を最大化

で与えられる．与えられた行列 $A : \mathbf{R}^n \to \mathbf{R}^m$，ベクトル $r \in \mathbf{R}^n, d \in \mathbf{R}^m$ に対して

$$L(x,q) = r \cdot x + q \cdot (d - Ax) + 1_{x \geq 0}(x) - 1_{q \geq 0}(q)$$

をラグランジュ関数とする．実際，そのときの価格関数は

$$\begin{aligned}\varphi(x,y) &= \sup_q \{y \cdot q + L(x,q)\} \\ &= r \cdot x + 1_{x \geq 0}(x) + \sup_q \{(y + d - Ax) \cdot q - 1_{q \geq 0}(q)\} \\ &= r \cdot x + 1_{x \geq 0}(x) + \sup_{q \geq 0} \{(y + d - Ax) \cdot q\} \\ &= r \cdot x + 1_K(x,y), \quad K = \{(x,y) \mid x \geq 0, Ax \geq d + y\}\end{aligned}$$

となる．クーン・タッカーの鞍点定理から $(P), (P^*)$ のそれぞれの解 $\overline{x}, \overline{q}$ はラグランジュ関数 $L(x,q) = r \cdot x + q \cdot (d - Ax) + 1_{x \geq 0}(x) - 1_{q \geq 0}(q)$ の鞍点

$$L(\overline{x},q) \leq L(\overline{x},\overline{q}) \leq L(x,\overline{q}), \quad \forall (x,q)$$

である．すなわち，

$$r \cdot \overline{x} + q \cdot (d - A\overline{x}) \leq r \cdot \overline{x} + \overline{q} \cdot (d - A\overline{x}) \leq r \cdot x + \overline{q} \cdot (d - Ax)$$

が，任意の $(x,q) \in \mathbf{R}^n \times \mathbf{R}^m, x \geq 0, q \geq 0$ に対して成り立つ．

★練習問題 II.9. 線形計画問題 $x_1 \geq 0, x_2 \geq 0, x_1 \geq 3, x_1 + 2x_2 \geq 5$ のもとで，$x_1 + x_2$ を最小にする問題とその双対問題の解，およびこれらの問題に共通の値を求めよ．

☆**研究課題 20.** 価格関数 $\varphi(x,y) = (x-a)^2 + y^2$, $a \in \mathbf{R}$ に対して，主問題・双対問題を解いて，双対定理が成り立つことを確認せよ．また，ラグランジュ関数を求めて鞍点定理が成り立つことも示せ．

注意 II.8 (擬似逆元). 擬似逆元は，非適切な問題を最適化によって再定式化する方法である．正方行列 A に対する線形連立方程式

$$Ax = b \tag{II.107}$$

の**適切性**は A が正則行列であることである．このことは，任意の b に対してこの (II.107) が解 x をもつことであり，また，$Ax = 0$ の解が $x = 0$ に限ることと同値である．適切でない問題では，解の存在や一意性が成り立たない．擬似逆元はこうした場合に問題を変分問題に変更して，最も適切と思われる「解」を定めたものである．

(m, n) 行列 $A : \mathbf{R}^n \to \mathbf{R}^m$ に対し，$Ax = b$ が不能であるのは以下の場合である．
(1) $m > n$ のときは過剰決定系で，多くの場合に解が存在しない．
(2) $m < n$ のときは不足決定系であり，常に解が一意でない．
(3) $m = n$ であっても $Ax = b$ が不能となることは起こりうる．

このような場合に，次の方針で $Ax = b$ の最適な解 $\bar{x}$ としたものが $Ax = b$ の**擬似逆元**で，$\bar{x} = A^+ b$ と書く．A^+ を A の**擬似逆行列**という．
(1) 最小二乗近似の考え方を適用して，$\bar{x}$ は $E = |Ax - b|$ を最小にするものとする．
(2) したがって，$p = A\bar{x}$ は b の $R(A)$ への正射影であり，P を $R(A)$ への正射影行列とすると $p = Pb \in R(A)$ が成り立つ．
(3) $A\bar{x} = p$ は常に解をもつので，このような $\bar{x}$ で $|\bar{x}|$ を最小にするものを選ぶ．

"直和分解" $\mathbf{R}^n = N(A) \oplus R({}^t A)$ より，$\bar{x}$ は $R({}^t A)$ から選べばよい．特に A の列が線形独立の場合，${}^t A A$ は逆行列をもち，

$$\bar{x} = ({}^t A A)^{-1}\, {}^t A b, \qquad A^+ = ({}^t A A)^{-1}\, {}^t A \tag{II.108}$$

が得られる．

§2.5　分岐・劣微分・均衡

前の 2 つの小節で経済学のモデリングの基礎となる最適化を扱った．この小節では陰関数定理，凸関数，鞍点定理に関連する事項について補足を与える．

分 岐 理 論

陰関数定理は n 変数関数についても成り立つ．例えば，$f = f(x, y)$ が $\mathbf{R}^m \times \mathbf{R}^n$ の開集合 U で定義された $\mathbf{R}^n$ 値 C^1 関数で，$(x_0, y_0) \in U$ に対して $f(x_0, y_0) = 0$ となる．$f = (f_1(x, y), \cdots, f_n(x, y))$, $y = (y_1, \cdots, y_n)$ に対して

$$\left(\frac{\partial f_i}{\partial y_j}(x_0, y_0) \right)_{i,j=1,\cdots,n}$$

が可逆であるとすると，$x = x_0$ の近傍で定義された $\mathbf{R}^n$ 値 C^1 関数 $h = h(x)$, $h(x_0) = y_0$ が存在して，$x = x_0$ の近傍で $f(x, h(x)) = 0$ が成り立つ．

次に，実パラメータ λ に依存する $\mathbf{R}^n$ 値関数 $f = f(x, \lambda)$, $x \in \mathbf{R}^n$ が与えられたとき，方程式

$$f(x, \lambda) = 0 \tag{II.109}$$

の解 x を求める問題を考える．常に $f(0, \lambda) = 0$ であるときは，すべての λ に対して $x = 0$ は (II.109) の解である．陰関数定理から $\left(\dfrac{\partial f_i}{\partial x_j}(0, \lambda) \right)_{i,j=1,\cdots,n}$ が可逆となるような λ では，$x = 0$ の近傍に (II.109) の解 $x \neq 0$ は存在しない．逆に，この行列が退化するときは $(0, \lambda_0)$ を含み $\{(x, \lambda) = (0, \lambda)\}$ とは異なる解 (x, λ) の集合が存在する可能性がある．このようなとき，解は $\lambda = \lambda_0$ で $x = 0$ から**分岐する**という．実際に解が分岐するかどうかを確定するのが**分岐理論**で，次に述べるモース補題が有用である．ただし，

$$\delta_{ij} = \begin{cases} 1, & i = j \\ 0, & i \neq j \end{cases} \tag{II.110}$$

はクロネッカーのデルタ記号である．

定理 2.8 (モース補題). 原点の近傍で定義された C^2 関数 $F = F(x)$ が $F(0) = 0$, $\nabla F(0) = 0$ を満たし，そのヘッセ行列 $H = \left(\dfrac{\partial^2 F}{\partial x_i \partial x_j} \right)$ が原点で退化しないときは，原点近傍の座標変換 $y = y(x)$ で $y(0) = 0$, $\dfrac{\partial y_j}{\partial x_k}(0) = \delta_{jk}$, $y = (y_1(x), \cdots, y_n(x))$, $x = (x_1, \cdots, x_n)$,

$$F(x) = \frac{1}{2} \sum_{j,k=1}^{n} \frac{\partial^2 F}{\partial x_j \partial x_k}(0) y_j(x) y_k(x)$$

を満たすものが存在する．

劣微分

$f : \mathbf{R}^n \to (-\infty, +\infty]$ を凸関数，$x, y \in D(f)$, $0 < \lambda < 1$ に対して

$$f(\lambda x + (1 - \lambda) y) \leq \lambda f(x) + (1 - \lambda) f(y)$$

が成り立ち，これより

$$f(x) - f(\lambda x + (1 - \lambda) y) \geq \frac{1 - \lambda}{\lambda} \{ f(\lambda x + (1 - \lambda) y) - f(y) \}$$

が得られる．$f(x)$ が $x = y$ で微分可能のときは，$\lambda \downarrow 0$ として

§2. 最適化

$$f(x) - f(y) \geq \frac{d}{d\lambda} f(\lambda x + (1-\lambda)y)\Big|_{\lambda=0} = \nabla f(y) \cdot (x - y)$$

が得られる．一般に，凸関数 $f = f(x)$ の $x = y$ における**劣微分**とは

$$f(x) - f(y) \geq \xi \cdot (x - y), \quad x \in \mathbf{R}^n$$

となる $\xi \in \mathbf{R}^n$ の全体で，$\partial f(x)$ と記される．

均　　衡

関数 $f = f(x,y) : \mathbf{R}^n \times \mathbf{R}^m \to [-\infty, +\infty]$ に対して

$$\alpha \equiv \inf_x \sup_y f(x,y) \geq \beta \equiv \sup_y \inf_x f(x,y) \tag{II.111}$$

は自明に成り立つ．ここで $\alpha = \beta$ はどのような意味があるか考えるため，$f(x,y)$ は 2 人で行うゲームの価格関数で，x が y に支払う金額を表しているとする．すなわち，x 側の人は $f(x,y)$ を減少させようとするが，y 側の人はそれを増加させようとする．各 x や y は，それぞれがもつ「手」または戦術である．1 回のゲームで，α は y 方が最善の手を出してきたとして自分が最も有利となるように x 方が戦略をたてたときの価格関数の値であり，β はその逆，すなわち，x 方が最善の手を出してきたとして自分が最も有利となるように y 方が戦略をたてたときの価格関数の値である．等式 $\alpha = \beta$ は，y 側が勝つことを約束された額 α と，x が失うことを覚悟しなければならない額 β が等しいことを表している．このようなゲームは公平なゲームであり，この条件があってはじめて両者が参加したゲームが成立する．もし

$$f(\overline{x}, y) \leq f(\overline{x}, \overline{y}) \leq f(x, \overline{y}), \quad (x,y) \in \mathbf{R}^n \times \mathbf{R}^m \tag{II.112}$$

となる $(\overline{x}, \overline{y}) \in \mathbf{R}^n \times \mathbf{R}^m$，すなわち $f = f(x,y)$ の鞍点が存在するときは $\alpha = \beta$ となる．実際，$\overline{y}$ は x 方がどのような戦略をとっても何も利点を与えない y 方の戦略であり，逆に，$\overline{x}$ は y がどのような戦略をとっても何も利点を与えない x 方の戦略である．このような $(\overline{x}, \overline{y})$ が存在するときは，x 方は $\overline{x}$ 以外の手を選ぶ必要がなく，y 方も $\overline{y}$ 以外の手を選ぶ必要がない．逆にいうと，両者は $(\overline{x}, \overline{y})$ から離れられない．このような $(\overline{x}, \overline{y})$ を**均衡点**という．

★**練習問題 II.10.** A と B がグー (G) とチョキ (T) によるじゃんけんゲームをする．同じものがでたら A の勝ち，違うものがでたら B の勝ちとし，A は G で勝てば 2 点，T で勝てば 1 点，B は逆に T で勝てば 2 点，G で勝てば 1 点を獲得する．A が G, T を選ぶ確率をそれぞれ p_1, p_2 ($p_1 \geq 0$, $p_2 \geq 0$, $p_1 + p_2 = 1$)，B が G, T を選ぶ確率をそれぞれ q_1, q_2 ($q_1 \geq 0$, $q_2 \geq 0$, $q_1 + q_2 = 1$) とする．このとき以下の問いに答えよ．

(1) A, B の得点の期待値を求めよ．
(2) A の戦略 (p_1, p_2) に対し，B が自分に最も有利であるとして選択する戦略 (q_1, q_2) を求めよ．
(3) 互いの戦略が公開され自分にとってより有利な戦略がある場合には新しい戦略に更新するとき，ともにこれ以上有利な戦略がないとして A, B が最終的に選ぶ G, T の戦略 (p_1, p_2), (q_1, q_2) を求めよ．

☆研究課題 21. 問題 II.10 で「A は G で勝てば 4 点，T で勝てば 1 点，B は G で勝てば 3 点，T で勝てば 2 点を獲得する」とルールを変更した場合，同様の考察をせよ．

注意 II.9 (ナッシュ均衡). フォン ノイマンのミニマックス原理によると，$f = f(x, y)$ が x について下に有界，適正，下半連続，凸で y について上に有界，適正，上半連続，凹であれば均衡点が存在する[19]．クーン・タッカーの鞍点定理によって，価格関数 $\varphi = \varphi(x, y) : \mathbf{R}^n \times \mathbf{R}^m \to (-\infty, +\infty]$ から定まるラグランジュ関数については，主問題・双対問題を解くことによって均衡点を得ることができる．ナッシュは 3 名以上のゲームについても均衡が存在することを示し，社会学や経済学等の分野に影響を与えた．練習問題 II.10 はナッシュ均衡の例である．

§3. 物理法則

運動方程式は，個々の粒子運動に関する常微分方程式である．しかし多数の粒子が相互作用するとき，その平均場の運動を記述するのは偏微分方程式であり，さらに，個別の粒子のつくり出す場がその相互作用の源となるとき，その方程式は非線形になる．この節で扱うのは物理法則の数学的構造である．前半で質点・剛体・流体・電磁気・固体の動態を題材として，粒子の平均運動である拡散・移流と場の変形である波動・歪を記述する数学の枠組をみる．後半では，変分法・ハミルトン系をベースとした解析力学・量子力学にふれ，変分問題の解析法である無限次元 (抽象) 解析を論ずる．個々の粒子の運動を規定するニュートン方程式に対し，拡散方程式・オイラー方程式・輸送方程式は，多数粒子のつくる (階層がひとつ上の)「場」の運動を記述している．無限次元解析によってこの対象を数学的に自由に使いこなすことで，さまざまな現象の数学的記述が可能となる．その一端が最後に述べるデルタ関数である．

§3.1 運動方程式

一般にパラメータ $t \in [a, b] \subset \mathbf{R}$ に依存するベクトル $\boldsymbol{a} = \boldsymbol{a}(t) \in \mathbf{R}^3$ をベクトル (値) 関数，

---

[19] 詳細は [20] 参照．

§3. 物理法則

$$\frac{d\boldsymbol{a}}{dt}(t) = \lim_{\Delta t \to 0} \frac{1}{\Delta t}\{\boldsymbol{a}(t+\Delta t) - \boldsymbol{a}(t)\}$$

を $\boldsymbol{a}(t)$ の**導関数**といい，$\dfrac{d\boldsymbol{a}}{dt}$, $\boldsymbol{a}'(t)$, $\boldsymbol{a}'$, $\dot{\boldsymbol{a}}(t)$, $\dot{\boldsymbol{a}}$ とも書く．

$$\boldsymbol{a}(t) = {}^t(a_1(t), a_2(t), a_3(t))$$

を成分表示とすれば

$$\frac{d\boldsymbol{a}}{dt} = {}^t\left(\frac{da_1}{dt}, \frac{da_2}{dt}, \frac{da_3}{dt}\right) = a_1'(t)\boldsymbol{i} + a_2'(t)\boldsymbol{j} + a_3'(t)\boldsymbol{k}$$

であり，また

$$\int_{t_0}^t \boldsymbol{a}(t)\,dt = {}^t\left(\int_{t_0}^t a_1(t)\,dt, \int_{t_0}^t a_2(t)\,dt, \int_{t_0}^t a_3(t)\,dt\right)$$

は $\boldsymbol{a}(t)$ の定積分を表す．時間に依存するベクトル $\boldsymbol{x} = \boldsymbol{x}(t)$, $\boldsymbol{y} = \boldsymbol{y}(t)$ に対して，**ライプニッツの公式**

$$\frac{d}{dt}(\boldsymbol{x}\cdot\boldsymbol{y}) = \dot{\boldsymbol{x}}\cdot\boldsymbol{y} + \boldsymbol{x}\cdot\dot{\boldsymbol{y}}, \quad \frac{d}{dt}(\boldsymbol{x}\times\boldsymbol{y}) = \dot{\boldsymbol{x}}\times\boldsymbol{y} + \boldsymbol{x}\times\dot{\boldsymbol{y}} \qquad (\text{II}.113)$$

が成り立つ．

<u>**質点の運動**</u>

空間内の質点の運動は，時刻 t に依存する位置ベクトル $\boldsymbol{x} = \boldsymbol{x}(t) \in \mathbf{R}^3$ で表示される．このとき，$\dot{\boldsymbol{x}} = \boldsymbol{x}'(t) = \dfrac{d\boldsymbol{x}}{dt}$ は**速度**，$\ddot{\boldsymbol{x}} = \boldsymbol{x}''(t) = \dfrac{d^2\boldsymbol{x}}{dt^2}$ は**加速度**を表し，質点の質量 m，加わる力 $\boldsymbol{F}$ に対してニュートンの運動方程式は

$$m\ddot{\boldsymbol{x}} = \boldsymbol{F} \qquad (\text{II}.114)$$

で記述される．

○**例 3.1.** ポテンシャル力 $V(x)$ のもとでのニュートンの運動方程式は質点の質量を 1 とすれば $\ddot{x} = -\nabla V(x)$ で表すことができる．このとき全エネルギー $E(x, \dot{x}) = \dfrac{1}{2}|\dot{x}|^2 + V(x)$ は保存される：$\dfrac{d}{dt}E(x(t), \dot{x}(t)) = 0$．

○**例 3.2 (中心力).** 質点 $x = x(t)$ が中心力に従って運動するとき，運動方程式は極座標 $x = r\omega$, $r = |x|$ とスカラー関数 $\Phi = \Phi(r)$ を用いて

$$\ddot{x} = \Phi(r)\omega \qquad (\text{II}.115)$$

と表すことができる．このとき，質点は 3 次元空間内の一定平面上にある．実際，**角運動量** $M = x \times \dot{x}$ を導入すると $\dfrac{dM}{dt} = \dot{x}\times\dot{x} + x\times\ddot{x} = \dfrac{\Phi(r)}{r}x\times x = 0$ であるから M は定ベクトル．したがって，x は M と直交する平面上にある．

剛体の運動

空間の中で原点を固定した物体が回転しているとき，その物体に貼り付けた標準基底を $i = i(t)$, $j = j(t)$, $k = k(t)$ とすれば

$$i \cdot j = j \cdot k = k \cdot i = 0, \quad i \cdot i = j \cdot j = k \cdot k = 1$$

より

$$i' \cdot j + i \cdot j' = j' \cdot k + j \cdot k' = k' \cdot i + k \cdot i' = 0$$
$$i' \cdot i = j' \cdot j = k' \cdot k = 0 \qquad (\text{II}.116)$$

となる．i', j', k' を i, j, k を用いて成分表示して

$$\begin{aligned} i' &= c_{11}i + c_{12}j + c_{13}k \\ j' &= c_{21}i + c_{22}j + c_{23}k \\ k' &= c_{31}i + c_{32}j + c_{33}k \end{aligned} \qquad (\text{II}.117)$$

と表すと，(II.116) より

$$0 = i' \cdot i = c_{11}, \quad 0 = i' \cdot j + i \cdot j' = c_{12} + c_{21}$$

同様にして $c_{11} = c_{22} = c_{33} = 0$, $c_{12} + c_{21} = c_{23} + c_{32} = c_{31} + c_{13} = 0$ となる．2番目の式から $c_{12} = -c_{21} = c_3$, $c_{23} = -c_{32} = c_1$, $c_{31} = -c_{13} = c_2$ とおくと，(II.118) は

$$\begin{aligned} i' &= c_3 j - c_2 k \\ j' &= -c_3 i + c_1 k \\ k' &= c_2 i - c_1 j \end{aligned} \qquad (\text{II}.118)$$

に帰着される．ここで c_1, c_2, c_3 は t のスカラー関数である．

角速度

回転によって移動する物体の1点の位置ベクトル $r = r(t) = {}^t(x(t), y(t), z(t))$ を $i_0 = i(0)$, $j_0 = j(0)$, $k_0 = k(0)$ と $i(t), j(t), k(t)$ との二通りの基底によって成分表示する：

$$r(t) = x(t)i_0 + y(t)j_0 + z(t)k_0 = x(0)i(t) + y(0)j(t) + z(0)k(t)$$

したがって

$$r'(0) = x'(0)i_0 + y'(0)j_0 + z'(0)k_0 = x(0)i'(0) + y(0)j'(0) + z(0)k'(0)$$

一方，(II.118) を $t = 0$ で用いると

$$\begin{aligned} x'(0) &= r'(0) \cdot i_0 = (x(0)i'(0) + y(0)j'(0) + z(0)k'(0)) \cdot i(0) \\ &= c_2(0)z(0) - c_3(0)y(0) \end{aligned}$$

§3. 物理法則

同様にして，$y'(0) = c_3(0)x(0) - c_1(0)z(0)$, $z'(0) = c_1(0)y(0) - c_2(0)x(0)$. すなわち，$t = 0$ において

$$^t\!\left(\frac{dx}{dt}, \frac{dy}{dt}, \frac{dz}{dt}\right) = {}^t(c_2 z - c_3 y, c_3 x - c_1 z, c_1 y - c_2 x)$$

ここで $\boldsymbol{\omega} = {}^t(c_1, c_2, c_3)$ とおけば

$$\frac{d\boldsymbol{r}}{dt} = \boldsymbol{\omega} \times \boldsymbol{r} \tag{II.119}$$

となる．この関係は任意時間で成立する．

$\boldsymbol{\omega}$ を $\boldsymbol{r}$ の**角速度**という．すなわち，剛体の運動では，角速度 $\boldsymbol{\omega}$ は位置 $\boldsymbol{r}$ によらず時間のみに依存するベクトルで，関係 (II.119) を満たすものとして一意に定まる．

★**練習問題 II.11.** (II.115) において質点は 3 次元空間内の一定平面上にあるので座標を回転させて $x = {}^t(x_1, x_2, 0)$, $x_1 = r\cos\theta$, $x_2 = r\sin\theta$ とするとき，$r^2\dot{\theta}$ は一定である (惑星運動の第 2 法則：面積速度) ことを示せ．

☆**研究課題 22.** $\boldsymbol{e} = \boldsymbol{e}(t)$ を単位ベクトルとする．以下を示せ：
$$\boldsymbol{e} \cdot \boldsymbol{e}' = 0, \quad |\boldsymbol{e} \times \boldsymbol{e}'| = |\boldsymbol{e}'|, \quad \boldsymbol{e} \cdot (\boldsymbol{e} \times \boldsymbol{e}') = \boldsymbol{e}' \cdot (\boldsymbol{e} \times \boldsymbol{e}') = 0$$

注意 II.10. I 章で述べたように，$f = f(x, \dot{x}, t)$ に対する適当な仮定，例えば $(t, x, \dot{x})$ に関する連続性と $(x, \dot{x})$ に関する局所リプシッツ連続性のもとで，与えられた初期値 $(x(0), \dot{x}(0)) = (x_0, \dot{x}_0)$ に対して (II.114) は局所時間で一意的な解をもつ．このことは**因果律**として古典力学的な世界像を支える数学的根拠となっていた．

§3.2 流れ・物質微分

$\boldsymbol{v} = \boldsymbol{v}(\boldsymbol{x})$ を定常流体の速度ベクトルとし，この流体の中で移動する粒子を考える．この粒子の時刻 t での位置を $\boldsymbol{x} = \boldsymbol{x}(t)$ とすると，その速度はその場所の流体の速度と一致するので

$$\frac{d\boldsymbol{x}}{dt} = \boldsymbol{v}(\boldsymbol{x}) \tag{II.120}$$

が成立する．(II.120) は (非線形) 連立常微分方程式である．与えられた初期値 $\boldsymbol{x}_0 \in \mathbf{R}^3$ に対するその解の時間局所的な一意存在は $\boldsymbol{v} = \boldsymbol{v}(\boldsymbol{x})$ の局所リプシッツ連続性のもとで成り立つ．このとき，その時刻 t での値を $\boldsymbol{x}(t) = T_t(\boldsymbol{x}_0)$ とおく．t を止めるごとに $T_t : \mathbf{R}^3 \to \mathbf{R}^3$ は写像であるが，これらを集めたもの $\{T_t\}_t$ を $\boldsymbol{v} = \boldsymbol{v}(\boldsymbol{x})$ の定める**力学系**という．

定義から

$$\frac{d}{dt}T_t\boldsymbol{x} = \boldsymbol{v}(T_t\boldsymbol{x}), \qquad T_t\boldsymbol{x}|_{t=0} = \boldsymbol{x} \qquad (\text{II}.121)$$

初期値問題の解の一意性から

$$T_t \circ T_s = T_{t+s}, \qquad T_0 = I \qquad (\text{II}.122)$$

が成り立つ．ただし "$\circ$" は写像の合成，I は恒等写像である．(II.122) を**群の性質**といい，特に

$$T_{-t} \circ T_t = T_t \circ T_{-t} = I$$

が得られる．このことは $T_t : \mathbf{R}^3 \to \mathbf{R}^3$ の逆写像が存在して $T_t^{-1} = T_{-t}$ であることを示している．

リュービルの公式

　速度場 $\boldsymbol{v}$ により，領域 $\omega \subset \mathbf{R}^3$ は時刻 t では $T_t(\omega) = \{T_t(\boldsymbol{x}) \mid \boldsymbol{x} \in \omega\}$ に移動する．したがって，時刻 $t=0$ での流体の体積 $|T_t(\omega)|$ の変化率は

$$\frac{d}{dt}|T_t(\omega)|_{t=0} = \lim_{t \to 0} \frac{1}{t}\{|T_t(\omega)| - |\omega|\}$$

であり，これは単位時間当たりで ω に湧き出した流体の流量 $Q(\omega)$ に等しい．ここで $|T_t(\omega)|$ は変換 $\boldsymbol{\xi} = T_t(\boldsymbol{x})$ とそのヤコビアン $J_t\boldsymbol{x}$ を用いて

$$|T_t(\omega)| = \int_{T_t(\omega)} d\boldsymbol{\xi} = \int_{\omega} |J_t(\boldsymbol{x})|\, d\boldsymbol{x}$$

であり，$\boldsymbol{\xi}$ は t の関数として $\dfrac{d\boldsymbol{\xi}}{dt} = \boldsymbol{v}(\boldsymbol{\xi}),\ \boldsymbol{\xi}(0) = \boldsymbol{x}$ を満たす．成分で書くと

$$\frac{d\xi_i}{dt} = v_i(\boldsymbol{\xi}),\ \xi_i(0) = x_i, \qquad i=1,2,3 \qquad (\text{II}.123)$$

であり，両辺を x_j で微分して $y_{ij} = \dfrac{\partial \xi_i}{\partial x_j}$ とおけば

$$\frac{dy_{ij}}{dt} = \frac{\partial}{\partial x_j}v_i(\boldsymbol{\xi}) = \sum_{k=1}^{3}\frac{\partial v_i}{\partial \xi_k}(\boldsymbol{\xi})y_{kj}, \qquad y_{ij}(0) = \delta_{ij} \qquad (\text{II}.124)$$

が得られる．特に

$$\left.\frac{dy_{ij}}{dt}\right|_{t=0} = \frac{\partial v_i}{\partial x_j}(\boldsymbol{x}) \qquad (\text{II}.125)$$

であるから

$$\frac{\partial \xi_i}{\partial x_j} = \delta_{ij} + t\frac{\partial v_i}{\partial x_j}(\boldsymbol{x}) + o(t) \qquad (\text{II}.126)$$

したがって

§3. 物理法則

$$J_t(\boldsymbol{x}) = \begin{vmatrix} \frac{\partial \xi_1}{\partial x_1} & \frac{\partial \xi_1}{\partial x_2} & \frac{\partial \xi_1}{\partial x_3} \\ \frac{\partial \xi_2}{\partial x_1} & \frac{\partial \xi_2}{\partial x_2} & \frac{\partial \xi_2}{\partial x_3} \\ \frac{\partial \xi_3}{\partial x_1} & \frac{\partial \xi_3}{\partial x_2} & \frac{\partial \xi_3}{\partial x_3} \end{vmatrix}$$

$$= \begin{vmatrix} 1 + t\frac{\partial v_1}{\partial x_1} + o(t) & t\frac{\partial v_1}{\partial x_2} + o(t) & t\frac{\partial v_1}{\partial x_3} + o(t) \\ t\frac{\partial v_2}{\partial x_1} + o(t) & 1 + t\frac{\partial v_2}{\partial x_2} + o(t) & t\frac{\partial v_2}{\partial x_3} + o(t) \\ t\frac{\partial v_3}{\partial x_1} + o(t) & t\frac{\partial v_3}{\partial x_2} + o(t) & 1 + t\frac{\partial v_3}{\partial x_3} + o(t) \end{vmatrix}$$

$$= 1 + t\nabla \cdot \boldsymbol{v} + o(t) > 0, \quad |t| \ll 1 \tag{II.127}$$

これより

$$Q(\omega) = \frac{d}{dt} \int_\omega |J_t(\boldsymbol{x})|\, d\boldsymbol{x} \Big|_{t=0} = \int_\omega \nabla \cdot \boldsymbol{v}\, d\boldsymbol{x} \tag{II.128}$$

が得られる.

(II.128) を**リュービルの公式**という.(II.128) によって速度場 $\boldsymbol{v}$ のもとで領域 Ω 全体に湧き出す流体の総量は $\int_\Omega \nabla \cdot \boldsymbol{v}\, d\boldsymbol{x}$ であり,§3.1 で述べたように,この量は境界 $\partial \Omega$ から外に出る流量によって見積もることができ,これが §4.4 で述べる**ガウスの発散公式**

$$\int_\Omega \nabla \cdot \boldsymbol{v}\, d\boldsymbol{x} = \int_{\partial\Omega} \boldsymbol{v} \cdot \boldsymbol{\nu}\, dS \tag{II.129}$$

である.ただし,$\boldsymbol{\nu} = (\nu_1, \nu_2, \nu_3)$ は $\partial\Omega$ の**外向き単位法ベクトル**,dS はその**面積要素**とする [20].

◯**例 3.3** (部分積分).スカラー場 v をとり,ベクトル場 $\boldsymbol{v}$ を第 j 成分のみ v,他は 0 と定めてガウスの発散公式 (II.129) を適用すると,$\int_\Omega \frac{\partial v}{\partial x_j}\, dx = \int_{\partial\Omega} \nu_j v\, dS$ であり,これから**部分積分の公式**

$$\int_\Omega \frac{\partial v}{\partial x_j} w\, dx = \int_{\partial\Omega} \nu_j v w\, dS - \int_\Omega v \frac{\partial w}{\partial x_j}\, dx \tag{II.130}$$

が得られる.

◯**例 3.4** (ラプラシアン).勾配作用素 $\nabla = {}^t\!\left(\frac{\partial}{\partial x_1}, \frac{\partial}{\partial x_2}, \frac{\partial}{\partial x_3}\right)$ に対して

$$\nabla \cdot \nabla = \sum_{i=1}^{3} \frac{\partial^2}{\partial x_i^2}$$

---

[20] 面積要素の定義と計算法は次節で述べる.

をラプラシアンといい，Δ で表す．

○例 **3.5** (方向微分). 定められたベクトル $\boldsymbol{\nu} = (\nu_1, \nu_2, \nu_3)$ に対し
$\left.\dfrac{d}{ds}f(\boldsymbol{x}+s\boldsymbol{\nu})\right|_{s=0}$ を f の $\boldsymbol{\nu}$ への**方向微分**といい，$\dfrac{\partial f}{\partial \boldsymbol{\nu}}$ と書く．定義から

$$\frac{\partial f}{\partial \boldsymbol{\nu}} = \nu_1 \frac{\partial f}{\partial x_1} + \nu_2 \frac{\partial f}{\partial x_2} + \nu_3 \frac{\partial f}{\partial x_3} = \boldsymbol{\nu} \cdot \nabla f$$

である．

○例 **3.6** (グリーンの公式). (II.129) または (II.130) より

$$\int_\Omega (\Delta u) v\, dx = \int_\Omega (\nabla \cdot (\nabla u)) v\, dx = \int_{\partial\Omega} (\boldsymbol{\nu} \cdot \nabla u) v\, dS - \int_\Omega \nabla u \cdot \nabla v\, dx$$
$$= \int_{\partial\Omega} \frac{\partial u}{\partial \boldsymbol{\nu}} v\, dS - \int_\Omega \nabla u \cdot \nabla v\, dx$$

であり，特に (3 次元の) **グリーンの公式**

$$\int_\Omega (\Delta u)v - u(\Delta v)\, dx = \int_{\partial\Omega} \frac{\partial u}{\partial \boldsymbol{\nu}} v - u \frac{\partial v}{\partial \boldsymbol{\nu}}\, dS$$

が得られる．ただし Ω は境界 $\partial\Omega$ が C^2 である有界領域，u, v は Ω の閉包 $\overline{\Omega}$ 上で C^2 であるものとする．

★**練習問題 II.12.** スカラー場 φ，ベクトル場 $\boldsymbol{a}$ に対して以下を示せ：
$$\nabla \cdot (\nabla \times \boldsymbol{a}) = 0, \quad \nabla \times \nabla \varphi = 0, \quad \nabla \times (\nabla \times \boldsymbol{a}) = \nabla(\nabla \cdot \boldsymbol{a}) - (\nabla \cdot \nabla)\boldsymbol{a}$$

☆**研究課題 23.** ガウスの発散公式を用いて次の面積分の値を求めよ．ただし，S は立方体 $0 \leq x \leq 1, 0 \leq y \leq 1, 0 \leq z \leq 1$ の表面積である：$\iint_S xyz\, dydz$．

注意 II.11. 練習問題 II.5 はベクトルについて成り立つ式であり，ベクトル場や演算子に対しては成り立たない．例えば，最初の公式を形式的にあてはめて
$$\nabla \times (\boldsymbol{\omega} \times \boldsymbol{x}) = (\nabla \cdot \boldsymbol{x})\boldsymbol{\omega} - (\nabla \cdot \boldsymbol{\omega})\boldsymbol{x} = 3\boldsymbol{\omega}$$
とすることはできない．

§3.3 拡　　散

領域 $\Omega \subset \mathbf{R}^3$ が熱の導体であるとして，$u = u(x,t)$ を時刻 t における位置 $x \in \Omega$ での温度とする．c, ρ をそれぞれ比熱比，密度とすれば，部分領域 $\omega \subset \Omega$ に蓄えられた熱量は $\int_\omega c\rho u\, dx$ で表される．一方，単位時間当たりで Ω 内部から外に放出される熱量は，伝導率 κ を用いて $\int_{\partial\omega} \kappa \dfrac{\partial u}{\partial \boldsymbol{\nu}}\, dS$ で与えられる．ただ

§3. 物理法則

し，ν は単位法ベクトル，$\dfrac{\partial}{\partial \nu}$ は ν 方向への方向微分である．したがって，

$$\frac{d}{dt}\int_\omega c\rho u\, dx = \int_{\partial \omega} \kappa \frac{\partial u}{\partial \nu} dS \qquad (\text{II}.131)$$

が成り立つ．ここで左辺を $\int_\omega \dfrac{\partial}{\partial t}(c\rho u)\, dx$ と書き，右辺をガウスの発散公式を用いて $\int_\omega \nabla \cdot (\kappa \nabla u)\, dx$ と書けば，ω の任意性から

$$\frac{\partial}{\partial t}(c\rho u) = \nabla \cdot (\kappa \nabla u) \qquad (\text{II}.132)$$

が得られる．この (II.132) を**熱方程式**といい，通常，**初期条件** $u\big|_{t=0} = u_0(x)$ と**境界条件**が与えられる．

第 1 種境界条件 (ディリクレ条件) は，境界での「温度」を指定する：

$$u\big|_{\partial \Omega} = \alpha$$

第 2 種境界条件 (ノイマン条件) は，境界での「熱流量」を指定する：

$$\kappa \frac{\partial u}{\partial \nu}\bigg|_{\partial \Omega} = \beta$$

第 3 種境界条件 (ロバン条件) は，放射係数 μ を用いて

$$\kappa \frac{\partial u}{\partial \nu} + \mu u\bigg|_{\partial \Omega} = \gamma$$

のように表される．

物理係数がすべて定数である場合には，(II.132) は

$$\frac{\partial u}{\partial t} = D\Delta u \qquad (\text{II}.133)$$

と書くことができる．ただし $D > 0$ は (拡散) 定数である．

<u>保存則の方程式</u>

一般に**保存則の方程式**とは，時間に依存するベクトル値関数 (ベクトル場) $j = j(x,t)$ を用いて

$$u_t + \nabla \cdot j = 0 \qquad (\text{II}.134)$$

と書かれるものである．熱方程式と同じように，(II.134) は積分形

$$-\frac{d}{dt}\int_\omega u\, dx = \int_{\partial \omega} \nu \cdot j\, dS \qquad (\text{II}.135)$$

をもつ．例えば，$u = u(x,t)$ を物質の質量密度とすると，この物質の流量 (**流束，フラックス**) が j で，(II.135) の両辺は単位時間当たりに Ω の外に流出する

物質の全質量を表している．(II.133) は $j = -D\nabla u$ に対して (II.134) が成り立つことを示している．このことは，$u = u(x,t)$ はその密度勾配 ∇u の逆向きに比例する流束をもっていることを意味しているので，(II.133) は**拡散方程式**ともよばれる．

マスター方程式

拡散は粒子の衝突によって生成される現象である．(II.133) において，$u = u(x,t)$ が拡散する粒子の質量密度であることを明らかにするのが物質移動に関するマスター方程式である．記述を簡単にするために空間次元を 1 とし，1 つの粒子が

$$\mathcal{Z} = \{\cdots, -n-1, -n, -n+1, \cdots, -1, 0, +1, \cdots, n-1, n, n+1, \cdots\} \quad \text{(II.136)}$$

で表記される格子点上を移動しているものとする．地点 n にあるこの粒子が**計算時間** $\Delta t > 0$ で地点 $n \pm 1$ にジャンプする確率 (**遷移確率**) を $T_n^\pm$，また，$p_n(t)$ をこの粒子の地点 x，時刻 t での**存在確率**とすると

$$p_n(t + \Delta t) - p_n(t) = T_{n-1}^+ p_{n-1} + T_{n+1}^- p_{n+1} - (T_n^+ + T_n^-)p_n \quad \text{(II.137)}$$

が成り立つ．(II.137) を**マスター方程式**とよぶ．

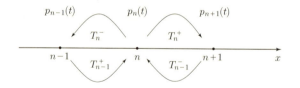

図 **II.8** マスター方程式

腫瘍の形成や線虫の運動など，生物モデルでは遷移確率 $T_n^\pm$ が何らかの制御物質に支配されているとすることが多い．局所モデルという最も簡単な場合には，$T_n^\pm$ は (x,t) ($x = n\Delta x$) の関数であると考える．すなわち，粒子の移動は，その時刻に粒子が存在する地点にある制御物質の状態で定められるものとする．ただし $\Delta x > 0$ は格子 (II.136) の刻み巾 (隣り合う格子点の間の距離) である．$T_n^\pm$ が**平均場極限**をもつものと考えると，滑らかな関数 $T = T(x,t)$ に対して $T_n^\pm = T(n\Delta x, t)$ が成り立つものと仮定することができる．すると $T_n = T(n\Delta x, t)$ とおくことができて，(II.137) は

$$p_n(t + \Delta t) - p_n(t) = T_{n-1} p_{n-1} + T_{n+1} p_{n+1} - 2T_n p_n \quad \text{(II.138)}$$

§3. 物理法則

に帰着される．$p_n = p_n(t)$ についても平均場近似 $p_n(t) = p(n\Delta x, t)$ を仮定し，(II.138) の右辺に対して 3 点公式

$$f(x+h) + f(x-h) - 2f(x) = h^2 f''(x) + o(h^2), \quad h = \Delta x$$

を用いる．$f = Tp$, $x = n\Delta x$, $h = \Delta x$ とおき，$D = \dfrac{(\Delta x)^2}{\Delta t}$ が定数[21]であると仮定すれば

$$\frac{p_n(t+\Delta t) - p_n(t)}{\Delta t} = D\frac{\partial^2}{\partial x^2}(Tp) + o(1)$$

したがって極限移行 $\Delta t \downarrow 0$ によって

$$\frac{\partial p}{\partial t} = D\frac{\partial^2}{\partial x^2}(Tp) \tag{II.139}$$

が導びかれる．この (II.139) は，一般次元の場合にはラプラシアンを用いて

$$\frac{\partial p}{\partial t} = D\Delta(Tp)$$

となる．

粒子の移動に関する遷移確率がどのような制御を受けるかについては，別の設定も考えられる．

○例 **3.7** (**交差拡散**)．粒子の移動が，その時刻に粒子が向かう地点にある制御物質の状態で定められるとすると，最も簡単な場合には

$$T_n^\pm = T_{n\pm 1} = T((n\pm 1)\Delta x, t)$$

のようにモデリングされる．このときマスター方程式 (II.137) は

$$p_n(t+\Delta t) - p_n(t) = T_n p_{n-1} + T_n p_{n+1} - (T_{n+1} + T_{n-1})p_n$$
$$= T_n(p_{n-1} + p_{n+1} - 2p_n) - (T_{n+1} + T_{n-1} - 2T_n)p_n$$

の形になり，前と同様にして平均場近似を仮定して極限移行すると，**交差拡散方程式**とよばれる

$$\frac{\partial p}{\partial t} = D\left(T\Delta p - (\Delta T)p\right) \tag{II.140}$$

が得られる．(II.140) は，猿のような高等動物の群れの動向を記述しているものと考えられている．

○例 **3.8** (**障害モデル**)．粒子の移動が，その時刻に粒子が向かう地点と粒子が存在する地点との中間にある制御物質の状態で定められるものとすると，最も

---

21) D はアインシュタインの公式から得られる拡散係数と一致する [18].

簡単な場合には
$$T_n^\pm = T_{n\pm\frac{1}{2}} = T\left(\left(n\pm\tfrac{1}{2}\right)\Delta x, t\right) \tag{II.141}$$
でモデリングできる．このときマスター方程式 (II.137) は
$$\begin{aligned}p_n(t+\Delta t) - p_n(t) &= T_{n-\frac{1}{2}}p_{n-1} + T_{n+\frac{1}{2}}p_{n+1} - (T_{n+\frac{1}{2}} + T_{n-\frac{1}{2}})p_n \\ &= T_{n+\frac{1}{2}}(p_{n+1}-p_n) - T_{n-\frac{1}{2}}(p_{n-1}-p_n)\end{aligned}$$
となり，平均場極限は
$$\frac{\partial p}{\partial t} = D\frac{\partial}{\partial x}\left(T\frac{\partial p}{\partial x}\right)$$
の形をとり，**障害モデル**といわれている．

★**練習問題 II.13.** $p = p(x,t) > 0$ は拡散方程式
$$\frac{\partial p}{\partial t} = \frac{\partial^2 p}{\partial x^2}, \qquad 0 < x < 1,\ t > 0$$
の解で，ノイマン条件 $\left.\dfrac{\partial p}{\partial x}\right|_{x=0,1} = 0$ を満たすものとする．このときエントロピー増大則
$$\frac{d}{dt}\int_0^1 p(\log p - 1)\,dx \leq 0$$
が成り立つことを示せ．

☆**研究課題 24.** 障害モデル (II.141) に対して待ち時間一定の繰り込みを入れたモデル
$$T_n^\pm = \frac{T((n\pm\frac{1}{2})\Delta x, t)}{T((n+\frac{1}{2})\Delta x, t) + T((n-\frac{1}{2})\Delta x, t)}$$
に対し，マスター方程式 (II.137) の平均場極限を求めよ．

§3.4　完全流体・電磁気

流体・電磁気の基礎方程式はベクトル場の発散・回転によって記述される．解法で基本となるのは物質微分とヘルムホルツ分解である．

特　性　曲　線

定常ベクトル場 $\boldsymbol{v} = \boldsymbol{v}(\boldsymbol{x})$ が生成する力学系 $\{T_t\}$ を (II.121) で定める．このとき，与えられたスカラー場 f に対して $u(\boldsymbol{x},t) = f(T_{-t}\boldsymbol{x})$ とおくと $w(\boldsymbol{y},t) \equiv u(T_t\boldsymbol{y},t) = f(\boldsymbol{y})$ は t によらないので
$$\begin{aligned}0 = \frac{\partial w}{\partial t} &= \nabla u(T_t\boldsymbol{y},t)\cdot\frac{\partial}{\partial t}(T_t\boldsymbol{y}) + \frac{\partial u}{\partial t}(T_t\boldsymbol{y},t) \\ &= \frac{\partial u}{\partial t}(T_t\boldsymbol{y},t) + \sum_{j=1}^3 v_j(T_t\boldsymbol{y})\frac{\partial u}{\partial x_j}(T_t\boldsymbol{y},t)\end{aligned}$$
が成り立つ．さらに，与えられた $\boldsymbol{x}$ に対して $\boldsymbol{y} = T_{-t}\boldsymbol{x}$ をこの関係式に代入す

§3. 物理法則　　　　　　　　　　　　　　　　　　　　　　　　　　　　101

ると

$$\frac{\partial u}{\partial t} + \sum_{j=1}^{3} v_j(\boldsymbol{x}) \frac{\partial u}{\partial x_j} = 0, \quad u|_{t=0} = f(\boldsymbol{x}) \tag{II.142}$$

すなわち，(II.142) の解は $u(x,t) = f(T_{-t}x)$ で与えられ，偏微分方程式 (II.142) は常微分方程式 (II.120) に帰着される．この解法を**特性曲線の方法**という．

<u>物質微分</u>

(II.142) の第1式の左辺を $\dfrac{Du}{Dt}$ と書き，

$$\frac{D}{Dt} = \frac{\partial}{\partial t} + \boldsymbol{v} \cdot \nabla$$

をベクトル場 $\boldsymbol{v}$ に従う**物質微分**という．$u(\boldsymbol{x},t) = f(T_{-t}\boldsymbol{x})$ は t 秒前に $\boldsymbol{x}$ に存在した粒子を f で観測したもので，$\dfrac{Du}{Dt}$ は観測者が流れ $\boldsymbol{v}$ に沿って動くときに検出する u の時間変化率を表している．

●例題 **3.1.** 1階単独偏微分方程式

$$u_t + u_x = 0, \quad u|_{t=0} = f(x) \tag{II.143}$$

の解 $u = u(x,t)$ を特性曲線の方法で求めよ．

解答： 速度場は $v(x) = 1$．特性曲線の方程式は

$$\frac{dx}{dt} = 1, \quad x(0) = x_0 \tag{II.144}$$

この (II.144) の解は $x(t) = t + x_0$．したがって，力学系は $T_t x = t + x$ となる．(II.143) の解は $u(x,t) = f(T_{-t}x) = f(-t+x)$ であり，$f(x)$ の情報は速さ 1 で右側に伝播する．
□

○例 **3.9** (流体の基礎方程式). 流体の速度場と圧力場は，それぞれ時間に依存するベクトル場

$$\boldsymbol{v} = \boldsymbol{v}(\boldsymbol{x},t) = \begin{pmatrix} v_1(x_1,x_2,x_3,t) \\ v_2(x_1,x_2,x_3,t) \\ v_3(x_1,x_2,x_3,t) \end{pmatrix}$$

とスカラー場 $p = p(\boldsymbol{x},t)$ で表すことができる．このとき，流体の速度は

$$\frac{d\boldsymbol{x}}{dt} = \boldsymbol{v}, \quad \boldsymbol{v} = \boldsymbol{v}(\boldsymbol{x},t)$$

であるから，加速度は

$$\frac{d^2\boldsymbol{x}}{dt^2} = \frac{\partial \boldsymbol{v}}{\partial t} + (\boldsymbol{v} \cdot \nabla)\boldsymbol{v} = \frac{D\boldsymbol{v}}{Dt}$$

で，これに質量密度 ρ をかけたものが，外力項 $\boldsymbol{F} = {}^t(F_1, F_2, F_3)$ に密度 ρ をかけたものと圧力勾配 ∇p との差となる，というのが**オイラーの運動方程式**である：

$$\rho \frac{Dv_i}{Dt} = \rho F_i - \frac{\partial p}{\partial x_i}, \quad i = 1, 2, 3 \tag{II.145}$$

次に，保存則の方程式 (II.134) において u が流体の密度 ρ であるとすると，$\boldsymbol{j}$ を流束として

$$\rho_t + \nabla \cdot \boldsymbol{j} = 0 \tag{II.146}$$

となる．流体の場合は速度場が $\boldsymbol{v}$ なので $\boldsymbol{j} = \rho \boldsymbol{v}$ であり，(II.146) から**質量保存則**

$$\rho_t + \nabla \cdot \rho \boldsymbol{v} = 0 \tag{II.147}$$

が得られる．

流体が圧縮性 (気体) の場合には，密度 ρ，圧力 p，速度 $\boldsymbol{v}$ を定めるためにもう 1 つ方程式が必要で，等エントロピーの場合は気体の性質によって定まる**状態方程式**

$$p = A\rho^\gamma$$

が課せられる．ただし，A は全エントロピー，γ は断熱指数である．

○**例 3.10** (**理想気体・非圧縮性流体・完全流体**)．**理想気体**ではボイル・シャルルの法則によって $\gamma = 1$ となる．**非圧縮性流体** (液体) の場合は ρ は定数で，(II.145), (II.147) は

$$\frac{\partial \boldsymbol{v}}{\partial t} + (\boldsymbol{v} \cdot \nabla)\boldsymbol{v} = \boldsymbol{F} - \nabla\left(\frac{p}{\rho}\right), \quad \nabla \cdot \boldsymbol{v} = 0 \tag{II.148}$$

となる．(II.148) を**完全流体** (非粘性・非圧縮) に関する**オイラー方程式**という．

●**例題 3.2.** (II.148) において外力項はなしとして，$\rho = 1$ とおく：

$$\frac{\partial \boldsymbol{v}}{\partial t} + (\boldsymbol{v} \cdot \nabla)\boldsymbol{v} = -\nabla p, \quad \nabla \cdot \boldsymbol{v} = 0 \quad \text{in } \Omega \times (0, T) \tag{II.149}$$

また，$\Omega \subset \mathbf{R}^3$ は滑らかな境界 $\partial \Omega$ をもつ有界領域として，ν を外向き単位外法ベクトルとし，境界条件は

$$\nu \cdot \boldsymbol{v}|_{\partial \Omega} = 0 \tag{II.150}$$

を課す．このとき，運動エネルギー保存

$$\frac{d}{dt} \int_\Omega |\boldsymbol{v}|^2 \, dx = 0 \tag{II.151}$$

が成り立つことを示せ．

§3. 物理法則

解答: 方程式から

$$\frac{1}{2}\frac{d}{dt}\int_\Omega |\boldsymbol{v}|^2\,dx = \int_\Omega \boldsymbol{v}_t\cdot\boldsymbol{v}\,dx = -\int_\Omega [(\boldsymbol{v}\cdot\nabla)\boldsymbol{v}]\cdot\boldsymbol{v} + \boldsymbol{v}\cdot\nabla p\,dx \quad (\text{II}.152)$$

各 $i=1,2,3$ について

$$\int_\Omega \sum_{k=1}^3 v_k\frac{\partial v_i}{\partial x_k} v_i\,dx = \sum_{k=1}^3 \int_\Omega \frac{v_k}{2}\frac{\partial v_i^2}{\partial x_k}\,dx$$

$$= \frac{1}{2}\int_{\partial\Omega}(\nu\cdot\boldsymbol{v})v_i^2\,dS - \frac{1}{2}\int_\Omega v_i^2 \nabla\cdot\boldsymbol{v}\,dx = 0$$

i について加えると

$$\int_\Omega [(\boldsymbol{v}\cdot\nabla)\boldsymbol{v}]\cdot\boldsymbol{v}\,dx = 0$$

一方, $\nabla\cdot\boldsymbol{v} = 0$ より

$$\int_\Omega \boldsymbol{v}\cdot\nabla p\,dx = \int_\Omega \nabla\cdot(\boldsymbol{v}p)\,dx = \int_{\partial\Omega}(\nu\cdot\boldsymbol{v})p\,dS = 0$$

したがって, (II.152) から (II.151) となる. □

○**例 3.11** (循環・ヘリシティ). 空間内の単一閉曲線 Γ と, その "接線要素" $\boldsymbol{s}$ に対して

$$\int_\Gamma \boldsymbol{v}\cdot d\boldsymbol{s}$$

を Γ に関する**循環**, また, 周期境界条件のもとで

$$\int_\Omega \boldsymbol{v}\cdot\nabla\times\boldsymbol{v}\,dx$$

を**ヘリシティ**という. オイラー方程式 (II.149) ではこれらも保存されていることが知られている.

ヘルムホルツ分解

一般に, $\nabla\times\boldsymbol{a} = 0$ となるベクトル場を**渦無し**という. 単連結領域においては $\nabla\times(\nabla\phi) = 0$ の逆が成り立ち, 渦無しベクトル場はスカラー場の勾配となる: $\boldsymbol{a} = \nabla\phi$. 同様に**ソレノイダル**, すなわち $\nabla\cdot\boldsymbol{a} = 0$ となるベクトル場は, 別のベクトル場の回転となる: $\boldsymbol{a} = \nabla\times\boldsymbol{b}$. このとき, 任意のベクトル場 $\boldsymbol{a}$ は, これらのベクトル場の和として表現される. これを**ヘルムホルツ分解**という:

$$\boldsymbol{a} = \nabla\times\boldsymbol{b} + \nabla\phi$$

流体力学では関数論が役に立つことがある.

●**例題 3.3.** (II.148) において $\rho=1, F=0$ とする. $\boldsymbol{v} = \boldsymbol{v}(\boldsymbol{x},t) \in \mathbf{R}^3$ は渦無し $\nabla\times\boldsymbol{v} = 0$ であるとして, $\boldsymbol{v} = \nabla\Phi, \Phi = \Phi(\boldsymbol{x},t) \in \mathbf{R}$ とおく. また, 流体

は "空間 2 次元定常的", すなわち $\boldsymbol{v} = {}^t(u(x,y), v(x,y), 0)$, $\boldsymbol{x} = (x,y) \in \mathbf{R}^2$ とする. $\nabla \cdot \boldsymbol{v} = 0$ より $\Psi = \Psi(\boldsymbol{x}) \in \mathbf{R}$ を

$$\frac{\partial \Psi}{\partial x} = -v, \qquad \frac{\partial \Psi}{\partial y} = u \tag{II.153}$$

で定める. Φ, Ψ をそれぞれ**速度ポテンシャル**, **流れ関数**という. このとき $\Phi + \imath \Psi$ は $z = x + \imath y$ の正則関数である.

解答: $\nabla \times \boldsymbol{v} = 0$, (II.153) より $\dfrac{\partial \Phi}{\partial x} = u = \dfrac{\partial \Psi}{\partial y}, \dfrac{\partial \Phi}{\partial y} = v = -\dfrac{\partial \Psi}{\partial x}$ である. コーシー・リーマンの関係式が成り立つので, $\Phi + \imath \Psi$ は $z = x + \imath y$ の正則関数である. □

○**例 3.12** (**電磁気学の基礎方程式**). 電磁気学の基礎方程式であるマクスウェル方程式は

$$\nabla \cdot \boldsymbol{E} = \frac{\rho}{\varepsilon_0}, \quad \nabla \times \boldsymbol{E} = -\frac{\partial \boldsymbol{B}}{\partial t}$$
$$\nabla \cdot \boldsymbol{B} = 0, \quad \frac{1}{\mu_0} \nabla \times \boldsymbol{B} = \varepsilon_0 \frac{\partial \boldsymbol{E}}{\partial t} + \boldsymbol{j} \tag{II.154}$$

で与えられる. ここで $\boldsymbol{E}, \boldsymbol{B}, \boldsymbol{j}$ は電場, 磁場, 電流密度, μ_0, ε_0 は誘電率, 透磁率, したがって光速 c に対して $\mu_0 \varepsilon_0 = 1/c^2$ である. これらの式はそれぞれ, **クーロンの法則**, **ファラデーの法則**, **ガウスの法則**, **アンペール・マクスウェルの法則**を表している.

§4.4 のストークスの定理 4.3 によって, 次の例題は逆も成り立つ.

●**例題 3.4.** マクスウェル方程式 (II.154) の第 2, 第 3 式は, ポテンシャルとよばれるベクトル場 $\boldsymbol{A}$, スカラー場 Ψ を用いて与えられる

$$\boldsymbol{B} = \nabla \times \boldsymbol{A}, \quad \boldsymbol{E} = -\nabla \Psi - \frac{\partial \boldsymbol{A}}{\partial t} \tag{II.155}$$

によって満たされる.

解答: (II.155) より

$$\nabla \cdot \boldsymbol{B} = \nabla \cdot \nabla \times \boldsymbol{A} = 0$$
$$\nabla \times \boldsymbol{E} = -\nabla \times \left(\nabla \Psi + \frac{\partial \boldsymbol{A}}{\partial t}\right) = -\frac{\partial}{\partial t}(\nabla \times \boldsymbol{A}) = -\frac{\partial \boldsymbol{B}}{\partial t} \qquad □$$

★**練習問題 II.14.** 真空中では電荷と電流が存在せず, $\rho = 0, \boldsymbol{j} = 0$ である. 公式 $\nabla \times (\nabla \times \boldsymbol{E}) = \nabla(\nabla \cdot \boldsymbol{E}) - \Delta \boldsymbol{E}$ を示し, このとき電場についての**波動方程式** $\mu_0 \varepsilon_0 \dfrac{\partial^2 \boldsymbol{E}}{\partial t^2} = \Delta \boldsymbol{E}$ が成り立つことを示せ.

☆**研究課題 25.** "非粘性バーガース方程式" の初期値問題 $u_t + u u_x = 0, u\big|_{t=0} = u_0(x)$ を特性曲線の方法で解け.

§3. 物理法則

注意 II.12（輸送方程式）．自己相互作用する多数粒子系を考える．粒子はたくさんあるとして，その密度関数を $f(x,v,t)$ としよう．すなわち，$\iint_G f(x,v,t)\,dxdv$ は時刻 t に xv 空間の領域 $G \subset \mathbf{R}^3 \times \mathbf{R}^3$（位置 x，速度 v）に状態をもつ粒子数とする．粒子を k で番号づけ，$x^k = x^k(t)$，$v^k = v^k(t)$ をそれぞれ k 番目の粒子の時刻 t での位置と速度とする．各粒子の質量は 1 であるとし，$F(x)$ を各粒子にかかる外力とすれば，ニュートン方程式は

$$\frac{dx^k}{dt} = v^k, \qquad \frac{dv^k}{dt} = F(x^k) \tag{II.156}$$

で記述され，定義から

$$f(x,v,t)\,dxdv = \sum_k \delta_{x^k(t)}(dx) \otimes \delta_{v^k(t)}(dv) \tag{II.157}$$

が成り立つ．ただし δ は §3.9 で述べるデルタ関数である．

$\varphi = \varphi(x,v)$ を無限回微分可能で台（値 0 をとらない集合の閉包）が有界である任意の関数とすると，(II.157) より

$$I(t) \equiv \sum_k \varphi\left(x^k(t), v^k(t)\right) = \iint_{\mathbf{R}^3 \times \mathbf{R}^3} f(x,v,t)\varphi(x,v)\,dxdv \tag{II.158}$$

であり，粒子間の直接的な自己相互作用を無視すると

$$\frac{dI}{dt} = \sum_k \left\{ \frac{dx^k(t)}{dt} \cdot \nabla_x \varphi\left(x^k(t), v^k(t)\right) + \frac{dv^k(t)}{dt} \cdot \nabla_v \varphi\left(x^k(t), v^k(t)\right) \right\}$$

$$= \sum_k \left(v^k \cdot \nabla_x \varphi(x^k, v^k) + F(x^k) \cdot \nabla_v \varphi \right)$$

$$= \iint_{\mathbf{R}^3 \times \mathbf{R}^3} f(x,v,t) \left(v \cdot \nabla_x \varphi(x,v) + F(x) \cdot \nabla_v \varphi(x,v) \right) dxdv$$

が，$\varphi(x,v)$ で観察した単位時間当たりの粒子数の変化量である．自己相互作用は媒体を介するものとして，媒体の一般散逸束 j を用いて $\iint_{\mathbf{R}^3 \times \mathbf{R}^3} j \cdot \nabla_v \varphi(x,v)\,dxdv$ を右辺に加えて得られるのが**輸送方程式**

$$\frac{\partial f}{\partial t} + v \cdot \nabla_x f + F \cdot \nabla_v f = -\nabla_v \cdot j \tag{II.159}$$

である．

注意 II.13（ボルツマン方程式）．気体粒子では (II.159) の右辺を**衝突項**とよび，$\left(\dfrac{\partial f}{\partial t}\right)_c$ で表す．ボルツマンは同一種類の粒子からなる気体を考え，3 粒子以上の衝突を無視する近似 $\left(\dfrac{\partial f}{\partial t}\right)_c = Q[f,f](x,v,t)$ を与えた．ただし

$$Q[f,f](v) = \int_{\mathbf{R}^3} dv_1 \iint_{\mathbf{R}^3 \times \mathbf{R}^3} w(v,v_1;v',v_1') \cdot \left(f(v')f(v_1') - f(v)f(v_1) \right) dv'dv_1' \tag{II.160}$$

であり，$(v,v_1) \mapsto (v',v_1')$ は衝突する粒子対の衝突前，衝突後の速度を表している．した

がって $\left(\dfrac{\partial f}{\partial t}\right)_c$ は，比 $w(v, v_1; v', v_1') \geq 0$ で，$f(v)f(v_1)$ に比例して増大し，$f(v')f(v_1')$ に比例して減少する．衝突では，運動量と運動エネルギーが保存される．すなわち

$$\boldsymbol{v} + \boldsymbol{v}_1 = \boldsymbol{v}' + \boldsymbol{v}_1' \tag{II.161}$$

$$\frac{1}{2}\left(|\boldsymbol{v}|^2 + |\boldsymbol{v}_1|^2\right) = \frac{1}{2}\left(|\boldsymbol{v}'|^2 + |\boldsymbol{v}_1'|^2\right) \tag{II.162}$$

したがって，w の台は (II.161) と (II.162) を満たす $(v, v_1; v', v_1')$ 上にある．衝突が対称・可逆であることから

$$w(v, v_1; v', v_1') = w(v_1, v; v_1', v') = w(v', v_1'; v, v_1) = w(v_1', v'; v_1, v) \tag{II.163}$$

も成り立つ．ボルツマンは，これらの要請から**ボルツマン方程式**

$$\frac{\partial f}{\partial t} = -v \cdot \nabla_x f - F(x) \cdot \nabla_v f + Q[f, f] \tag{II.164}$$

において H–関数，すなわち

$$H(x, t) = \int_{\mathbf{R}^3} f(\log f - 1)\, dv, \quad \overline{H}(t) = \int_{\mathbf{R}^3} H(x, t)\, dx$$

が減少することを示した：$\dfrac{d\overline{H}}{dt} \leq 0$．

§3.5 テンソル・固体・粘性流体

条件 $Q^{-1} = {}^tQ$ を満たす行列 $Q = \left(q_j^i\right)_{i,j=1,2,3} = \begin{pmatrix} q_1^1 & q_2^1 & q_3^1 \\ q_1^2 & q_2^2 & q_3^2 \\ q_1^3 & q_2^3 & q_3^3 \end{pmatrix}$，すなわち

$$\left(q_j^i\right)^{-1} = \left(q_i^j\right) \tag{II.165}$$

である行列 Q を**直交行列**，直交行列が引き起こす線形変換を**直交変換**という．

直交変換のもとでベクトルの長さ (したがって) 2 つのベクトルのなす角度は不変である．よって，$\mathbf{R}^3$ の正規直交基底 $\boldsymbol{e}_1, \boldsymbol{e}_2, \boldsymbol{e}_3$ の Q による像 $\boldsymbol{e}_1', \boldsymbol{e}_2', \boldsymbol{e}_3'$ も $\mathbf{R}^3$ の正規直交基底である．このとき

$$\boldsymbol{e}_j' = q_j^i \boldsymbol{e}_i, \qquad j = 1, 2, 3 \tag{II.166}$$

であり，したがって

$$\boldsymbol{e}_i = q_i^j \boldsymbol{e}_j', \qquad i = 1, 2, 3 \tag{II.167}$$

が得られる．ただし (II.166)–(II.167) では**アインシュタインの規約**が用いられている．すなわち右辺において，左辺にない添え字 i, j について $1, 2, 3$ について和をとる．したがって，$\sum$ 記号を省略する代わり，加える項については i, j を上下につけることで見やすくしている．

§3. 物理法則

$\mathbf{R}^3$ のベクトル $\boldsymbol{v}$ を $\boldsymbol{e}_i$, $i=1,2,3$ で成分表示したものを $(v^i)_{i=1,2,3}$ とすれば $\boldsymbol{v} = v^i \boldsymbol{e}_i$ である．したがって，同じ $\boldsymbol{v}$ を $\boldsymbol{e}'_i$, $i=1,2,3$ で成分表示したものを v'^i とすれば $\boldsymbol{v} = v'^i \boldsymbol{e}'_i$ であり，(II.167), (II.165) から

$$v'^j = v^i q_i^j \tag{II.168}$$

が得られる．一般に，ベクトルとは直交変換 $Q = (q_j^i)$ によって変換 (II.168) を受ける数の組と考えられる．

<u>テンソル</u>

ベクトル $\boldsymbol{u} = (u^i)_{i=1,2,3}$, $\boldsymbol{v} = (v^i)_{i=1,2,3}$ の各成分の積 $(u^i v^j)_{i,j=1,2,3}$ を並べた行列を $\boldsymbol{u}, \boldsymbol{v}$ のテンソル積といい $\boldsymbol{u} \otimes \boldsymbol{v}$ と書く：

$$\boldsymbol{u} \otimes \boldsymbol{v} = \begin{pmatrix} u^1 v^1 & u^1 v^2 & u^1 v^3 \\ u^2 v^1 & u^2 v^2 & u^2 v^3 \\ u^3 v^1 & u^3 v^2 & u^3 v^3 \end{pmatrix}$$

直交変換 $Q = (q_j^i)$ によって基底を取り替えて表示したときの $\boldsymbol{u}, \boldsymbol{v}$ の成分表示を $(u'^i), (v'^i)$ とすると，(II.168) より $(u')^i = q_k^i u^k$, $(v')^j = q_l^j u^l$. したがってこれらのベクトルを仮に $\boldsymbol{u}', \boldsymbol{v}'$ と表せば

$$\boldsymbol{u}' \otimes \boldsymbol{v}' = \left(q_k^i q_l^j u^k v^l \right)_{i,j=1,2,3} \tag{II.169}$$

となる．テンソル積 $\boldsymbol{u} \otimes \boldsymbol{v}$ はベクトル $\boldsymbol{u}, \boldsymbol{v}$ で定められるべきものなので，これらのベクトルを成分で表したとき，直交行列 (q_j^i) に対して (II.169) の右辺で定められるものを同一視する．

(II.169) は $\boldsymbol{u} \otimes \boldsymbol{v}$ の成分 $u^k v^l$, $k,l=1,2,3$ で $\boldsymbol{u}' \otimes \boldsymbol{v}'$ の成分 $(u')^i (v')^j$ を表示したもので，2つのベクトルのテンソル積の成分の変換則を表している．一般に **2 階のテンソル**とは，固定した正規直交系のもとで 9 つの量 T^{ij}, $i,j=1,2,3$ で表されるものであって，直交変換 (q_j^i) による正規直交系の変換によって，これらの表示が

$$T'^{ij} = q_k^i q_l^j T^{kl}$$

という変換を受けるものをいう．

定義から，その固有値や対称性，歪対称性 ($^tT = -T$) は 2 階のテンソルとしての行列 $T = (T^{ij})$ のみで定まる性質である．一般にテンソルによって定まる量を**テンソル不変量**であるという．2 階テンソル T^{ij} では，任意の直交変換 (q_j^i) によって $T'^{ij} = q_k^i q_\ell^j T^{k\ell}$ と変換しても値が変わらないものがテンソル不変量になる．

●例題 **3.5.** 2階テンソルの2乗和

$$\sum_{i,j=1}^{3}(T^{ij})^2 \qquad (\text{II}.170)$$

はテンソル不変量である．

解答: テンソルの変換 $T'^{ij} = q_k^i q_\ell^j T^{k\ell}$ において

$$\sum_{i,j}(T'^{ij})^2 = \sum_{i,j}\left(\sum_{k,\ell} q_k^i q_\ell^j T^{k\ell}\right)\left(\sum_{r,s} q_r^i q_s^j T^{rs}\right)$$

$$= \sum_{k,\ell}\sum_{r,s}\left(\sum_i q_\ell^i q_r^i\right)\left(\sum_j q_k^j q_s^j\right) T^{k\ell} T^{rs} = \sum_{k,\ell}\sum_{r,s} \delta_{\ell r}\delta_{ks} T^{k\ell} T^{rs}$$

$$= \sum_{k,\ell} T^{k\ell} T^{k\ell} = \sum_{k,\ell}(T^{k\ell})^2$$

したがって，(II.170) はテンソル不変量である． □

高階のテンソルも同じように定義できる．例えば，3次のテンソルを定義するための不変変換を導びくためには，3つのベクトル $(u^i), (v^i), (w^i)$ を用意し，$T^{ijk} = u^i v^j w^k$ が (II.168) のもとで受ける変換を計算すると，$u'^i = q_l^i u^l$, $v'^j = q_m^j v^m$, $w'^k = q_n^k w^n$ より

$$T'^{ijk} = q_l^i q_m^j q_n^k T^{lmn} \qquad (\text{II}.171)$$

が得られる．したがって，3階のテンソルは固定した正規直交系のもとで27個の量 $T^{ijk}, i,j,k=1,2,3$ で表されるものであって，直交変換 (q_j^i) による正規直交系の変換によって，これらの表示が (II.171) という変換を受けるものである．

テンソルの階数が等しいときを**同次**という．2つの同次テンソルが等しいことを示す式を**テンソル方程式**という．1つの正規直交系 (座標) による表現で一致する2つのテンソルは任意の座標で一致する．任意の2つのテンソルの成分の積から新しいテンソルができる．例えば，T^{ijk} を3階のテンソル，S^{ij} を2階のテンソルとすると，$T^{ijk}S^{lm}, i,j,k,l,m=1,2,3$ は5階のテンソルになる．これをテンソルの積という．

テンソルの同じ指標について1から3まで加えることを**縮約**という．例えば，T^{ij}, T^{ijk} をテンソル，u^i, v^i をベクトルとするとき

$$\sum_{i=1}^{3} T^{ii} = T^{11} + T^{22} + T^{33}, \quad \sum_{j=1}^{3} T^{ijj} = T^{i11} + T^{i22} + T^{i33}, \quad \sum_{i,j=1}^{3} T^{ij} u^i v^j$$

などは i または j について縮約したものである．一般に，あるテンソルを1つの文字について縮約すると，階数が2つ下がったテンソルが得られる．

§3. 物理法則

○例 **3.13** (慣性テンソル). 剛体の運動は角速度 $\boldsymbol{\omega} = (\omega_i)$ によって

$$\frac{d\boldsymbol{x}}{dt} = \boldsymbol{v}, \qquad \boldsymbol{v} = \boldsymbol{\omega} \times \boldsymbol{x} \tag{II.172}$$

で表すことができる．このとき

$$\begin{aligned}
\omega^{11} &= 0, & \omega^{12} &= -\omega_3, & \omega^{13} &= \omega_2 \\
\omega^{21} &= \omega_3, & \omega^{22} &= 0, & \omega^{23} &= -\omega_1 \\
\omega^{31} &= -\omega_2, & \omega^{32} &= \omega_1, & \omega^{33} &= 0
\end{aligned}$$

とすると，(II.172) から

$$v^i = \omega^{ij} x_j \tag{II.173}$$

となる．剛体の運動は座標のとり方によらないので，ω^{ij} が 2 階のテンソルであることがわかる[22]．また，角運動量 $\boldsymbol{M} = \boldsymbol{x} \times \boldsymbol{v}$ に対して I^{ij} を

$$\begin{aligned}
I^{11} &= x_2^2 + x_3^2, & I^{12} &= -x_1 x_2, & I^{13} &= -x_3 x_1 \\
I^{21} &= -x_1 x_2, & I^{22} &= x_3^2 + x_1^2, & I^{23} &= -x_2 x_3 \\
I^{31} &= -x_3 x_1, & I^{32} &= -x_2 x_3, & I^{33} &= x_1^2 + x_2^2
\end{aligned}$$

で定めるとき

$$M^i = I^{ij} \omega_j \tag{II.174}$$

となり，I^{ij} も 2 階のテンソルとなる．これを**慣性テンソル**という．

○例 **3.14** (誘電率テンソル). 誘電体における誘電束密度 (電気変位) を $\boldsymbol{D}$，電場の強さを $\boldsymbol{E}$ とすると，誘電体が等方的である場合は誘電率 ε はスカラーで $\boldsymbol{D} = \varepsilon \boldsymbol{E}$ が成り立つ．結晶体のように誘電体が異方的である場合は $\boldsymbol{D}$ は $\boldsymbol{E}$ に線形に依存する．成分で $D^i = \varepsilon^{ij} E^j$，$\varepsilon^{ij} = \varepsilon^{ji}$ と書いたとき，ε^{ij} は 2 階の対称テンソルである．これを**誘電率テンソル**という．

歪 と 応 力

固体内の隣り合う部分が外力によって相対的な位置を変えるとき，この固体は**歪**または**変形**を受けるという．固体内の 1 点 P が変形を受けて P' の位置に移動したとする．$\overrightarrow{PP'} = \boldsymbol{v}$ は変位を表すベクトル場である．$P(\boldsymbol{x})$ の変位を $\boldsymbol{v} = \boldsymbol{v}(\boldsymbol{x})$ とし，P の近傍の点 $Q(\boldsymbol{x} + \Delta \boldsymbol{x})$ の変位を $\boldsymbol{v} + \Delta \boldsymbol{v}$ とすれば

---

[22] $\omega^{ji} = -\omega^{ij}$ が成り立つので，ω^{ij} は 2 階の歪対称テンソルとなる．3 階の歪対称テンソルについては §3.8 参照．また，次の I^{ij} は $I^{ij} = I^{ji}$ より，2 階の対称テンソルである．

$$\Delta v^i = \sum_{j=1}^{3} \frac{\partial v^i}{\partial x_j} \Delta x^j + o(|\Delta \boldsymbol{x}|)$$

となる．ただし v^i, $i = 1,2,3$ は $\boldsymbol{v}$ の成分であり，Δv^i, $i = 1,2,3$, Δx^j, $j = 1,2,3$ は $\Delta \boldsymbol{v}$, $\Delta \boldsymbol{x}$ の成分である．$D^{ij} = \dfrac{\partial v^i}{\partial x^j}$ は2階テンソルの成分で，その対称，反対称部分を

$$S^{ij} = \frac{1}{2}\left(D^{ij} + D^{ji}\right), \quad A^{ij} = \frac{1}{2}\left(D^{ij} - D^{ji}\right)$$

とする．反対称部分を定める3つの成分 $w^1 = A^{32}$, $w^2 = A^{13}$, $w^3 = A^{21}$ によってベクトル $\boldsymbol{w}$ を与えると

$$\boldsymbol{w} = \frac{1}{2}\nabla \times \boldsymbol{v} \tag{II.175}$$

が得られる．また，$\sum_{j=1}^{3} A^{ij} \Delta x^j$, $i = 1,2,3$ を成分とするベクトル $\Delta \boldsymbol{v}'$ は

$$\Delta \boldsymbol{v}' = \boldsymbol{w} \times \Delta \boldsymbol{x} \tag{II.176}$$

を満たす．このベクトルは無限小で $\boldsymbol{w}$ を角速度とする回転を表すので，A^{ij} は固体の変形に寄与しない．固体の変形を定めるのは S^{ij} を成分とするテンソルで，これを歪テンソルという．例えば，変形による体積の増加率は

$$\nabla \cdot \boldsymbol{v} = S^{11} + S^{22} + S^{33} \tag{II.177}$$

で表される．

○例 **3.15** (粘性流体)．歪テンソルによって粘性流体や弾性体の内部に生ずる緊張状態は応力テンソル $P = (P_{ij})$ で表される．時刻 $t = 0$ で ω にいた粒子が時刻 t で ω_t に移されたものとすると，非圧縮流体の場合の運動量保存は外力 $F = 0$ の場合

$$\frac{d}{dt}\int_{\omega_t} \rho v \, dx = \int_{\partial \omega_t} \nu \cdot P \, dS \tag{II.178}$$

となる．ただし，これから

$$\rho \frac{Dv}{Dt} = -\nabla \cdot P \tag{II.179}$$

が得られる．等方的で粘性がある場合には，$P = (p_{ij})$ は圧力 p と歪速度テンソル e_{ij} を用いて

$$P_{ij} = -p\delta_{ij} + 2\mu e_{ij}, \quad e_{ij} = \frac{1}{2}\left(\frac{\partial v_i}{\partial x_j} + \frac{\partial v_j}{\partial x_i}\right)$$

となる．ここで δ_{ij} はクロネッカーのデルタである．連続の式 $\nabla \cdot v = 0$ を用い

§3. 物理法則　　　　　　　　　　　　　　　　　　　　　　　　　　　　　111

ると，(II.179) からナビエ・ストークス方程式
$$\frac{\partial v}{\partial t} + (v \cdot \nabla)v = -\frac{1}{\rho}\nabla p + \nu \Delta v$$
が得られる．ここで $\nu = \mu/\rho$ は**運動粘性率**である．

★**練習問題 II.15.** 2 つのベクトル $(u^i), (v^i)$ に対して
$$(u^2 v^3 - u^3 v^2,\ u^3 v^1 - u^1 v^3,\ u^1 v^2 - u^2 v^1)$$
もベクトルになることを示せ．

☆**研究課題 26.** ベクトル場 a, b に対して次を示せ：
$$\nabla \cdot (a \times b) = b \cdot (\nabla \times a) - a \cdot (\nabla \times b)$$
$$\nabla \times (a \times b) = (b \cdot \nabla)a - (a \cdot \nabla)b - (\nabla \cdot a)b + (\nabla \cdot b)a$$
$$\nabla(a \cdot b) = (b \cdot \nabla)a + (a \cdot \nabla)b + b \times (\nabla \times a) + a \times (\nabla \times b)$$

§3.6　変分法・解析力学

平面上の単一閉曲線 Γ は (単連結) 領域 D を囲む (**ジョルダンの面積定理**)．Γ の長さ L を与えたとき，D の面積 A が最大になるのはいつか，というのが**等周問題**で，答えは，古代から知られているように円である．この証明は，L と A について不等式
$$L^2 \geq 4\pi A \tag{II.180}$$
が常に成り立つこと，さらに等号が Γ が円のときであり，またそのときに限るということから得られる．(II.180) を**等周不等式**という．

オイラー方程式

等周問題は制約付き最大問題とみなせるが，求める最適解は図形であり，最大にさせるものや制約条件は関数ではない．曲線は関数で表されると考えれば，囲む面積や長さは各関数によって定まる量である．このようなものを (関数の「関数」という意味で)**汎関数**という．この汎関数を最大にしたり最小にしたりする問題が**変分問題**であり，変分原理に基づく数値解法が III 章の §2.1 で述べる有限要素法である．

オイラーは変分問題の解を求めるために，「汎関数の微分が 0」という概念を導入した．この結果得られるのが (変分問題に関する)**オイラー方程式**である．典型的な例で考えるために，$f = f(x, y, \dot{y})$ は $x_1 \leq x \leq x_2,\ -\infty < y, \dot{y} < +\infty$ で定義された連続関数で，$f_{\dot{y}}$ は C^1 関数，f_y は連続とする．与えられた y_1, y_2 に対して $\varphi(x_1) = y_1, \varphi(x_2) = y_2$ となる C^1 関数 $\varphi = \varphi(x), x_1 \leq x \leq x_2$ を**許容関数**として，

$$I(\varphi) = \int_{x_1}^{x_2} f(x, \varphi(x), \varphi'(x))\, dx \qquad (\text{II}.181)$$

とおく．例えば，$f(x,y,\dot{y}) = \sqrt{\dot{y}^2+1}$ の場合には $I(\varphi)$ は，曲線 $y = \varphi(x)$，$x_1 \leq x \leq x_2$ の長さである．$I(\varphi)$ は関数 $\varphi = \varphi(x)$ によって定まる量で，写像 $\varphi \mapsto I(\varphi)$ は汎関数とみなすことができる．この汎関数を最小とするような許容関数を求める問題は等周問題と類似の変分問題である．

与えられた変分問題の解が存在するものとして，その解の満たすべき方程式を導出して，その方程式を解く方法がオイラーに由来する**間接法**である．この場合には，解 $\varphi_0 = \varphi_0(x)$ は，任意の許容関数 $\varphi = \varphi(x)$ に対して

$$I(\varphi) \geq I(\varphi_0) \qquad (\text{II}.182)$$

を満たす．$\eta = \eta(x)$ を $\eta(x_1) = \eta(x_2) = 0$ となる任意の C^1 関数とし，$s \in \mathbf{R}$ とすると $\varphi(x) = \varphi_0(x) + s\eta(x)$，$x_1 \leq x \leq x_2$ によって許容関数 $\varphi = \varphi(x)$，$\varphi = \varphi_0 + s\eta$ が得られるので，(II.182) より

$$I(\varphi_0 + s\eta) \geq I(\varphi_0)$$

特に，関数 $s \mapsto I(\varphi_0 + s\eta)$ は $s = 0$ で最小値をとる．

上で述べた仮定から，この関数は微分可能で，積分と微分の順序が交換できる：

$$\begin{aligned}
0 &= \left.\frac{d}{ds} I(\varphi_0 + s\eta)\right|_{s=0} \\
&= \int_{x_1}^{x_2} \left.\frac{\partial}{\partial s} f(x, \varphi_0(x) + s\eta(x), \varphi_0'(x) + s\eta'(x))\right|_{s=0} dx \\
&= \int_{x_1}^{x_2} \{f_y(x, \varphi_0(x), \varphi_0'(x))\eta(x) + f_{\dot{y}}(x, \varphi_0(x), \varphi_0'(x))\eta'(x)\}\, dx \quad (\text{II}.183)
\end{aligned}$$

$\varphi_0 = \varphi_0(x)$ が C^2 関数の場合には右辺の第 2 項は部分積分できて，$\eta(x_1) = \eta(x_2) = 0$ より

$$\int_{x_1}^{x_2} \left\{ f_y(x, \varphi_0(x), \varphi_0'(x)) - \frac{d}{dx} f_{\dot{y}}(x, \varphi_0(x), \varphi_0'(x)) \right\} \eta(x)\, dx$$

に等しい．この値が任意の $\eta = \eta(x)$ に対して 0 であるから，被積分関数の $\{\ \}$ の部分が 0 であり，

$$\frac{d}{dx}\left(\frac{\partial f}{\partial \dot{y}}\right) - \frac{\partial f}{\partial y} = 0 \qquad (\text{II}.184)$$

が得られる．この (II.184) が汎関数 (II.181) に対するオイラー方程式である [23]．ただし $y = \varphi_0(x)$，$\dot{y} = \varphi_0'(x)$，また $\varphi_0(x_1) = y_1$，$\varphi_0(x_2) = y_2$ である．

---

[23] このことを $\delta I = f_y - \frac{d}{dx} f_{\dot{y}}$ と書き，δI を I の**第 1 変分**という．

ニュートン力学

質量 m_i の粒子に力 F_i が作用するとき,その位置 x_i, $1 \leq i \leq f$ に関してニュートンの運動方程式

$$m_i \ddot{x}_i = F_i, \qquad 1 \leq i \leq f \tag{II.185}$$

が成り立つ.働く力 F_i を外力 F_i' と内部相互作用に分けると

$$F_i = \sum_{j \neq i} F_{ij} + F_i'$$

と書くことができる.F_{ij} は j 粒子が i 粒子に作用する力で

$$F_{ij} = f_{ij} e_{ij}, \qquad e_{ij} = \frac{x_i - x_j}{|x_i - x_j|}, \qquad f_{ij} = f_{ji} \in \mathbf{R} \tag{II.186}$$

と表され,この式から**作用反作用の法則**

$$F_{ji} = -F_{ij} \tag{II.187}$$

が導かれる.

○例 **3.16** (運動量).外力のない閉じた系では $F_i' = 0$, $1 \leq i \leq f$ であり,このとき**運動量** $P = \sum_i m_i \dot{x}_i$ は保存される.実際,(II.187) より

$$\frac{dP}{dt} = \sum_i m_i \ddot{x}_i = \sum_i F_i = \sum_{i,j, i \neq j} F_{ij} = 0 \tag{II.188}$$

である.

○例 **3.17** (角運動量).単独粒子について述べた**角運動量** $M = \sum_i m_i x_i \times \dot{x}_i$ も多粒子系で保存量となり

$$\frac{dM}{dt} = \sum_i m_i (\dot{x}_i \times \dot{x}_i + x_i \times \ddot{x}_i) = \sum_i x_i \times m_i \ddot{x}_i = \sum_{i,j, i \neq j} x_i \times F_{ij}$$

$$x_i \times F_{ij} + x_j \times F_{ji} = (x_i - x_j) \times F_{ij} = f_{ij}(x_i - x_j) \times e_{ij} = 0$$

より

$$\frac{dM}{dt} = 0 \tag{II.189}$$

が得られる.

○例 **3.18** (全エネルギー).(II.187) において f_{ij} が i, j 粒子の距離関数であるとき: $f_{ij} = f_{ij}(|x_j - x_i|)$,内部相互作用は保存力である.実際,

$$U_{ij}(r) = -\int^r f_{ij}(r')\, dr'$$

に対して,$U_{ji} = U_{ij}$ かつ

$$-\nabla_{x_i} U_{ij}(|x_j - x_i|) = f_{ij}(|x_j - x_i|)\nabla_{x_i}|x_j - x_i| = f_{ij}e_{ij} = F_{ij}$$

である. $U(x) = \sum_{k>j} U_{jk}(|x_k - x_j|)$ に対して

$$-\nabla_{x_i} U = \sum_{j \neq i} -\nabla_{x_i} U_{ij}(|x_j - x_i|) = \sum_{j \neq i} F_{ij} = F_i$$

であるので，ニュートンの運動方程式 (II.185) は

$$m_i \ddot{x}_i = -\nabla_{x_i} U, \quad 1 \leq i \leq f \tag{II.190}$$

と表すことができる. (II.190) から, 全エネルギー $E = \frac{1}{2}\sum_i m_i|\dot{x}_i|^2 + U(x)$ の保存

$$\begin{aligned}\frac{dE}{dt} &= \sum_i (m_i \dot{x}_i \cdot \ddot{x}_i + \nabla_{x_i} U(x) \cdot \dot{x}_i) \\ &= \sum_i \dot{x}_i \cdot (m_i \ddot{x}_i + \nabla_{x_i} U) = 0 \end{aligned} \tag{II.191}$$

が導かれる.

ラグランジュ力学

運動量 $p_i = m_i \dot{x}_i$ を用いれば, (II.190) は

$$\frac{dp_i}{dt} = -\frac{\partial U}{\partial x_i}, \quad 1 \leq i \leq f$$

と書き直すことができる. このとき, 運動量 p_i は運動エネルギー

$$K(\dot{x}_1, \dot{x}_2, \cdots, \dot{x}_f) = \frac{1}{2}\sum_{i=1}^{f} m_i \dot{x}_i^2$$

を用いて

$$p_i = \frac{\partial K}{\partial \dot{x}_i} \tag{II.192}$$

と表される. 一般座標 $(q_1, q_2, \cdots, q_f)$ を用いて位置ベクトルを

$$x_1 = x_1(q_1, q_2, \cdots, q_f; t), \quad \cdots, \quad x_f = x_f(q_1, q_2, \cdots, q_f; t)$$

と表示すると

$$\dot{x}_i = \frac{dx_i}{dt} = \sum_j \frac{\partial x_i}{\partial q_j}\dot{q}_j + \frac{\partial x_i}{\partial t}$$

であり，さらに, $(q, \dot{q}, t)$ を独立変数とみて両辺を $\dot{q}$ で微分すれば，x は $\dot{q}$ に依存しないから

$$\frac{\partial \dot{x}_i}{\partial \dot{q}_j} = \frac{\partial x_i}{\partial q_j}$$

§3. 物理法則

が得られる．したがって
$$\frac{\partial K}{\partial \dot{q}_j} = \sum_k \frac{\partial K}{\partial \dot{x}_k}\frac{\partial \dot{x}_k}{\partial \dot{q}_j} = \sum_k p_k \frac{\partial x_k}{\partial q_j}$$
であり，さらに (II.192) と $\dfrac{d}{dt}\dfrac{\partial x_k}{\partial q_j} = \dfrac{\partial \dot{x}_k}{\partial q_j}$ を用いると

$$\frac{d}{dt}\frac{\partial K}{\partial \dot{q}_j} = \sum_k \left(\frac{dp_k}{dt}\frac{\partial x_k}{\partial q_j} + p_k \frac{d}{dt}\frac{\partial x_k}{\partial q_j}\right) = \sum_k \left(-\frac{\partial U}{\partial x_k}\frac{\partial x_k}{\partial q_j} + \frac{\partial K}{\partial \dot{x}_k}\frac{\partial \dot{x}_k}{\partial q_j}\right)$$
$$= -\frac{\partial U}{\partial q_j} + \frac{\partial K}{\partial q_j} \qquad\qquad (\text{II}.193)$$

が成り立つ．ここで $K = K(q,\dot{q},t)$ とみてラグランジュ関数
$$L(q,\dot{q},t) = K(q,\dot{q},t) - U(q,t) \qquad (\text{II}.194)$$
を導入すれば，
$$\frac{\partial L}{\partial \dot{q}_j} = \frac{\partial K}{\partial \dot{q}_j}, \qquad \frac{\partial L}{\partial q_j} = \frac{\partial K}{\partial q_j} - \frac{\partial U}{\partial q_j}$$
より，(II.193) はラグランジュの運動方程式
$$\frac{d}{dt}\frac{\partial L}{\partial \dot{q}_j} = \frac{\partial L}{\partial q_j}, \qquad 1 \leq j \leq f \qquad (\text{II}.195)$$
であり，この (II.195) は，汎関数
$$S = \int_{t_1}^{t_2} L(q(t),\dot{q}(t),t)\,dt$$
に関する変分問題のオイラー方程式である．このことを (ハミルトンの) **最小作用の原理**，S を $q = q(t) \in \mathbf{R}^{3f}$ に関する**作用積分**という．ただし今後 $q = (q_i)$, $\dot{q} = (\dot{q}_i)$ と書く．

ハミルトン力学

ラグランジュ関数 (II.194)，すなわち，$L(q,\dot{q},t) = K(q,\dot{q},t) - U(q,t)$ が本来 $\dot{x}$ の 2 次関数であることに注意して，$L = L(\dot{q})$ とみたときのルジャンドル変換
$$L^*(p) = \sup_{\dot{q}}\{p\cdot\dot{q} - L(\dot{q})\} = p\cdot\dot{q} - L, \qquad p = \frac{\partial L}{\partial \dot{q}} \qquad (\text{II}.196)$$
をとる．この L^* を
$$H(p,q,t) = p\cdot\dot{q} - L \qquad (\text{II}.197)$$
と書き，一般運動量 p，一般座標 q に対する**ハミルトン関数**という．

(II.196) の第 2 式とラグランジュの運動方程式 (II.195) から

$$dL = \frac{\partial L}{\partial q}\,dq + \frac{\partial L}{\partial \dot q}\,d\dot q + \frac{\partial L}{\partial t}\,dt = \frac{d}{dt}\left(\frac{\partial L}{\partial \dot q}\right)dq + \frac{\partial L}{\partial \dot q}\,d\dot q + \frac{\partial L}{\partial t}\,dt$$
$$= \dot p\,dq + p\,d\dot q + \frac{\partial L}{\partial t}\,dt$$

したがって

$$dH = \dot q\,dp + p\,d\dot q - dL = \dot q\,dp - \dot p\,dq - \frac{\partial L}{\partial t}\,dt \qquad (\text{II.198})$$

が成り立つ．一方，

$$dH = \frac{\partial H}{\partial p}\,dp + \frac{\partial H}{\partial q}\,dq + \frac{\partial H}{\partial t}\,dt \qquad (\text{II.199})$$

であるから，(II.198)–(II.199) を比較して，(ハミルトンの) **正準方程式**

$$\dot q = \frac{\partial H}{\partial p}, \qquad \dot p = -\frac{\partial H}{\partial q} \qquad (\text{II.200})$$

が得られる．(II.200) がハミルトン系 (II.56) である．

★**練習問題 II.16.** 物理定数を 1 とすると，万有引力の法則から，2 体問題は $x = x(t) \in \mathbf{R}^3$ に関する微分方程式

$$\ddot x = -\frac{x}{|x|^3} \qquad (\text{II.201})$$

で記述される．このときポテンシャルエネルギーが $U(x) = -\dfrac{1}{|x|}$ であることを示し，$p = \dot x$, $q = x$ として，運動エネルギー，ラグランジュ関数，ハミルトン関数を定義して，(II.201) が正準方程式 (II.200) と同等であることを確認せよ．

☆**研究課題 27.** (II.195) は制約条件 $\delta q(t_1) = \delta q(t_2) = 0$ における変分問題 $\delta S = 0$ のオイラー方程式と同等であることを示せ．

§3.7 直接法・波・等周不等式

ラグランジュ力学では，実現する状態はラグランジュ汎関数の臨界点として記述される．時間に依存しない定常状態では運動エネルギーは 0 であり，区間 $[0,1]$ 上の弦のつり合いでは，変位と外力が引き起こすポテンシャルエネルギーがラグランジュ関数になる．この場合，弦の長さは $\displaystyle\int_0^1 \sqrt{1 + u'(x)^2}\,dx$ であり，変位による内部エネルギーは張力 T を用いて

$$T\int_0^1 \left(\sqrt{1 + u'(x)^2} - 1\right)dx \approx \frac{T}{2}\int_0^1 u_x^2\,dx$$

§3. 物理法則　　　　　　　　　　　　　　　　　　　　　　　　117

で与えられる．一方，外力 $f(x)\,dx$ からの寄与は各点で $u(x)f(x)\,dx$，よって全体で $\int_0^1 uf\,dx$ である．$T=1$ とおけば

$$E = \frac{1}{2}\int_0^1 u_x^2\,dx - \int_0^1 uf\,dx \qquad (\text{II}.202)$$

が仮想変位 $u(x)$ が引き起こすポテンシャルエネルギーで，実際の変位は，制約条件 $u(0)=u(1)=0$ のもとで汎関数 $E=E(u)$ を最小にする $u=u(x)$ によって実現される．

波動方程式

(II.202) の $E(u)$ に運動エネルギーを取り込むことで，弦の非定常状態を記述する偏微分方程式を導くことができる．すなわち，物理定数を 1 として，ラグランジュ (汎) 関数

$$J[u] = \frac{1}{2}\int_0^T\!\!\int_0^1 u_x^2\,dxdt - \int_0^T\!\!\int_0^1 uf\,dxdt - \frac{1}{2}\int_0^T\!\!\int_0^1 u_t^2\,dxdt \qquad (\text{II}.203)$$

が定義される．最小作用の原理から，このオイラー方程式が (平均場の) 運動方程式となる．簡単のため，$f=0$ とすると，オイラー方程式は

$$u_{tt} = u_{xx} \qquad (\text{II}.204)$$

となる．弦の振動を記述するこの方程式は**波動方程式**とよばれる．境界条件は $u|_{x=0,1}=0$ とし，初期条件は $(u,u_t)|_{t=0}=(u_0(x),u_1(x))$，$0\le x\le 1$ で与える．この問題には，以下の例のように，特性曲線とフーリエ変換の 2 つの方法を適用することができる．

○例 **3.19** (**特性曲線による方法**)．ダランベールは，任意の C^2 関数 φ,ψ に対して

$$u(x,t) = \varphi(x-t) + \psi(x+t) \qquad (\text{II}.205)$$

が (II.204) を満たすことに注目した．境界条件に注意して $u(\cdot,t)$ の奇関数拡張 $u(-x,t)=-u(x,t)$ をとり，次に周期 2 で $u(x,t)$ を $x\in\mathbf{R}$ に対して定める：$u(x+2,t)=u(x,t)$．$\mathbf{R}\times[0,\infty)$ 上でこのようにして定義された関数を同じ記号 $u=u(x,t)$ で書く．(II.205) を用いて初期条件を書くと

$$u_0(x)=\varphi(x)+\psi(x),\qquad -\varphi'(x)+\psi'(x)=u_1(x)$$

2 番目の式から積分定数 c を用いて $-\varphi(x)+\psi(x)=\int_0^x u_1(s)\,ds+c$．したがって

$$\psi(x) = \frac{1}{2}u_0(x) + \frac{1}{2}\int_0^x u_1(s)\,ds + \frac{c}{2}$$

$$\varphi(x) = \frac{1}{2}u_0(x) - \frac{1}{2}\int_0^x u_1(s)\,ds - \frac{c}{2}$$

となる．(II.205) にもどれば

$$u(x,t) = \frac{1}{2}\left(u_0(x-t) + u_0(x+t)\right) + \frac{1}{2}\int_{x-t}^{x+t} u_1(s)\,ds \quad \text{(II.206)}$$

である．この方法では，波が伝播する現象であることをよく表すことができる．

○例 **3.20** (フーリエ級数による方法)．フーリエは，重ね合わせ・変数分離・固有値・固有関数を用いて，解を級数展開した：

$$u(x,t) = \sum_{n=1}^{\infty} \sin n\pi x \left(A_n \cos n\pi t + B_n \sin n\pi t \right) \quad \text{(II.207)}$$

これがフーリエ級数である．ただし，(II.207) において A_n, B_n, $n = 1, 2, \cdots$ は定数とする．この方法では，波が固有振動の重ね合わせとなっていることが明らかにされている．

等周不等式の証明

(II.180) の証明方法はいくつか知られているが，ここではフーリエ級数を用いた解析的な証明を与える．そのために，Γ は $t \in [0, 2\pi]$ でパラメトライズされた十分に滑らかな曲線 $(x(t), y(t))$ であるとし，$x(t), y(t)$ を周期 2π で $\mathbf{R}$ 上の関数に拡張する．グリーンの公式

$$\int_\Gamma (a_1\,dx + a_2\,dy) = \iint_D \left(-\frac{\partial a_1}{\partial y} + \frac{\partial a_2}{\partial x} \right) dxdy$$

において $a_1 = y, a_2 = 0$ とおけば

$$A = \iint_D dxdy = -\int_\Gamma y\,dx = -\int_0^{2\pi} y(t)x'(t)\,dt \quad \text{(II.208)}$$

であり，一方，$L = \int_0^{2\pi} \sqrt{x'(t)^2 + y'(t)^2}\,dt$ である．弧長パラメータ s を用いてパラメータ t を $t = (2\pi s)/L$ ととれば，

$$\left(\frac{ds}{dt}\right)^2 = x'(t)^2 + y'(t)^2 = \left(\frac{L}{2\pi}\right)^2$$

特に

§3. 物理法則

$$\int_0^{2\pi} \left(x'(t)^2 + y'(t)^2\right) dt = \int_0^{2\pi} \left(\frac{ds}{dt}\right)^2 dt = \frac{L^2}{2\pi} \quad (\text{II}.209)$$

が得られる．(II.208)–(II.209) より

$$\begin{aligned}
L^2 - 4\pi A &= 2\pi \int_0^{2\pi} \left(x'(t)^2 + y'(t)^2 + 2y(t)x'(t)\right) dt \\
&= 2\pi \int_0^{2\pi} (x'(t) + y(t))^2 dt + 2\pi \int_0^{2\pi} \left(y'(t)^2 - y(t)^2\right) dt \\
&\geq 2\pi \int_0^{2\pi} \left(y'(t)^2 - y(t)^2\right) dt
\end{aligned}$$

であり，Γ を y 軸に平行移動すると

$$\int_0^{2\pi} y(t)\, dt = 0 \quad (\text{II}.210)$$

となるから，(II.180) は次の定理に帰着される．

定理 3.1. (II.210) を満たす滑らかな 2π 周期関数 $y(t),\ y(t) \neq \alpha \sin t + \beta \cos t$ (α, β 定数) に対して常に

$$\int_0^{2\pi} y'(t)^2\, dt > \int_0^{2\pi} y(t)^2\, dt$$

が成り立つ．

証明： 滑らかな関数 $y(t)$ をフーリエ級数

$$y(t) = \frac{a_0}{2} + \sum_{n=1}^{\infty} (a_n \cos nt + b_n \sin nt)$$

$$a_n = \frac{1}{\pi} \int_0^{2\pi} y(t) \cos nt\, dt, \quad b_n = \frac{1}{\pi} \int_0^{2\pi} y(t) \sin nt\, dt$$

に展開し，滑らかな $x(t), y(t)$ に対して成り立つ項別微分・項別積分を用いる．III 章の §1.3 でも用いる直交関係

$$\int_0^{2\pi} 1\, dt = 2\pi, \quad \int_0^{2\pi} \sin nt \sin mt\, dt = \int_0^{2\pi} \cos nt \cos mt\, dt = 0,\ n \neq m$$

$$\int_0^{2\pi} \cos nt \sin mt\, dt = 0, \quad \int_0^{2\pi} \sin^2 nt\, dt = \int_0^{2\pi} \cos^2 nt\, dt = \pi,\ n \geq 1$$

より，

$$\begin{aligned}
\int_0^{2\pi} y(t)^2\, dt &= \int_0^{2\pi} \left\{\left(\frac{a_0}{2}\right)^2 + \sum_{n=1}^{\infty} (a_n^2 \cos^2 nt + b_n^2 \sin^2 nt)\right\} dt \\
&= \pi \left\{\frac{a_0^2}{2} + \sum_{n=1}^{\infty} (a_n^2 + b_n^2)\right\}
\end{aligned}$$

および
$$\int_0^{2\pi} y'(t)^2 dt = \sum_{n=1}^{\infty} \int_0^{2\pi} (n^2 a_n^2 \sin^2 nt + n^2 b_n^2 \cos^2 nt) \, dt$$
$$= \pi \sum_{n=1}^{\infty} (n^2 a_n^2 + n^2 b_n^2)$$
となる．仮定より $a_0 = \dfrac{1}{\pi} \displaystyle\int_0^{2\pi} y(t) \, dt = 0$ であるから，
$$\int_0^{2\pi} y(t)^2 \, dt = \pi \sum_{n=1}^{\infty} (a_n^2 + b_n^2) \leq \pi \sum_{n=1}^{\infty} (n^2 a_n^2 + n^2 b_n^2) = \int_0^{2\pi} y'(t)^2 \, dt$$
さらに等号が成り立つのは $a_n = b_n = 0, n \geq 2$．すなわち，$y(t) = a_1 \cos t + b_1 \sin t$ のときである． □

★**練習問題 II.17.** 2点境界値問題 (I.58) は，汎関数
$$E = \frac{1}{2}\int_0^1 u_x^2 \, dx - \int_0^1 uf \, dx, \quad u(0) = u(1) = 0 \qquad (\text{II.211})$$
に対するオイラー方程式であることを確認せよ．

☆**研究課題 28.** $f(x, y, \dot{y}) = \sqrt{1 + \dot{y}^2}$ に対してオイラー方程式を解き，平面上の2点を結ぶ最短曲線が線分であることを確認せよ．

注意 II.14. (II.211) において境界条件 $u(0) = u(1) = 0$ を与えないと，E の臨界値をとる関数 $u = u(x)$ はノイマン条件 $u'(0) = u'(1) = 0$ を満たす．この意味でノイマン条件を**自然境界条件**という．III章の§2.2参照．

注意 II.15 (変分問題の解の存在)．ラグランジュ力学は変分問題の解の存在に依存し，その存在証明は数値的な求め方とかかわっている．直接法は，オイラー方程式を使わずに変分問題の解を構成する方法である．ワイヤーシュトラスの定理 (注意 II.7) より，コンパクト**距離空間** K で定義された連続関数 $f = f(x)$ が最小値を達成することを保証する．ここでは，(II.202) の $E = E(u)$ に対してワイヤーシュトラスの定理が適用できるかどうかを考える．

外力は既知の量であり，必要に応じて事前の仮定を与えてもよい．例えば $f \in C[0, 1]$ であるとする．これは $f = f(x)$ が区間 $[0, 1]$ 上で連続であることを示す．汎関数 $E = E(u)$ を定義するために，E の定義域を定めなければならない．連続関数はリーマン積分可能であるから，$[0, 1]$ 上で連続微分可能な関数全体
$$C^1[0, 1] = \{u \in C[0, 1] \mid u' \in C[0, 1]\}$$
をとり，境界条件も加えて $K = \{u \in C^1[0, 1] \mid u(0) = u(1) = 0\}$ を考えれば，$E(u)$ は K 上の汎関数 (写像) $u \in K \mapsto E(u) \in \mathbf{R}$ として定義できる．

K の各元は関数なので「関数空間」ともいう．ワイヤーシュトラスの定理を適用するためには，関数空間 K に位相を与えなければならない．ここで K はコンパクトに，かつ E が連続になることが必要である．まず，K には自然な代数構造があることに注意

する.すなわち,線形演算
$$(u+v)(x) = u(x)+v(x), \quad (cu)(x) = cu(x), \qquad u,v \in K, c \in \mathbf{R}$$
であり,これによって K は線形空間となる.一般に線形演算が連続となるような位相構造がある場合,その線形空間を**線形位相空間**という.このようなものの最も基本的なものがユークリッド空間である.

ユークリッド空間の中ではコンパクト性は"有界閉"であることと同等であるが,K のような無限次元空間についてはもう少し強い条件が必要である.しかし,求めるのは最小値なのでコンパクト性までは必要ない.例えば,ユークリッド空間上の連続凸関数は非有界領域上でも最小値をとることが可能である.K に要請される位相の条件は,$E(u)$ の最小化列が有界となること,有界性から収束する部分列が取り出せること,最後に,その位相に関して $E(u)$ が連続となることである.常微分方程式の初期値問題の解の一意存在を示すために,I 章の §3.1 で用いた空間は,コンパクト距離空間 F 上の連続関数全体 $X = C(F)$ である.しかし,今回の問題を解くためにはより進んだ実解析の知識が必要である.

実際,$|u| = \left\{\int_0^1 u'(x)^2 dx\right\}^{1/2}$ は K 上のノルムになる.シュワルツの不等式から $|u(x)| = \left|\int_0^x u'(y)\,dy\right| \leq |u|, u \in K$ であり,$C = \left\{\int_0^1 |f(x)|^2 dx\right\}^{1/2}$ に対して $\left|\int_0^1 uf\,dx\right| \leq C|u|$ であるから

$$E(u) \geq \frac{1}{2}|u|^2 - C|u| \geq -\frac{C^2}{2} \tag{II.212}$$

特に $E(u)$ は下から有界で,その最小化列 $\{u_k\}$ は $\sup_k |u_k| < +\infty$ を満たす.

しかし,このノルムの有界性からは K における収束先が得られない.$\{u_k\}$ の収束先をつかまえるためには,微分と積分の概念を変更する必要がある.ここで用いられるのが**ルベーグ積分**と**超関数**である.一方,このように存在を保証された変分問題の解は広い関数空間のなかでみつけられるので,高階の微分可能性を別に証明しないとオイラー方程式を満たすことが示せない.このことを変分問題の**解の正則性の問題**という.このような一連の議論の可能性はヒルベルトによって提出され,その成功が現代解析学の源のひとつとなった.

§3.8 量子力学

この小節では,ハミルトン系 (II.200) を用いて量子力学の基礎方程式を導出する手続きを説明し,練習問題,研究課題の代わりに関連図書を紹介する.

最初に $F = F(p,q,t)$ を滑らかな任意関数として,$p = p(t), q = q(t)$ を (II.200) の解とすると

$$\frac{d}{dt}F(p(t),q(t),t) = \frac{\partial F}{\partial t} + \frac{\partial F}{\partial q}\dot{q} + \frac{\partial F}{\partial p}\dot{p}$$
$$= \frac{\partial F}{\partial t} + \frac{\partial F}{\partial q}\frac{\partial H}{\partial p} - \frac{\partial F}{\partial p}\frac{\partial H}{\partial q} \tag{II.213}$$

が得られる. 以後,

$$\{f,g\} = \frac{\partial f}{\partial p}\frac{\partial g}{\partial q} - \frac{\partial f}{\partial q}\frac{\partial g}{\partial p} \tag{II.214}$$

を $f=f(p,q), g=g(p,q)$ のポアソン括弧という. この記号を使うと, (II.213) は

$$\frac{dF}{dt} = \frac{\partial F}{\partial t} + \{H, F\}$$

となり, 特に $\{f,f\}=0$ より, ハミルトン関数 H が t に陽に依存しない $H=H(p,q)$ であるときは

$$\frac{dH}{dt} = \frac{\partial H}{\partial t} + \{H, H\} = 0$$

となって, H が (II.200) の保存量であることを確認することができる.

複 素 化

次に, 複素変数

$$u = \frac{1}{\sqrt{2}}(q + \imath p), \qquad \imath = \sqrt{-1} \tag{II.215}$$

を用いて (II.200) を書き直す. u の複素共役 $\overline{u} = \frac{1}{\sqrt{2}}(q - \imath p)$ を用いて $H = H(u, \overline{u}, t)$ とみなすと

$$\frac{\partial}{\partial u} = \frac{1}{\sqrt{2}}\left(\frac{\partial}{\partial q} - \imath \frac{\partial}{\partial p}\right), \qquad \frac{\partial}{\partial \overline{u}} = \frac{1}{\sqrt{2}}\left(\frac{\partial}{\partial q} + \imath \frac{\partial}{\partial p}\right)$$

より,

$$\imath \frac{du}{dt} = \frac{\partial H}{\partial \overline{u}} \tag{II.216}$$

となる. H は実数値なので

$$-\imath \frac{d\overline{u}}{dt} = \frac{\partial \overline{H}}{\partial u} = \frac{\partial H}{\partial u}$$

したがって

$$\frac{d\overline{u}}{dt} = \frac{\partial H}{\partial u} \tag{II.217}$$

であり，滑らかな $F = F(u, \overline{u}, t)$ に対して

$$\frac{dF}{dt} = \frac{\partial F}{\partial t} + \frac{\partial F}{\partial u}\frac{du}{dt} + \frac{\partial F}{\partial \overline{u}}\frac{d\overline{u}}{dt}$$

$$= \frac{\partial F}{\partial t} - \imath\frac{\partial F}{\partial u}\frac{\partial H}{\partial \overline{u}} + \imath\frac{\partial F}{\partial \overline{u}}\frac{\partial H}{\partial u} \qquad (\text{II}.218)$$

が成り立つ．ポアソン括弧 (II.214) は $\{f, g\} = \dfrac{\partial f}{\partial u}\dfrac{\partial g}{\partial \overline{u}} - \dfrac{\partial f}{\partial \overline{u}}\dfrac{\partial g}{\partial u}$ に変換されるので，(II.218) は

$$\frac{dF}{dt} = \frac{\partial F}{\partial t} + \imath\{H, F\} \qquad (\text{II}.219)$$

と書くことができる．u は (II.215) で定められ，t とは独立であるから，(II.219) で $F - u$ とおけば

$$\dot{u} = \imath\{H, u\} \qquad (\text{II}.220)$$

が得られる．(II.220) はシュレディンガー方程式のハイゼンベルグ表現に対応している．

電子密度

量子力学において**量子化**という手続きは

$$t \mapsto t, \quad E \mapsto \imath\hbar\frac{\partial}{\partial t}, \quad q \mapsto q, \quad p \mapsto -\imath\hbar\frac{\partial}{\partial q} \qquad (\text{II}.221)$$

として，ハミルトン関数によるエネルギー等式 $E = H(p, q, t)$ を作用素等式に書き換えることをいう．ここで $\hbar = 1.054 \times 10^{-27}$ (eng.sec) は**ディラック定数**であり，$h = 2\pi\hbar$ を**プランク定数**という．

質量 m の質点 $q = q(t) \in \mathbf{R}^3$ がポテンシャル力 $V = V(q, t)$ に従って運動する簡単な場合では，古典軌道を支配するニュートン方程式は

$$m\ddot{q} = -\frac{\partial V}{\partial q}$$

であり，これからラグランジュ関数 (II.194) は $L(q, \dot{q}, t) = \dfrac{m}{2}\dot{q}^2 - V(q, t)$，ハミルトン関数 (II.197) は $H(p, q, t) = \dfrac{1}{2m}p^2 + V(q, t)$ である．関係式

$$E = \frac{1}{2m}p^2 + V(q, t)$$

に (II.221) を適用すれば

$$i\hbar \frac{\partial \psi}{\partial t} = \frac{1}{2m}(-\hbar^2)\frac{\partial \psi}{\partial q^2} + V\psi \tag{II.222}$$

であり，簡単のため，$\hbar = 1$, Δ を 3 次元のラプラシアンとすれば，(II.222) は

$$i\frac{\partial \psi}{\partial t} = -\frac{1}{2m}\Delta \psi + V\psi \tag{II.223}$$

になる．この (II.223) がシュレディンガー方程式であり，$\psi = \psi(x, t) \in \mathbf{C}$ を波動関数という．ただし $x \in \mathbf{R}^3$, $t \in \mathbf{R}$ は位置，時間を表す．

(II.223) は，新しいハミルトン (汎) 関数

$$H = \int_{\mathbf{R}^3} \frac{1}{2m}|\nabla \psi|^2 + V|\psi|^2 \, dx$$

を導入することで，(II.220) に対応する形に表すことができる．実際，$|\nabla \psi|^2 = \nabla \psi \cdot \nabla \overline{\psi}$, $|\psi|^2 = \psi\overline{\psi}$ を用いて $H = H(\psi, \overline{\psi})$ とみなし，第 1 変分をとると

$$\frac{dH}{ds}(\psi, \overline{\psi + s\varphi})\Big|_{s=0} = \int_{\mathbf{R}^3} \frac{1}{2m}\nabla \psi \cdot \nabla \overline{\varphi} + V\psi\overline{\varphi} \, dx$$

$$= \int_{\mathbf{R}^3} \left(-\frac{1}{2m}\Delta \psi + V\psi\right)\overline{\varphi} \, dx$$

より $\frac{\delta H}{\delta \overline{\psi}} = -\frac{1}{2m}\Delta \psi + V\psi$ が得られるので，(II.223) は

$$i\frac{\partial \psi}{\partial t} = \frac{\delta H}{\delta \overline{\psi}} \tag{II.224}$$

を意味する．この (II.224) は (II.220) に対応するものである．

$$\widehat{E} = -\frac{1}{2m}\Delta + V$$

をエネルギー作用素という．このとき

$$E = \int_{\mathbf{R}^3} \overline{\psi}\widehat{E}\psi \, dx = \int_{\mathbf{R}^3} -\overline{\psi}\frac{1}{2m}\Delta \psi + V|\psi|^2 \, dx = H$$

が波動関数 $\psi = \psi(x, t)$ のエネルギー期待値である．

第 1 量子化

質量 m, 電荷 $-Q$ の古典粒子の運動方程式は

$$m\ddot{x} = -Q(E - \dot{x} \times B) - \nabla V \tag{II.225}$$

である．ただし E, B, V はそれぞれ電場，磁場，ポテンシャル場で $x = (x_i)$, $i = 1, 2, 3$ は位置ベクトルを表す．ここで $-QE$, $-Q\dot{x} \times B$ はそれぞれ静電力，ローレンツ力である．マクスウェル方程式 (II.154) に対するポテンシャル

§3. 物理法則

(II.155) を A, Ψ とする. このとき

$$B = \nabla \times A, \qquad E = -\nabla\Psi - \frac{\partial A}{\partial t} \tag{II.226}$$

ここで $A = (A^i)$, $i = 1, 2, 3$, $y = m\dot{x}$ とおく. アインシュタインの規約を用いると, (II.225)-(II.226) より

$$\begin{aligned}\dot{y}_i &= Q\left(\frac{\partial \Psi}{\partial x_i} - \frac{\partial A^i}{\partial t}\right) - Q\dot{x}_j\left(\frac{\partial A^j}{\partial x_i} - \frac{\partial A^i}{\partial x_j}\right) - \frac{\partial V}{\partial x_i}\\ &= -Q\frac{dA^i}{dt} + Q\frac{\partial \Psi}{\partial x_i} - Q\dot{x}_j\frac{\partial A^j}{\partial x_i} - \frac{\partial V}{\partial x_i}\end{aligned}$$

したがって

$$\frac{d}{dt}(y_i + QA^i) = \frac{\partial}{\partial x_i}(Q\Psi - Q\dot{x}_j A^j - V) \tag{II.227}$$

となる. (II.227) は

$$\begin{aligned}L(x, \dot{x}, t) &= \frac{1}{2}m\dot{x}_i^2 + Q\Psi - Q\dot{x}_i A^i - V\\ &= \frac{1}{2}m|\dot{x}|^2 + Q\Psi - Q\dot{x} \cdot A - V\end{aligned}$$

に対して

$$\frac{d}{dt}\frac{\partial L}{\partial \dot{x}_i} = \frac{\partial L}{\partial x_i}, \qquad i = 1, 2, 3$$

を意味するので, L はラグランジュ関数. したがって (一般) 運動量は

$$p^i = \frac{\partial L}{\partial \dot{x}_i} = \dot{y}_i - QA^i, \qquad i = 1, 2, 3$$

ハミルトン関数は

$$\begin{aligned}H &= p^i \dot{x}_i - L = \frac{1}{2m}\dot{y}_i^2 - Q\Psi + V\\ &= \frac{1}{2m}(p^i - QA^i)^2 - Q\Psi + V\end{aligned}$$

で与えられる. $(\Psi, -A)$ を (A^μ), $\mu = 0, 1, 2, 3$ と書き,

$$F_{\mu\nu} = \partial_\mu A^\mu - \partial_\nu A^\mu \tag{II.228}$$

を**電磁場テンソル**という. ただし $x_0 = t$ とする. ここで, ε^{ijk} を $\varepsilon^{123} = 1$ となる 3 階の歪対称テンソル, すなわち, 奇置換 π に対して $\varepsilon^{\pi(ijk)} = -\varepsilon^{ijk}$ となるものとする[24]. このとき (II.226) から

---

[24] 置換群とその要素の偶奇は行列式の定義で用いられる [19].

$$B = (B^i), \quad B^i = -\frac{1}{2}\varepsilon^{ijk}F_{jk}, \qquad i,j,k = 1,2,3$$
$$E = (E^i), \quad E^i = F_{0i}, \qquad\qquad i = 1,2,3 \qquad (\text{II}.229)$$

であり，ハミルトン関数は

$$H = \frac{1}{2m}(p^i - QA^i)^2 - QA_0 + V \qquad (\text{II}.230)$$

で与えられる．

この (II.230) を量子化すると，

$$\begin{aligned}
\imath\frac{\partial\psi}{\partial t} &= \frac{1}{2m}(-\imath\partial_i - QA^i)^2\psi - QA_0\psi + V\psi \\
&= -\frac{1}{2m}(\partial_i - \imath QA_i)^2\psi - QA_0\psi + V\psi \qquad (\text{II}.231)
\end{aligned}$$

が得られる．ゲージ共変微分

$$D_\mu = \partial_\mu - \imath QA^\mu, \qquad \mu = 0,1,2,3$$

を用いれば，(II.231) は

$$\imath D_0\psi = -\frac{1}{2m}D_i^2\psi + V\psi \qquad (\text{II}.232)$$

で表すことができる．この (II.232) では粒子の質量はシュレディンガー方程式で量子化されているが，電磁場はベクトルポテンシャル (A^μ) と関連づけられた古典場である．この意味でこの操作は**第1量子化**とよばれている．

📖**文献** ([26])．量子力学の記述には，線形代数や関数解析が重要な道具となるが，本文献ではこれらの厳密な形式をあえて用いずに，初歩的な数学と物理学の言葉で量子力学を述べている．

注意 II.16. (II.231) を用いたエネルギー作用素は

$$\widehat{E} = -\frac{1}{2m}D_i^2 + (V - QA^0)$$

となる．

$$\begin{aligned}
\partial_i(\overline{\psi}D_i\psi) &= \partial_i\overline{\psi}D_i\psi + \overline{\psi}\partial_iD_i\psi \\
&= \overline{D_i\psi}D_i\psi + \overline{\psi}D_iD_i\psi \\
&= |D_i\psi|^2 + \overline{\psi}D_i^2\psi
\end{aligned}$$

より，エネルギー期待値は

$$\begin{aligned}
E &= \int_{\mathbf{R}^2} \overline{\psi}\widehat{E}\psi\,dx \\
&= \int_{\mathbf{R}^3} \overline{\psi}\left\{-\frac{1}{2m}D_i^2\psi + (V - QA^0)\psi\right\}dx
\end{aligned}$$

§3. 物理法則   127

$$= \int_{\mathbf{R}^3} \left\{ \frac{1}{2m}|D_i\psi|^2 + (V - QA^0)|\psi|^2 \right\} dx$$

であり，これがそのままハミルトン汎関数となる．すなわち (II.231) は

$$i\frac{\partial \psi}{\partial t} = \frac{\delta H}{\delta \overline{\psi}}$$

と書ける．

これに対して (II.232) を用いると，(A^μ), $\mu = 0, 1, 2, 3$ を基礎ベクトル場として

$$H = \int_{\mathbf{R}^2} \left\{ \frac{1}{2m}|D_i\psi|^2 + V|\psi|^2 \right\} dx$$

がハミルトン汎関数となる．すなわち，∂_t はゲージ共変微分 D_0 に置き換えられ，

$$iD_0\psi = \frac{\delta H}{\delta \overline{\psi}}$$

が得られる．

§3.9 ガウス核

この小節では拡散方程式を題材として，フーリエ解析から超関数へと向かう数理物理学の流れを概観する．III 章で述べるように，フーリエ級数やフーリエ変換は拡散方程式のみならず，偏微分方程式全般においてその数学解析の手がかりとなるものである．

最初に，固有値問題

$$-\varphi''(x) = \lambda\varphi(x),\ 0 < x < 2\pi, \quad \varphi(0) = \varphi(2\pi),\ \varphi'(0) = \varphi'(2\pi)$$
(II.233)

を解き，フーリエ級数展開の正当性を $(0, 2\pi)$ 上で議論すると

$$\left\{ \frac{1}{\sqrt{2\pi}}, \frac{1}{\sqrt{\pi}}\sin nx, \frac{1}{\sqrt{\pi}}\cos mx \,\middle|\, n, m = 1, 2, \cdots \right\} \quad \text{(II.234)}$$

が $L^2(0, 2\pi)$ や $L^2(-\pi, \pi)$ の完全正規直交系であることに帰着される．以下ではこの事実に基づいて議論を進める．

フーリエ変換

これまでベクトル空間は $\mathbf{R}$ を係数体としてきたが，上述のベクトル空間 $L^2(-\pi, \pi)$ は，各要素を複素数値関数とすれば，$\mathbf{C}$ 上のベクトル空間とみなすことができる．さらに内積を

$$(f, g) = \int_{-\pi}^{\pi} f(x)\overline{g(x)}\,dx$$

で定める (このような内積の定められた完備な距離空間を**ヒルベルト空間**という).
ただし $\overline{g(x)}$ は $g(x)$ の複素共役である. オイラーの公式 $e^{i\theta} = \cos\theta + i\sin\theta$,
$\theta \in \mathbf{R}$ を用いて $e^{\pm inx} = \cos nx \pm i\sin nx$ と表せば, 上述の事実は

$$\left\{ \frac{1}{\sqrt{2\pi}} e^{inx} \mid n = 0, \pm 1, \pm 2, \cdots \right\}$$

が, (複素) $L^2(-\pi, \pi)$ 空間の完全正規直交系で, $f \in L^2(-\pi, \pi)$ がその空間で

$$f(x) = \sum_{n=-\infty}^{+\infty} \frac{1}{2\pi} \widehat{f}_n e^{inx}$$
$$\widehat{f}_n = \int_{-\pi}^{\pi} f(x) e^{-inx} dx \tag{II.235}$$

のように展開されることを示している. このことを $x' = Nx$ で書き, x' をあらためて x で表すと, 各 $f \in L^2(-N\pi, N\pi)$ が

$$\left\{ \frac{1}{\sqrt{2\pi N}} e^{i(n/N)x} \mid n = 0, \pm 1, \pm 2, \cdots \right\}$$

を用いて

$$f(x) = \sum_{n=-\infty}^{\infty} \frac{1}{2\pi} \widehat{f}_n^N e^{i(n/N)x}$$
$$\widehat{f}_n^N = \frac{1}{N} \int_{-N\pi}^{N\pi} f(x) e^{-i(n/N)x} dx$$

で展開されることになる. $\widehat{f}(n/N) = N \widehat{f}_n^N$ より, これらの関係式は

$$\widehat{f}\left(\frac{n}{N}\right) = \int_{-N\pi}^{N\pi} f(x) e^{-i(n/N)x} dx, \qquad n = 0, \pm 1, \pm 2, \cdots$$

$$f(x) = \frac{1}{2\pi} \sum_{n=-\infty}^{\infty} \frac{1}{N} \widehat{f}\left(\frac{n}{N}\right) e^{i(n/N)x}, \qquad -N\pi < x < N\pi$$

で表され, 形式的に $N \to \infty$ とすると

$$\widehat{f}(\xi) = \int_{-\infty}^{\infty} f(x) e^{-i\xi x} dx, \qquad \xi \in \mathbf{R} \tag{II.236}$$

$$f(x) = \frac{1}{2\pi} \int_{-\infty}^{\infty} \widehat{f}(\xi) e^{i\xi x} d\xi, \qquad x \in \mathbf{R} \tag{II.237}$$

が得られる. これら (II.236), (II.237) の右辺をそれぞれ $f(x)$, $\widehat{f}(\xi)$ の**フーリエ変換**, **逆フーリエ変換**といい, $\mathcal{F}[f](\xi)$, $\mathcal{F}^{-1}[\widehat{f}](x)$ とも表される. 等式 (II.236)–(II.237) は両者が逆変換であることを示しており, **プランシェルの反転公式**といわれている.

§3. 物理法則

フーリエ変換に関する解析学を**フーリエ解析**という．フーリエ変換の積分域は全空間であり，複素数も含んでいるため，フーリエ解析では実解析学 (ルベーグ積分) や複素解析 (関数論) の知識を適用する．

L^p 関数

フーリエ変換は p 乗可積分関数について定義することができる．以下，そのような関数の集合を $L^p(\mathbf{R})$ とする．すなわち，$p \in [1, \infty)$ に対して $f \in L^p(\mathbf{R})$ は，$f = f(x)$ がルベーグ可測関数で，

$$\|f\|_p = \left\{\int_{\mathbf{R}} |f(x)|^p \, dx\right\}^{1/p} < +\infty$$

となることを表し，$f \in L^\infty(\mathbf{R})$ とは，ほとんどすべての $x \in \mathbf{R}$ に対して $|f(x)| \leq M$ となる定数 $M > 0$ が存在することを示す．後者の場合 $f(x)$ を**本質的有界**といい，そのような M の下限を $\|f\|_\infty$ で表す．$L^p(\mathbf{R})$, $1 \leq p \leq \infty$ は $\|\ \|_p$ をノルムとしてバナッハ空間 (完備ノルム空間) となる．このノルムについてはミンコフスキーの不等式

$$\|f + g\|_p \leq \|f\|_p + \|g\|_p \tag{II.238}$$

とヘルダーの不等式

$$\|f \cdot g\|_1 \leq \|f\|_p \cdot \|g\|_{p'} \tag{II.239}$$

が成り立つ．さらに，$p \in [1, \infty]$ に対して $\dfrac{1}{p} + \dfrac{1}{p'} = 1$ を満たす $p' \in [1, \infty]$ をその**双対指数**という．

$f \in L^1(\mathbf{R})$ の場合は，(II.236) で定義された $\widehat{f}(\xi)$ は各 $\xi \in \mathbf{R}$ について絶対収束し

$$|\widehat{f}(\xi)| \leq \|f\|_1, \qquad \xi \in \mathbf{R} \tag{II.240}$$

を満たす．この $f \in L^2(\mathbf{R})$ の場合には，(II.236) と (II.237) の右辺は $N \to \infty$ としたときの

$$\int_{-N\pi}^{N\pi} f(x) e^{-\imath \xi x} dx, \qquad \frac{1}{2\pi} \int_{-N\pi}^{N\pi} \widehat{f}(\xi) e^{\imath \xi x} d\xi$$

の $L^2(\mathbf{R})$ における極限として定義される．このときプランシュレルの定理によって，任意の $f \in L^2(\mathbf{R})$, $\widehat{f} \in L^2(\mathbf{R})$ に対して，等号

$$\mathcal{F}^{-1}[\mathcal{F}[f]] = f, \qquad \mathcal{F}\left[\mathcal{F}^{-1}[\widehat{f}]\right] = \widehat{f}$$

が $L^2(\mathbf{R})$ の意味で成立する．

急減少関数

$\mathbf{R}$ 上何回でも微分できる関数の全体を $C^\infty(\mathbf{R})$ と書き,$f \in C^\infty(\mathbf{R})$ は条件

$$\lim_{x \to \pm\infty} |x|^m |f^{(k)}(x)| = 0$$

を各 $m, k = 0, 1, 2, \cdots$ について満たすとき**急減少**であるという.急減少関数の全体を $\mathcal{S}(\mathbf{R})$ と書く.$f \in C^\infty(\mathbf{R})$ に対して条件 $f \in \mathcal{S}(\mathbf{R})$ は,その任意階の導関数が任意の多項式より速く減衰することと同値であり,このとき,定数 $C > 0$ に対して

$$|f(x)| \le C\left(1 + x^2\right)^{-1}$$

となるので $f \in L^1(\mathbf{R})$ が得られる.特に,(II.236) の右辺は絶対収束する.$f \in L^2(\mathbf{R})$ でもあり,プランシュレルの逆公式 (II.237) が各 $x, \xi \in \mathbf{R}$ に対して成立する.部分積分によって,次の定理を導くこともできる.

定理 3.2. $f \in \mathcal{S}(\mathbf{R})$ であれば $\widehat{f} \in \mathcal{S}(\mathbf{R})$ であり,$k, m = 0, 1, 2, \cdots$ に対して

$$\mathcal{F}\left[f^{(k)}\right](\xi) = (\imath\xi)^k \widehat{f}(\xi), \qquad \mathcal{F}[x^m f](\xi) = (\imath\partial_\xi)^m \widehat{f}(\xi) \qquad \text{(II.241)}$$

が成り立つ.ただし $\partial_\xi = \partial/\partial \xi$ である.

ガウス核

$\mathbf{R}$ 上の拡散方程式

$$u_t = u_{xx}, \quad x \in \mathbf{R},\ t > 0, \quad u|_{t=0} = u_0(x) \qquad \text{(II.242)}$$

を解くために,まえもって $u_0, u(\cdot, t), u_t(\cdot, t)$ が $\mathcal{S}(\mathbf{R})$ に属するものとする.この場合,

$$\widehat{u}(\xi, t) = \int_{\mathbf{R}} u(x, t) e^{-\imath x \xi}\, dx$$

に対して $\mathcal{F}[u_t] = \mathcal{F}[u]_t = \widehat{u}_t$,$\mathcal{F}[u_{xx}] = (\imath\xi)^2 \mathcal{F}[u] = -\xi^2 \widehat{u}$ を用いると,(II.242) は

$$\widehat{u}_t = -\xi^2 \widehat{u}, \quad \xi \in \mathbf{R},\ t > 0, \quad \widehat{u}|_{t=0} = \widehat{u}_0(\xi) \qquad \text{(II.243)}$$

に変換される.固定された $\xi \in \mathbf{R}$ に対し,この (II.243) は t を独立変数とする常微分方程式の初期値問題で,解は

$$\widehat{u}(\xi, t) = e^{-t\xi^2} \widehat{u}_0(\xi), \quad \xi \in \mathbf{R},\ t > 0$$

と表示できる.したがって逆フーリエ変換から

§3. 物理法則

$$u(x,t) = \frac{1}{2\pi} \int_{\mathbf{R}} \widehat{u}(\xi,t) e^{\imath x\xi} \, d\xi = \frac{1}{2\pi} \int_{\mathbf{R}} e^{-t\xi^2} \widehat{u}_0(\xi) e^{\imath x\xi} \, d\xi$$

$$= \frac{1}{2\pi} \int_{\mathbf{R}} e^{-t\xi^2 + \imath x\xi} \, d\xi \int_{\mathbf{R}} u_0(y) e^{-\imath \xi y} \, dy$$

$$= \frac{1}{2\pi} \int_{\mathbf{R}} d\xi \int_{\mathbf{R}} e^{-t\xi^2 + \imath(x-y)\xi} u_0(y) \, dy$$

となる. ここで

$$\left| e^{-t\xi^2 + \imath(x-y)\xi} u_0(y) \right| = e^{-t\xi^2} |u_0(y)|$$

$$\int_{\mathbf{R}} d\xi \int_{\mathbf{R}} dy \, e^{-t\xi^2} |u_0(y)| = \|u_0\|_1 \cdot \int_{\mathbf{R}} e^{-t\xi^2} \, d\xi < +\infty, \quad t > 0$$

に注意してフビニの定理[25]を用いれば

$$u(x,t) = \frac{1}{2\pi} \int_{\mathbf{R}} \left(\int_{\mathbf{R}} e^{-t\xi^2 + \imath(x-y)\xi} d\xi \right) u_0(y) \, dy \qquad (\text{II}.244)$$

となる. したがって, ガウス核

$$G(z,t) = \frac{1}{2\pi} \int_{\mathbf{R}} e^{-t\xi^2 + \imath z\xi} \, d\xi$$

$$= \frac{1}{2\pi} \int_{\mathbf{R}} e^{-t\left(\xi - \frac{\imath z}{2t}\right)^2} d\xi \cdot e^{-z^2/4t}$$

$$= \frac{e^{-z^2/4t}}{2\pi} \int_{\Gamma} e^{-t\zeta^2} \, d\zeta$$

が定義される. 経路 $\Gamma : \operatorname{Im} \zeta = -\dfrac{z}{2t}$ を変形して

$$\Gamma_R = \left\{ \xi - \frac{\imath z}{2t} \mid -\infty < \xi \leq -R \right\} \cup \left\{ -R + \imath\eta \mid -\frac{z}{2t} \leq \eta \leq 0 \right\}$$

$$\cup \{ \xi \mid -R < \xi < R \} \cup \left\{ R + \imath\eta \mid 0 \geq \eta \geq -\frac{z}{2t} \right\}$$

$$\cup \left\{ \xi - \frac{\imath z}{2t} \mid R \leq \xi < +\infty \right\}$$

とすれば, コーシーの積分定理より

$$\int_{\Gamma} e^{-t\zeta^2} d\zeta = \int_{-R}^{R} e^{-t\xi^2} \, d\xi + \int_{|\xi|>R} e^{-t\left(\xi - \frac{\imath z}{2t}\right)^2} d\xi$$

$$+ \int_{-z/2t}^{0} e^{-t(-R+\imath\eta)^2} \, d\eta + \int_{0}^{-z/2t} e^{-t(R+\imath\eta)^2} \, d\eta$$

---

[25] 2 変数可積分関数は, 積分の順序を入れ換えても積分値が一致する.

$$= \int_{-R}^{R} e^{-t\xi^2}\, d\xi + \mathrm{I} + \mathrm{II} + \mathrm{III}$$

$t > 0$ を固定して $R \to \infty$ とするとき，$\mathrm{II}, \mathrm{III}$ が 0 に収束するのは容易である．一方，$|\mathrm{I}| \leq \int_{|\xi|>R} e^{-t\left(\xi^2 - \frac{z^2}{4t^2}\right)} d\xi \to 0$ も明らかなので，結局，

$$\int_{\mathbf{R}} e^{-t\zeta^2}\, d\zeta = \int_{-\infty}^{\infty} e^{-t\xi^2}\, d\xi = \frac{1}{\sqrt{t}} \int_{-\infty}^{\infty} e^{-s^2}\, ds$$

となる．ここで公式

$$\int_{-\infty}^{\infty} e^{-x^2}\, dx = \sqrt{\pi} \tag{II.245}$$

より $G(z,t) = \dfrac{e^{-z^2/4t}}{2\sqrt{\pi t}} = \left(\dfrac{1}{4\pi t}\right)^{1/2} e^{-z^2/4t}$ となり，(II.244) は

$$u(x,t) = \int_{\mathbf{R}} G(x-y, t) u_0(y)\, dy$$

と書くことができる．

半　群

n 次元のガウス核は

$$G(x, t) = \left(\frac{1}{4\pi t}\right)^{n/2} e^{-|x|^2/4t} \tag{II.246}$$

であり，拡散方程式は

$$u_t = \Delta u, \quad x \in \mathbf{R}^n,\ t > 0; \qquad u|_{t=0} = u_0(x) \tag{II.247}$$

の形をとる．$u(x,t)$ や $u_0(x)$ について 1 次元と同様の仮定をすれば

$$u(x,t) = \int_{\mathbf{R}^n} G(x-y, t) u_0(y)\, dy, \quad x \in \mathbf{R}^n,\ t > 0 \tag{II.248}$$

を導くことができる．ガウス核 (II.246) は (II.247) の**基本解**ともいわれる．

$G(z,t) > 0$，$(z,t) \in \mathbf{R}^n \times (0, +\infty)$ であるから，(II.248) において $u_0(x) \geq 0$，$x \in \mathbf{R}^n$ より $u(x,t) \geq 0$，$(x,t) \in \mathbf{R}^n \times (0, +\infty)$ となり，これから**順序保存**:

$$u_1(x) \geq u_2(x),\ x \in \mathbf{R}^n \implies u_1(x,t) \geq u_2(x,t),\ (x,t) \in \mathbf{R}^n \times (0, +\infty)$$

が導ける．ただし，$u_1(x,t), u_2(x,t)$ は (II.247) の初期値 $u_1(x), u_2(x)$ に対する解である．より精密には $u_0(x) \geq 0$，$u_0(x) \not\equiv 0$，$x \in \mathbf{R}^n$ から $u(x,t) > 0$，$x \in \mathbf{R}^n$ かつ $t > 0$ となり，特に，u_0 がコンパクト台をもっても $u(\cdot, t)$，$t > 0$

§3. 物理法則

はこの性質をもたない．このことは，拡散方程式 (II.247) が有限伝播性をもたないことを表す一方，**強順序保存性**

$$u_1(x) \geq u_2(x),\ u_1(x) \not\equiv u_2(x), \quad x \in \mathbf{R}^n$$
$$\implies u_1(x,t) > u_2(x,t), \quad (x,t) \in \mathbf{R}^n \times (0,\infty)$$

を導く．

次の事実は，ハウスドルフ・ヤングの不等式といわれる．

定理 3.3. $f \in L^1(\mathbf{R}^n)$, $g \in L^p(\mathbf{R}^n)$, $p \in [1,\infty]$ に対して，積分 (合成積)

$$(f * g)(x) = \int_{\mathbf{R}^n} f(x-y)g(y)\,dy$$

はほとんどすべての $x \in \mathbf{R}^n$ に対して絶対収束し

$$\|f * g\|_p \leq \|f\|_1 \cdot \|g\|_p \tag{II.249}$$

が成り立つ．

ここで $y \in \mathbf{R}^n$, $|y|^2 = y_1^2 + \cdots + y_n^2$ より

$$\int_{\mathbf{R}^n} e^{-|y|^2}\,dy = \left(\int_{\mathbf{R}} e^{-s^2}\,ds\right)^n = \pi^{n/2}$$

よって $t > 0$ に対して

$$\|G(\cdot,t)\|_1 = \int_{\mathbf{R}^n} G(x,t)\,dx = \left(\frac{1}{4\pi t}\right)^{n/2} \int_{\mathbf{R}^n} e^{-|x|^2/4t}\,dx$$
$$= \left(\frac{1}{4\pi t}\right)^{n/2} \cdot (4t)^{n/2} \int_{\mathbf{R}^n} e^{-|y|^2}\,dy = 1$$

したがって $u(x,t) = [G(\cdot,t) * u_0](x)$ より $\|u(\cdot,t)\|_p \leq \|u_0\|_p$, $p \in [1,\infty]$. すなわち，$u(\cdot,t) = T_t u_0$ に対して

$$\|T_t\|_{L^p(\mathbf{R}^n), L^p(\mathbf{R}^n)} \leq 1$$

ただし左辺は作用素ノルムである．このことは，$T_t : L^p(\mathbf{R}^n) \to L^p(\mathbf{R}^n)$ が縮小半群であることを示す．また，$u_0 \in L^p(\mathbf{R}^n)$ が連続でない場合でも $u(x,t) = (T_t u_0)(x)$ は $(x,t) \in \mathbf{R}^n \times (0,+\infty)$ について何回でも微分可能になる．この性質を平滑化という．一方，$f, g \in L^1(\mathbf{R})$ に対して

$$(f * g)(x) = \int_{\mathbf{R}} f(x-y)g(y)\,dy$$

がほとんどすべての $x \in \mathbf{R}$ で絶対収束し，$L^1(\mathbf{R})$ に属する．また

$$\mathcal{F}[f * g](\xi) = \mathcal{F}[f](\xi) \cdot \mathcal{F}[g](\xi) \tag{II.250}$$

が成り立つことから
$$T_t \circ T_s = T_{t+s}, \quad t, s \geq 0, \qquad T_0 = Id \qquad (\text{II.251})$$
となる．ただし，Id は恒等作用素である．実際，$\widehat{G}(\xi, t) = [\mathcal{F}G(\cdot, t)](\xi) = e^{-|\xi|^2 t}$ より $\widehat{G}(\xi, t) \cdot \widehat{G}(\xi, s) = e^{-|\xi|^2 (t+s)} = \widehat{G}(\xi, t+s)$ であり，このことから
$$\int_{\mathbf{R}^n} G(x-y, t) G(y, s) \, dy = G(x, t+s), \quad x \in \mathbf{R}^n, \ t, s > 0 \qquad (\text{II.252})$$
したがって (II.251) が得られる．(II.251) を**半群の性質**といい，(II.247) の解が一意に存在することからも導くことができる．また，次の定理も成り立つ．

定理 3.4. $p \in [1, \infty), u_0 \in L^p(\mathbf{R}^n)$ に対して
$$\lim_{t \downarrow 0} \|T_t u_0 - u_0\|_p = 0 \qquad (\text{II.253})$$
が成り立つ．

★**練習問題 II.18.** (II.233) の固有値を求め，固有関数が (II.234) で与えられることを示せ．

☆**研究課題 29.** $u_0 \in L^p(\mathbf{R}^n), 1 \leq p < \infty$ に対して (II.253) を示せ．

注意 II.17 (デルタ関数)．(II.246) でガウス核
$$G(x, t) = \left(\frac{1}{4\pi t}\right)^{n/2} e^{-|x|^2/4t}, \quad x \in \mathbf{R}^n, \ t > 0 \qquad (\text{II.254})$$
を導入し，$u_0 \in L^p(\mathbf{R}^n), p \in [1, \infty)$ に対して
$$[G(\cdot, t) * u_0](x) = \int_{\mathbf{R}^n} G(x-y, t) u_0(y) \, dy$$
で定められる $u(\cdot, t) = G(\cdot, t) * u_0$ が
$$\frac{\partial u}{\partial t} = \Delta u, \ x \in \mathbf{R}^n, \ t > 0, \quad \lim_{t \downarrow 0} \|u(t) - u_0\|_p = 0$$
を満たすことを示した．$\delta(x) = \lim_{t \downarrow 0} G(x, t)$ は何を表すと考えたらよいだろうか．形式的には
$$\int_{\mathbf{R}^n} G(x, t) \, dx = 1 \quad \Longrightarrow \quad \int_{\mathbf{R}^n} \delta(x) \, dx = 1$$
一方，$t \downarrow 0$ での各点収束の意味で
$$\delta(x) = \begin{cases} +\infty, & x = 0 \\ 0, & x \neq 0 \end{cases}$$
である．このような関数は存在しないが，仮想的に**ディラックのデルタ関数**とよばれている．今日では**超関数**のひとつとして数学的に正当化されている．

📖**文献** ([18])．第 5 章で，フーリエ変換の諸性質や複素積分を利用して熱方程式からガウス核 (熱核) を導き，その重要な性質である半群性について詳細に論じている．

§4. 多変数の微積分

スカラー場 $f = f(x)$ が化学物質の濃度を表すとき，走化性の性質をもつ生物はその勾配 $\nabla f(x)$ と比例する力を受けてその源に進む．もし，その生物がもう少し鋭敏な知覚をもつとすれば，そのとき等高面 $\{x \in \mathbf{R}^3 \mid f(x) = \text{定数}\}$ の曲率を認識するだろう．数学解析の基礎は微分と積分である．本節では多変数の微積分学と，そこから芽生える曲面論，とりわけ現代数学と現代物理学の源泉となる微分形式・共変微分を概観する．

§4.1 第 1 基本形式

勾配系 (II.54) やハミルトン系 (II.56) の解の挙動は，基底となるスカラー場 φ の等高線に大きく支配される．3 次元のスカラー場では臨界点を含まない等高面は曲面となる．x, y, z の 2 次多項式によって表示することができる曲面 (**2 次曲面**) は次のものに分類されることが知られている．ここで a, b, c, p, q は正定数である:

(1) 球　面 $x^2 + y^2 + z^2 = a^2$　　(2) 楕円面 $\dfrac{x^2}{a^2} + \dfrac{y^2}{b^2} + \dfrac{z^2}{c^2} = 1$

(3) 楕円・放物面 $\dfrac{x^2}{2p} + \dfrac{y^2}{2q} = z$　　(4) 一葉双曲面 $\dfrac{x^2}{a^2} + \dfrac{y^2}{b^2} - \dfrac{z^2}{c^2} = 1$

(5) 二葉双曲面 $\dfrac{x^2}{a^2} + \dfrac{y^2}{b^2} - \dfrac{z^2}{c^2} = -1$　(6) 双曲・放物面 $\dfrac{x^2}{2p} - \dfrac{y^2}{2q} = z$

パラメータ表示

一般の曲面は 2 つのパラメータを用いて表示できる:

$$\boldsymbol{x}(u, v) = {}^t(x_1(u, v), x_2(u, v), x_3(u, v))$$

パラメータ (u, v) は領域 $\Omega \subset \mathbf{R}^2$ の中を動き，$x = x(u, v) : \Omega \to \mathbf{R}^3$ を写像とみなせば，$x(\Omega) = \mathcal{M}$ が考えている曲面を表す．

$\mathcal{M}$ 上の近接する 2 点 $x(u, v)$, $x(u + \Delta u, v + \Delta v)$ の長さを Δs，ベクトル $a = x(u + \Delta u, v) - x(u, v)$, $b = x(u, v + \Delta v) - x(u, v)$ のつくる微小な平行四辺形の面積を ΔS，$\mathcal{M}$ の $x(u, v)$ における単位法ベクトルを n とする．最初に

$$\begin{aligned}
&\boldsymbol{x}(u + \Delta u, v + \Delta v) - \boldsymbol{x}(u, v) \\
&= [\boldsymbol{x}(u + \Delta u, v + \Delta v) - \boldsymbol{x}(u + \Delta u, v)] + [\boldsymbol{x}(u + \Delta u, v) - \boldsymbol{x}(u, v)] \\
&= \boldsymbol{x}_u(u, v + \Delta v)\Delta u + \boldsymbol{x}_v(u, v)\Delta v + o\left(\sqrt{\Delta u^2 + \Delta v^2}\right) \\
&= \boldsymbol{x}_u(u, v)\Delta u + \boldsymbol{x}_v(u, v)\Delta v + o\left(\sqrt{\Delta u^2 + \Delta v^2}\right)
\end{aligned}$$

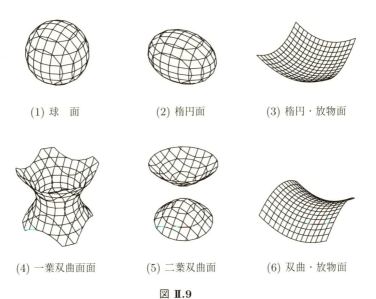

(1) 球　面　　(2) 楕円面　　(3) 楕円・放物面

(4) 一葉双曲面面　(5) 二葉双曲面　(6) 双曲・放物面

図 II.9

より
$$(\Delta s)^2 = |\boldsymbol{x}(u+\Delta u, v+\Delta v) - \boldsymbol{x}(u,v)|^2$$
$$= \left|\boldsymbol{x}_u \Delta u + \boldsymbol{x}_v \Delta v + o\left(\sqrt{\Delta u^2 + \Delta v^2}\right)\right|^2$$
$$= |\boldsymbol{x}_u \Delta u + \boldsymbol{x}_v \Delta v|^2 + o(\Delta u^2 + \Delta v^2)$$

したがって
$$(\Delta s)^2 = |\boldsymbol{x}_u|^2 \Delta u^2 + 2\boldsymbol{x}_u \cdot \boldsymbol{x}_v \Delta u \Delta v + |\boldsymbol{x}_v|^2 \Delta v^2 + o(\Delta u^2 + \Delta v^2)$$
(II.255)

ただし $\boldsymbol{x}_u = \boldsymbol{x}_u(u,v) = \dfrac{\partial \boldsymbol{x}}{\partial u}(u,v)$, $\boldsymbol{x}_v = \boldsymbol{x}_v(u,v) = \dfrac{\partial \boldsymbol{x}}{\partial v}(u,v)$ とする. (II.255)
を
$$ds^2 = E\,du^2 + 2F\,du dv + G\,dv^2$$
と表し, **第1基本形式**, また,
$$E = |\boldsymbol{x}_u|^2, \quad F = \boldsymbol{x}_u \cdot \boldsymbol{x}_v, \quad G = |\boldsymbol{x}_v|^2$$
を**第1基本量**という.

次に,
$$\boldsymbol{a} = \boldsymbol{x}(u+\Delta u, v) - \boldsymbol{x}(u,v) = \boldsymbol{x}_u(u,v)\Delta u + o(\Delta u)$$
$$\boldsymbol{b} = \boldsymbol{x}(u, v+\Delta v) - \boldsymbol{x}(u,v) = \boldsymbol{x}_v(u,v)\Delta v + o(\Delta v)$$

§4. 多変数の微積分

より
$$\Delta S = |\boldsymbol{a} \times \boldsymbol{b}| = |\boldsymbol{x}_u \times \boldsymbol{x}_v|\Delta u \Delta v + o(\Delta u^2 + \Delta v^2) \quad (\text{II}.256)$$
この (II.256) を
$$dS = |\boldsymbol{x}_u \times \boldsymbol{x}_v|\, du dv$$
と書き，**面積要素**という．また，$dS = (\boldsymbol{x}_u \times \boldsymbol{x}_v)\, du dv$ を**ベクトル面積要素**という．

最後に，$\boldsymbol{x}_u, \boldsymbol{x}_v$ は $\mathcal{M}$ に接するので
$$\boldsymbol{n} = \frac{\boldsymbol{x}_u \times \boldsymbol{x}_v}{|\boldsymbol{x}_u \times \boldsymbol{x}_v|}$$
である．$d\boldsymbol{x} = \boldsymbol{x}_u\, du + \boldsymbol{x}_v\, dv$ と書けば
$$ds^2 = d\boldsymbol{x} \cdot d\boldsymbol{x} = |\boldsymbol{x}_u|^2\, du^2 + 2\boldsymbol{x}_u \cdot \boldsymbol{x}_v\, du dv + |\boldsymbol{x}_v|^2\, dv^2$$
が自然に得られ，一方，$(\boldsymbol{a} \times \boldsymbol{b}) \cdot (\boldsymbol{c} \times \boldsymbol{d}) = (\boldsymbol{a} \cdot \boldsymbol{c})(\boldsymbol{b} \cdot \boldsymbol{d}) - (\boldsymbol{a} \cdot \boldsymbol{d})(\boldsymbol{b} \cdot \boldsymbol{c})$ より
$$|\boldsymbol{x}_u \times \boldsymbol{x}_v|^2 = (\boldsymbol{x}_u \times \boldsymbol{x}_v) \cdot (\boldsymbol{x}_u \times \boldsymbol{x}_v)$$
$$= (\boldsymbol{x}_u \cdot \boldsymbol{x}_u)(\boldsymbol{x}_v \cdot \boldsymbol{x}_v) - (\boldsymbol{x}_u \cdot \boldsymbol{x}_v)^2 = EG - F^2$$
となる．

平面が切断する曲面上の曲線によって**断面曲率**が定まり，平面を動かして断面曲率の変化をみると曲面上の平均曲率やガウス曲率を定めることができる．そのための準備として，本小節の残りでは基本的な平面曲線と空間曲線について述べる．

確認 (平面曲線)　　曲線は単独粒子の運動の記録である．平面曲線 $\mathcal{C}$ を $y = f(x)$ で表し，θ を $P(x,y) \in \mathcal{C}$ における $\mathcal{C}$ の接線の傾きとすれば，$\tan\theta = f'(x)$ である．$Q(x + \Delta x, y + \Delta y)$ に対しては $\Delta x \to 0$ で
$$\Delta y = f(x + \Delta x) - f(x) = f'(x)\Delta x + o(\Delta x)$$
したがって線分 PQ の長さは
$$\Delta s = (\Delta x^2 + \Delta y^2)^{1/2} = (1 + f'(x)^2)^{1/2}\Delta x + o(\Delta x) \quad (\text{II}.257)$$
これより $x = a$, $x = b$ で切り取られる $\mathcal{C}$ の長さは $\displaystyle\int_a^b \sqrt{1 + f'(x)^2}\, dx$ で与えられることがわかる．$Q(x + \Delta x, y + \Delta y)$ における $\mathcal{C}$ の接線の傾きを $\theta + \Delta\theta$ とする．この近接する 2 点 P, Q の接線を $90°$ 左に傾ければ $\mathcal{C}$ の 2 本の法線が得られ，$\Delta\theta$ はこの法線のなす角度と等しい．その交点 R を**曲率の中心**，$\displaystyle\lim_{\Delta s \to 0}\frac{\Delta\theta}{\Delta s} = \frac{1}{\rho}$ を $\mathcal{C}$ の $P = (\boldsymbol{x}(s))$ における**曲率**といい，ρ を**曲率半径**という (図 II.10)．

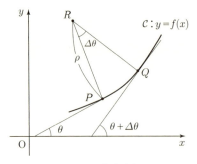
図 II.10 曲率半径 ρ

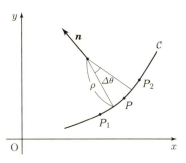
図 II.11 法ベクトル n

ρ を実際に計算するには

$$\tan(\theta + \Delta\theta) = f'(x + \Delta x) = f'(x) + f''(x)\Delta x + o(\Delta x)$$
$$= \tan\theta + f''(x)\Delta x + o(\Delta x)$$

を用いる. $\tan'\theta = \sec^2\theta = 1 + \tan^2\theta$ より

$$\tan(\theta + \Delta\theta) = \tan\theta + (1 + \tan^2\theta)\Delta\theta + o(\Delta\theta)$$

であるから $\lim_{\Delta x \to 0} \dfrac{\Delta\theta}{\Delta x} = \dfrac{f''(x)}{1 + f'(x)^2}$. これと (II.257), $\lim_{\Delta x \to 0} \dfrac{\Delta s}{\Delta x} = (1 + f'(x)^2)^{1/2}$ を組み合わせると

$$\frac{1}{\rho} = \frac{\lim_{\Delta x \to 0} \Delta\theta/\Delta x}{\lim_{\Delta x \to 0} \Delta s/\Delta x} = \frac{f''}{1 + f'^2} \cdot \frac{1}{(1 + f'^2)^{1/2}} = \frac{f''}{(1 + f'^2)^{3/2}}$$

であることがわかる. C 上の 1 点を固定し, C をその点からの C の長さ s (**弧長パラメータ**) で表示する: $\boldsymbol{x} = \boldsymbol{x}(s)$. このとき

$$\lim_{\Delta s \to 0} \frac{1}{\Delta s} |\boldsymbol{x}(s + \Delta s) - \boldsymbol{x}(s)| = \left|\frac{d\boldsymbol{x}}{ds}\right| = 1$$

であり, $\boldsymbol{t} = \dfrac{d\boldsymbol{x}}{ds}$ は点 $P = P(\boldsymbol{x}) \in C$ における C の単位接ベクトルである. $|\boldsymbol{t}|^2 = \boldsymbol{t} \cdot \boldsymbol{t} = 1$ より $\dfrac{d\boldsymbol{t}}{ds} \cdot \boldsymbol{t} = 0$. したがって $\dfrac{d\boldsymbol{t}}{ds}$ は C の P における単位**法ベクトル** $\boldsymbol{n}$ と平行である. 一方, $\boldsymbol{t}(s)$ と $\boldsymbol{t}(s + \Delta s)$ のなす角が $\Delta\theta$ で, これらのベクトルの長さは 1 なので, そのつくる扇形の円弧の長さを考えると, $|\boldsymbol{t}(s + \Delta s) - \boldsymbol{t}(s)| = \Delta\theta + o(\Delta\theta)$ で

$$\left|\frac{d\boldsymbol{t}}{ds}\right| = \lim_{\Delta s \to 0} \left|\frac{1}{\Delta s}(\boldsymbol{t}(s + \Delta s) - \boldsymbol{t}(s))\right| = \lim_{\Delta s \to 0} \left|\frac{\Delta\theta}{\Delta s}\right| = \left|\frac{1}{\rho}\right|$$

となる. そこで $\boldsymbol{n}$ を曲率の中心方向にとれば $\dfrac{d\boldsymbol{t}}{ds} = \dfrac{1}{\rho}\boldsymbol{n}$ が得られる. ◀

§4. 多変数の微積分

確認 (空間曲線)　空間曲線 $\mathcal{C}$ も定点からの弧長パラメータ s で表示することができる：$\boldsymbol{x} = \boldsymbol{x}(s)$. このとき，$\boldsymbol{t} = \dfrac{d\boldsymbol{x}}{ds}$ は $\mathcal{C}$ の $P = P(\boldsymbol{x}(s))$ における単位接ベクトルである．P を通り $\boldsymbol{t}$ と垂直な平面を**法平面**という．P をはさんで $P_1, P_2 \in \mathcal{C}$ を近くにとり，3点 P, P_1, P_2 が $P_1, P_2 \to P$ でつくる極限平面を $\mathcal{C}$ の $P \in \mathcal{C}$ における**接触平面**という．単位**主法ベクトル**は法平面と接触平面の交わり上にとり，その方向は後で定める．$\boldsymbol{t}, \boldsymbol{n}$ は直交する．$\boldsymbol{b} = \boldsymbol{t} \times \boldsymbol{n}$ を**陪法ベクトル**という．$P \in \mathcal{C}$ の近くで，$\mathcal{C}$ は接触平面上の円弧で近似される．その半径 (曲率半径) を ρ とし，$\boldsymbol{n}$ をその中心 (曲率の中心) の方向にとれば

$$\frac{d\boldsymbol{t}}{ds} = \frac{1}{\rho}\boldsymbol{n}$$

であり，$1/\rho$ を $P \in \mathcal{C}$ における $\mathcal{C}$ の**曲率**という．

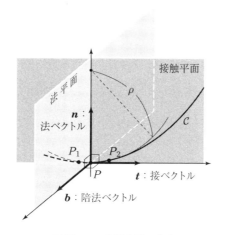

図 **II.12**　空間曲線の曲率

陪法ベクトルは $\mathcal{C}$ の捩れる方向に変化する．**捩率** τ は，大きさが $|\tau| = \left|\dfrac{d\boldsymbol{b}}{ds}\right|$ で，符号は次の関係から定める．すなわち $\boldsymbol{b} = \boldsymbol{t} \times \boldsymbol{n}$ より

$$\frac{d\boldsymbol{b}}{ds} = \frac{d\boldsymbol{t}}{ds} \times \boldsymbol{n} + \boldsymbol{t} \times \frac{d\boldsymbol{n}}{ds} = \frac{1}{\rho}\boldsymbol{n} \times \boldsymbol{n} + \boldsymbol{t} \times \frac{d\boldsymbol{n}}{ds} = \boldsymbol{t} \times \frac{d\boldsymbol{n}}{ds}$$

一方，$1 = |\boldsymbol{b}|^2 = \boldsymbol{b} \cdot \boldsymbol{b}$ より $\boldsymbol{b} \cdot \dfrac{d\boldsymbol{b}}{ds} = 0$．したがって $\dfrac{d\boldsymbol{b}}{ds}$ は $\boldsymbol{t}$ にも $\boldsymbol{b}$ にも直交する．これより τ をスカラーとして

$$\frac{d\boldsymbol{b}}{ds} = -\tau\boldsymbol{n}$$

とすることができる．最後に $\boldsymbol{n} = \boldsymbol{b} \times \boldsymbol{t}$ から

$$\frac{d\boldsymbol{n}}{ds} = \frac{d\boldsymbol{b}}{ds} \times \boldsymbol{t} + \boldsymbol{b} \times \frac{d\boldsymbol{t}}{ds} = -\tau\boldsymbol{n} \times \boldsymbol{t} + \boldsymbol{b} \times \frac{1}{\rho}\boldsymbol{n} = \tau\boldsymbol{b} - \frac{1}{\rho}\boldsymbol{t}$$

以上をまとめて
$$\frac{d\boldsymbol{t}}{ds} = \frac{1}{\rho}\boldsymbol{n}, \quad \frac{d\boldsymbol{n}}{ds} = -\frac{1}{\rho}\boldsymbol{t} + \tau\boldsymbol{b}, \quad \frac{d\boldsymbol{b}}{ds} = -\tau\boldsymbol{n}$$
をフレネ・セレの公式という. ◀

★練習問題 **II.19.** 曲面 $\mathcal{M}$ が関数 $z=z(u,v)$ のグラフ $\boldsymbol{x} = {}^t(u,v,z(u,v))$ であるとき, 第 1 基本量 E, F, G を $p = \dfrac{\partial z}{\partial u}, q = \dfrac{\partial z}{\partial v}$ で表せ.

☆研究課題 **30.** 曲面 $\boldsymbol{x}(u,v) = ((a+b\cos u)\cos v, (a+b\cos u)\sin v, b\sin u), 0 \leq u, v < 2\pi$ の概形を描け. ただし, $0 < b < a$ は定数である.

§4.2 第 2 基本形式

$\boldsymbol{x} = \boldsymbol{x}(u,v)$ を曲面 $\mathcal{M}$ のパラメータ表示とし, $\mathcal{C}$ をその曲線とする. $\mathcal{C}$ は弧長パラメータ s を用いて, $u=u(s), v=v(s)$, したがって $\boldsymbol{x} = \boldsymbol{x}(u(s), v(s))$ で表示される. 曲線 $\mathcal{C} \subset \mathcal{M}$ の点 $P \in \mathcal{C}$ における単位接ベクトルは
$$\boldsymbol{t} = \frac{d\boldsymbol{x}}{ds} = \boldsymbol{x}_u \frac{du}{ds} + \boldsymbol{x}_v \frac{dv}{ds} \tag{II.258}$$
で, $\rho_\mathcal{C}, \boldsymbol{n}_\mathcal{C}$ をそれぞれ $\mathcal{C}$ の点 $P \in \mathcal{C}$ における曲率半径, 単位主法ベクトルとすると
$$\frac{d\boldsymbol{t}}{ds} = \frac{1}{\rho_\mathcal{C}} \boldsymbol{n}_\mathcal{C}$$
である. $\boldsymbol{n}$ を曲面 $\mathcal{M}$ の点 $P \in \mathcal{M}$ における単位法ベクトル, $\psi_\mathcal{C}$ を $\boldsymbol{n}$ と $\boldsymbol{n}_\mathcal{C}$ のなす角とすると, $\cos\psi_\mathcal{C} = \boldsymbol{n} \cdot \boldsymbol{n}_\mathcal{C}$ より
$$\frac{\cos\psi_\mathcal{C}}{\rho_\mathcal{C}} = \boldsymbol{n} \cdot \frac{d\boldsymbol{t}}{ds}$$
である. (II.258) より
$$\frac{d\boldsymbol{t}}{ds} = \boldsymbol{x}_{uu}\left(\frac{du}{ds}\right)^2 + 2\boldsymbol{x}_{uv}\left(\frac{du}{ds}\right)\left(\frac{dv}{ds}\right) + \boldsymbol{x}_{vv}\left(\frac{dv}{ds}\right)^2$$
$$+ \boldsymbol{x}_u \frac{d^2 u}{ds^2} + \boldsymbol{x}_v \frac{d^2 v}{ds^2}$$
であり, 一方, $\boldsymbol{n} \cdot \boldsymbol{x}_u = \boldsymbol{n} \cdot \boldsymbol{x}_v = 0$ より
$$\boldsymbol{n} \cdot \frac{d\boldsymbol{t}}{ds} = \boldsymbol{n} \cdot \left\{ \boldsymbol{x}_{uu}\left(\frac{du}{ds}\right)^2 + 2\boldsymbol{x}_{uv}\left(\frac{du}{ds}\right)\left(\frac{dv}{ds}\right) + \boldsymbol{x}_{vv}\left(\frac{dv}{ds}\right)^2 \right\}$$
となる. この式を第 **2** 基本量 $L = \boldsymbol{x}_{uu} \cdot \boldsymbol{n}, M = \boldsymbol{x}_{uv} \cdot \boldsymbol{n}, N = \boldsymbol{x}_{vv} \cdot \boldsymbol{n}$ と第 1 基本形式 $ds^2 = E\,du^2 + 2F\,du\,dv + G\,dv^2$ を用いて

§4. 多変数の微積分

$$\frac{\cos\psi_{\mathcal{C}}}{\rho_{\mathcal{C}}} = L\left(\frac{du}{ds}\right)^2 + 2M\frac{du}{ds}\frac{dv}{ds} + N\left(\frac{dv}{ds}\right)^2$$

$$= \frac{L\,du^2 + 2M\,du\,dv + N\,dv^2}{E\,du^2 + 2F\,du\,dv + G\,dv^2}$$

と表示し，分子 $L\,du^2 + 2M\,du\,dv + N\,dv^2$ を**第 2 基本形式**という．無限小ベクトル $d\boldsymbol{v}$ の uv 座標で見た方向が $k = dv/du$ であり，これによって関係

$$\frac{\cos\psi_{\mathcal{C}}}{\rho_{\mathcal{C}}} = \frac{L + 2Mk + Nk^2}{E + 2Fk + Gk^2} \tag{II.259}$$

が得られる．

主曲率

(II.259) において，E, F, G, L, M, N は曲面 $\mathcal{M}$ 上の点 $P \in \mathcal{M}$ で定まり，一方，

$$\boldsymbol{t} = \frac{du}{ds}\boldsymbol{x}_u + \frac{dv}{ds}\boldsymbol{x}_v$$

より，$k = \dfrac{dv}{du} = \dfrac{dv/ds}{du/ds}$ は P と曲面 $\mathcal{C}$ の P における接ベクトル $\boldsymbol{t}$ で定まる．すなわち，$\boldsymbol{n}$, $\boldsymbol{t}$ のつくる平面 Σ が $\mathcal{M}$ から切り取る曲線を $\mathcal{C}'$ として (II.259) の左辺を定義したものは，もとのものと一致する：

$$\frac{\cos\psi_{\mathcal{C}'}}{\rho_{\mathcal{C}'}} = \frac{\cos\psi_{\mathcal{C}}}{\rho_{\mathcal{C}}}$$

$\mathcal{C}'$ の曲率の中心は Σ にあるので $\psi_{\mathcal{C}'} = 0$ または $\psi_{\mathcal{C}'} = \pi$ であり，$\mathcal{C}'$ の $P \in \mathcal{C}'$ の曲率半径 $\rho_{\mathcal{C}'}$ に対して $|R| = \rho_{\mathcal{C}'}$ となる実数 R を $(\psi_{\mathcal{C}'}, \rho_{\mathcal{C}'}) = (0, R)$ または $(\psi_{\mathcal{C}'}, \rho_{\mathcal{C}'}) = (\pi, -R)$ によって定めることができる．このとき

$$\frac{\cos\psi_{\mathcal{C}}}{\rho_{\mathcal{C}}} = \frac{\cos\psi_{\mathcal{C}'}}{\rho_{\mathcal{C}'}} = \frac{1}{R}$$

となる．以下，$1/R$ を $\mathcal{M}$ の，点 $P \in \mathcal{M}$ における方向 $\boldsymbol{t}$ の**法曲率**(または**断面曲率**) という．

方向 $\boldsymbol{t}$ を変化させたとき，法曲率が最大・最小となる $1/R$ を**主曲率**，そのときの $\boldsymbol{t}$ を**主方向**という．主曲率と対応する主方向はそれぞれ 2 つずつある．これらを求めるには (II.259) を k について微分して

$$\frac{d}{dk}\left(\frac{1}{R}\right) = \frac{d}{dk} \cdot \frac{L + 2Mk + Nk^2}{E + 2Fk + Gk^2} = 0 \tag{II.260}$$

とすればよい．この式から

$$\frac{1}{R}(F + Gk) = M + Nk \tag{II.261}$$

したがって
$$\frac{1}{R}(E + 2Fk + Gk^2) = L + 2Mk + Nk^2 \qquad (\mathrm{II}.262)$$
より
$$\frac{1}{R}(E + Fk) = L + Mk \qquad (\mathrm{II}.263)$$
もう一度 (II.261) より $k\left(\dfrac{G}{R} - N\right) + \left(\dfrac{F}{R} - M\right) = 0$. したがって
$$k = -\frac{F/R - M}{G/R - N}$$
またもう一度 (II.263) を用いて
$$\left(\frac{F}{R} - M\right)\left(\frac{F}{R} - M\right) - \left(\frac{E}{R} - L\right)\left(\frac{G}{R} - N\right) = 0 \qquad (\mathrm{II}.264)$$
すなわち, 2つの主曲率 $1/R_1$, $1/R_2$ は 2 次方程式 (II.264) の解である. これを
$$(EG - F^2)\frac{1}{R^2} - (GL + EN - 2FM)\frac{1}{R} + LN - M^2 = 0$$
と書くと, 解と係数の関係から
$$2H \equiv \frac{1}{R_1} + \frac{1}{R_2} = \frac{GL + EN - 2FM}{EG - F^2}$$
$$K \equiv \frac{1}{R_1} \cdot \frac{1}{R_2} = \frac{LN - M^2}{EG - F^2}$$
となる. これらの $2H, K$ をそれぞれ **平均曲率**, **ガウス曲率** という.

主方向

(II.260), (II.262) から k を消去すると (II.264) が得られるが, 逆に $1/R$ を消去すると 2つの主曲率 $1/R_1$, $1/R_2$ と対応する $k = k_1, k_2$ が満たす 2 次方程式を求めることもできる. これが
$$FL - EM + (GL - EN)k + (GM - FN)k^2 = 0 \qquad (\mathrm{II}.265)$$
で, この解 k_1, k_2 が **主方向** である. $k_1 = dv_1/du_1$, $k_2 = dv_2/du_2$ に対し,
$$d\boldsymbol{x}_1 = \boldsymbol{x}_u\, du_1 + \boldsymbol{x}_v\, dv_1, \quad d\boldsymbol{x}_2 = \boldsymbol{x}_u\, du_2 + \boldsymbol{x}_v\, dv_2$$
が対応する無限小ベクトルで, これから
$$d\boldsymbol{x}_1 \cdot d\boldsymbol{x}_2 = E\, du_1 du_2 + F(du_2 dv_1 + du_1 dv_2) + G\, dv_1 dv_2$$
$$= (E + F(k_1 + k_2) + Gk_1 k_2)\, du_1 du_2 \qquad (\mathrm{II}.266)$$
が得られる. 一方, (II.265) を用いると

§4. 多変数の微積分

$$k_1 + k_2 = -\frac{GL - EM}{GM - FN}, \qquad k_1 k_2 = \frac{FL - EM}{GM - FN}$$

であり，これから (II.266) の右辺は

$$E + F(k_1 + k_2) + G k_1 k_2$$
$$= \frac{(GM - FN)E - F(GL - EN) + G(FL - EM)}{GM - FN} = 0$$

したがって 2 つの主方向は直交する．

★**練習問題 II.20.** 単位球面を

$$\boldsymbol{x}(u,v) = {}^t(\sin u \cos v, \sin u \sin v, \cos u), \qquad (u,v) \in [0,\pi] \times [0, 2\pi)$$

で表すときの面積要素を表示し，その表示を用いて全表面積を求めよ．

☆**研究課題 31.** 曲面

$$\boldsymbol{x}(u,v) = ((a + b\cos u)\cos v, (a + b\cos u)\sin v, b\sin u), \qquad 0 \leq u, v < 2\pi$$

の全表面積を計算せよ．ただし $0 < b < a$ は定数である．

注意 II.18. ガウス曲率が正のときは 2 つの主曲率 $1/R_1, 1/R_2$ は同符号で，曲面は 1 つの片側に凸に見える．逆に負のときは鞍点の状態にある．第 1 基本量が曲面上の距離から定められるのに対し，第 2 基本量は法ベクトルという，曲面を外から見た量と関係する．しかしガウスは，ガウス曲率が第 1 基本形式 E, F, G で定まることを示した．これに基づいてリーマンは第 1 基本形式が定める計量をもつ高次元の幾何学的対象 (リーマン多様体) が存在するをことを明らかにした．後にアインシュタインは一般相対論を展開し，ミンコフスキーの協力のもとに "**擬リーマン多様体**" を宇宙像とする物理的世界観を確立した．平均曲率が 0 の曲面を**極小曲面**といい，石鹸膜でつくられる曲面がそれにあたる．また，平均曲率が定数の曲面は，異なる圧力のもとにおかれている風船のようなものである．3 次元に埋め込まれる平均曲率が一定の閉曲面で，球面と異なるものが存在することが証明されたのは 1980 年代半ばのことである．

§4.3 重積分・線積分

ガウスの発散公式は微積分学の基本定理の 3 次元版とみなせるが，これらを含む一連の積分定理がある．積分定理を用いると物理法則からさまざまな基礎方程式が導出され，それらは微分形式によって統一的に記述することができる．この小節と次の小節で，積分の定義と計算法，微積分学の基本定理に関連する諸公式を系統的に解説するが，本小節では最初にリーマン積分，重積分，逐次積分の基礎的事項を確認する．

確認 (リーマン積分)　　有限区間 $[a,b]$, $a<b$ で定義された関数 $f(x)$ に対し，そのリーマン積分

$$S = \int_a^b f(x)\,dx$$

は，リーマン近似和 S_Δ の $||\Delta|| \to 0$ での極限

$$\lim_{||\Delta||\to 0} S_\Delta = S \qquad (\text{II}.267)$$

である．ここで $\Delta : a = x_0 < x_1 < x_2 < \cdots < x_n = b$ は $[a,b]$ の分割であり，任意に定めた $\xi_j \in [x_{j-1}, x_j]$, $1 \leq j \leq n$ に対し，

$$S_\Delta = \sum_{j=1}^n f(\xi_j)\Delta x_j,\ \Delta x_j = x_j - x_{j-1}, \qquad ||\Delta|| = \max_{1\leq j \leq n} \Delta x_j$$

である．したがって $\xi = (\xi_1, \cdots, \xi_n)$ に対して $S_\Delta = S_{\Delta,\xi}$ であり，極限 (II.267) はこのような ξ のとり方に依存しないことも要請されている．したがって最初に S があり

$$\forall \varepsilon > 0,\ \exists \delta > 0 \quad \text{s.t.} \quad ||\Delta|| < \delta \implies \forall \xi,\ |S_{\Delta,\xi} - S| < \varepsilon$$

となることを意味する．$f(x)$ が連続関数である場合には順序構造に基づく"ダルブーの定理"と一様連続性が適用できて，このような強い収束が成り立つ．定義から $f(x) \geq 0$ のときは，曲線 $y = f(x)$, 3直線 $x = a$, $x = b$, $y = 0$ で囲まれた図形の面積を表す．$f(x)$ の符号が不定の場合は，$f(x) < 0$ に対応する部分の面積を負と考えたときの全体の面積の総和に等しい．　◀

確認 (重積分)　　$f(x, y)$ を平面上の有界閉領域 D で定義された連続関数とすると，(重) 積分

$$I = \iint_D f(x,y)\,dxdy$$

もリーマン近似和 I_Δ の $||\Delta|| \to 0$ での極限として定義することができる．ここで $f(x, y)$ は D の外で 0 とし，$\Delta = \{\omega_{j,k}\}$, $\omega_{jk} = (x_{j-1}, x_j) \times (y_{k-1}, y_k)$ は D の長方形分割による近似，$(\xi_j, \eta_k) \in \omega_{jk}$ に対し $\Delta x_j = x_j - x_{j-1}$, $\Delta y_k = y_k - y_{k-1}$,

$$I_\Delta = \sum_{j,k} f(\xi_j, \eta_k)\Delta x_j \Delta y_k, \qquad ||\Delta|| = \max_{1\leq j \leq n,\ 1 \leq k \leq m}\{\Delta x_j,\ \Delta y_k\}$$

である．$f(x, y) \geq 0$ のときは xyz 空間で曲面 $S: x = f(x,y)$, $(x, y) \in D$ の下にあり，xy 平面の領域 $D: (x, y) \in D$, $z = 0$ の上にある柱状領域の体積を表す．　◀

確認 (逐次積分)　　有限区間 $[a,b]$, $a < b$ で定義された連続関数 $\psi_1(x) \leq \psi_2(x)$ に対し，2曲線 $y = \psi_1(x)$, $y = \psi_2(x)$ および 2直線 $x = a$, $x = b$ で囲まれた有界領域を D とする．関数 $f(x, y)$ は D 上で連続とし，簡単のため $f(x,y) \geq 0$ のとすると，$I = \iint_D f(x,y)\,dxdy$ は xyz 空間で曲面 $S: z = f(x, y)$ より下，$(x, y) \in D, z = 0$ の上にある柱状領域の体積を表す．したがって，この物体を yz 平面に平行な多数の平面

§4. 多変数の微積分

で薄く切り,1つの平面 $x = x_j$ による断面積 $S(x_j), \Delta x_j = x_j - x_{j-1}$ に対して $\sum_j S(x_j)\Delta x_j$ の $\max_j \Delta x_j \to 0$ での極限と一致する.すなわち $I = \int_a^b S(x)\,dx$ である.一方,1次元のリーマン積分の定義から,各 $x \in [a,b]$ に対して $S(x) = \int_{\psi_1(x)}^{\psi_2(x)} f(x,y)\,dy$. したがって

$$I = \int_a^b \left[\int_{\psi_1(x)}^{\psi_2(x)} f(x,y)\,dy\right] dx$$

が成り立つ.右辺を**逐次積分**または**反復積分**という. ◀

線積分

C を空間内の曲線,P, Q をその端点とする.以後,C に向きを付けて考え,例えば,$P \to Q$ を C とするとき,$Q \to P$ を $-C$ と書く.P を基点とする弧長パラメータ s によって C を表示する:$C : \boldsymbol{x} = \boldsymbol{x}(s), 0 \leq s \leq a$. C 上のスカラー場 f は $f = f(\boldsymbol{x}(s)), 0 \leq s \leq a$ と表示できる.そこで

$$\int_0^a f(\boldsymbol{x}(s))\,ds = \int_C f\,ds$$

と書き,積分路 C に沿うスカラー場 f の**線積分**という.したがって $\int_C f\,ds$ は区間 $[0,a]$ の分割 $\Delta : s_0 = 0 < s_1 < s_2 < \cdots < s_{n-1} < s_n = a,\ \sigma_j \in [s_{j-1}, s_j]$ に対するリーマン近似和 $\sum_{j=1}^n f(\boldsymbol{x}(\sigma_j))\Delta s_j, \Delta s_j = s_j - s_{j-1}$ の,$\|\Delta\| = \max_{1 \leq j \leq n} \Delta s_j \to 0$ での極限と一致する.C を一般のパラメータ $t, b \leq t \leq c$ で表示した場合は $ds = |\boldsymbol{x}'(t)|\,dt$ より

$$\int_C f\,ds = \int_b^c f(\boldsymbol{x}(t))|\boldsymbol{x}'(t)|\,dt$$

となる.ただし,

$$|\boldsymbol{x}'(t)| = \sqrt{x_1'(t)^2 + x_2'(t)^2 + x_3'(t)^2}, \quad \boldsymbol{x}(t) = {}^t(x_1(t), x_2(t), x_3(t))$$

である.また,

$$\int_C f\,dx_i = \int_0^a f(\boldsymbol{x}(s))\frac{dx_i}{ds}\,ds, \quad i = 1, 2, 3$$

と書く.定義からこの値は,$\sum_{j=1}^n f(\boldsymbol{x}(\sigma_j))(x_i(s_j) - x_i(s_{j-1}))$ の $\|\Delta\| \to 0$ における極限に等しい.

保存力と仕事

曲線 C 上のベクトル場 $\boldsymbol{a} = \boldsymbol{a}(\boldsymbol{x}(s)), 0 \leq s \leq a$ に対し，$f = \boldsymbol{a} \cdot \dfrac{d\boldsymbol{x}}{ds}$ は C 上のスカラー場である．ただし s は弧長パラメータとする．このとき

$$\int_C f\, ds = \int_C \boldsymbol{a} \cdot d\boldsymbol{x}$$

と書く．定義からこの値は，$\sum_{j=1}^{n} \boldsymbol{a}(\boldsymbol{x}(\sigma_j)) \cdot (\boldsymbol{x}(s_j) - \boldsymbol{x}(s_{j-1}))$ の $\|\Delta\| \to 0$ における極限に等しい．ただし，$0 \leq s \leq a$ は弧長パラメータ，$\Delta : s_0 = 0 < s_1 < \cdots < s_n = a$ は区間 $[0,a]$ の分割，$\|\Delta\| = \max_{1 \leq j \leq n}(s_j - s_{j-1})$ は刻み巾，$s_{j-1} \leq \sigma_j \leq s_j$ である．一般に線積分

$$\int_C f\, ds, \quad \int_C f\, dx_i, \quad \int_C \boldsymbol{a} \cdot d\boldsymbol{x}$$

の端点 P, Q の他に積分路 C によって値が異なるが，C 上のスカラー場 f に対し

$$\int_C \nabla f \cdot d\boldsymbol{x} = \int_C \nabla f \cdot \frac{d\boldsymbol{x}}{ds}\, ds = \int_0^a \sum_{i=1}^{3} \frac{\partial f}{\partial x_i}(\boldsymbol{x}(s)) x_i'(s)\, ds$$
$$= \int_0^a \frac{d}{ds} f(\boldsymbol{x}(s))\, ds = f(\boldsymbol{x}(a)) - f(\boldsymbol{x}(0)) = f(Q) - f(P)$$

が成り立つ．特に C が閉曲線，すなわち $P = Q$ のときは

$$\int_C \nabla f \cdot d\boldsymbol{x} = 0 \tag{II.268}$$

となる．一般に，$-\displaystyle\int_C \boldsymbol{a} \cdot d\boldsymbol{x}$ は力 $\boldsymbol{a}$ に抗して C 上の点 P から点 Q に質点を移動させるときの**仕事量**を表す．(II.268) は，保存力のもとで，ある点から出発してその点に戻ってきたときは仕事量が 0 であることを示している．

●**例題 4.1**（グリーンの公式）．$D = (a,b) \times (c,d)$ を平面上の長方形領域，$\boldsymbol{a} = {}^t(a_1(x,y), a_2(x,y))$ を $\overline{D}$ 上の連続微分可能ベクトル場，C を ∂D を反時計回りに一周する閉曲線とすると ($\overline{D}, \partial D$ については注意 II.18)

$$\int_C a_1\, dx = -\iint_D \frac{\partial a_1}{\partial y}\, dxdy, \quad \int_C a_2\, dy = \iint_D \frac{\partial a_2}{\partial x}\, dxdy \tag{II.269}$$

解答：C を $C_1 : y = c,\ a \leq x \leq b$，$C_2 : x = b,\ c \leq y \leq d$，$C_3 : y = d,\ b \geq x \geq a$，$C_4 : x = a,\ d \geq y \geq c$ に分割する．C_2, C_4 上で $dx = 0$ より

$$\int_C a_1\, dx = \int_{C_1} a_1\, dx + \int_{C_3} a_1\, dx = \int_a^b a_1(x,c)\, dx - \int_a^b a_1(x,d)\, dx$$

一方，

§4. 多変数の微積分

$$-\iint_D \frac{\partial a_1}{\partial y}\,dxdy = -\int_a^b \left[\int_c^d \frac{\partial a_1}{\partial y}\,dy\right]dx = -\int_a^b \left[a_1(x,y)\right]_{y=c}^{y=d} dx$$

$$= -\int_a^b a_1(x,d)\,dx + \int_a^b a_1(x,c)\,dx$$

したがって，$\int_C a_1\,dx = -\iint_D \frac{\partial a_1}{\partial y}\,dxdy$．後半も同様に

$$\int_C a_2\,dy = \int_{C_2} a_2\,dy + \int_{C_4} a_2\,dy = \int_c^d \left[a_2(b,y) - a_2(a,y)\right]dy$$

$$= \int_c^d \left[\int_a^b \frac{\partial a_2}{\partial x}\,dx\right]dy = \iint_D \frac{\partial a_2}{\partial x}\,dxdy \qquad \square$$

定理 4.1. C を反時計回りの平面上の単一閉曲線，D を C の囲む領域，$\boldsymbol{a} = {}^t(a_1(x,y), a_2(x,y))$ を $\overline{D}$ を含む領域上の連続微分可能ベクトル場とすると

$$\int_C (a_1\,dx + a_2\,dy) = \iint_D \left(-\frac{\partial a_1}{\partial y} + \frac{\partial a_2}{\partial x}\right)dxdy \qquad (\text{II}.270)$$

証明： D を長方形の分割によって近似し，各長方形においてグリーンの公式 (II.269) を適用する：

$$\int_{C_i} (a_1\,dx + a_2\,dy) = \iint_{D_i} \left(-\frac{\partial a_1}{\partial y} + \frac{\partial a_2}{\partial x}\right)dxdy$$

両辺を i について加えると，左辺において隣り合う長方形の共通の辺上の線積分がキャンセルする．極限移行を行うと，(II.270) が得られる． $\square$

領域 D の境界が 2 つ以上の単一閉曲線からなる場合も (II.270) が成り立つ．ただし，線積分は領域 D を左手に見ながら進む方向をとる．すなわち，D の外側の境界を C_0，中の境界を $C_1, \cdots, C_n$ をすべて反時計回りとすると

$$C = C_0 - C_1 - \cdots - C_n$$

である．

一般に領域 D は，その中の任意の閉曲線が D 内で連続的に変形して 1 点に縮めることができるとき，**単連結**であるという．平面上の単連結領域は単一閉曲線の囲む領域である．なお，空間内では，境界が連結していても単連結でない領域が存在する．

★**練習問題 II.21.** $C : x^2 + y^2 = 1$ に対し，線積分

$$I = \int_C \{(2xe^y - 3x^2y - y^3)\,dx + (x^2 e^y + \cos y)\,dy\}$$

をグリーンの公式によって求めよ．

☆研究課題 32. xy 平面で C_1 を x 軸上の線分 $[-1,1]$, C_2 を $(-1,0)$, $(1,0)$ を上半平面 $y > 0$ で時計回りする半径 1 の円弧とする。$I_1 = \int_{C_1} (x+y)\,ds$, $I_2 = \int_{C_2} (x+y)\,ds$ を求めよ。

注意 II.19 (位相). 積分定理の付帯条件として,$\mathbf{R}^n$ の点集合に関するいくつかの用語が現れる。最初に $\boldsymbol{x}_0 \in \mathbf{R}^3$ を中心とし,半径 $r > 0$ の球を
$$B(\boldsymbol{x}_0, r) = \{\boldsymbol{x} \in \mathbf{R}^3 \mid |\boldsymbol{x} - \boldsymbol{x}_0| < r\}$$
と書く。点 $\boldsymbol{x}_0$ が集合 $A \subset \mathbf{R}^3$ の**内点**であるとは,$B(\boldsymbol{x}_0, r) \subset A$ となる $r > 0$ が存在することである。属するすべての点が内点となる集合を**開集合**という。空集合 $\emptyset$ を開集合とし,適当な開集合 U, V が $U \neq \emptyset$, $V \neq \emptyset$, $U \cap V = \emptyset$, $A \subset U \cup V$ を満たすとき A は**連結**でないといい,そうならないとき A は**連結**であるという。連結開集合を**領域**という。十分大きな $R > 0$ に対して $A \subset B(0, R)$ であるとき,集合 A は**有界**であるという。A^c を集合 A の補集合とし,$\boldsymbol{x}_0 \in \mathbf{R}^3$ はすべての $r > 0$ に対して $B(\boldsymbol{x}_0, r) \cap A \neq \emptyset$, $B(\boldsymbol{x}_0, r) \cap A^c \neq \emptyset$ であるとき A の**境界点**といい,境界点全体 ∂A を A の**境界**。さらに $\overline{A} = A \cup \partial A$ を A の**閉包**という。

§4.4 面積分・体積分

$S : \boldsymbol{r} = \boldsymbol{r}(u, v) \in \mathbf{R}^3$, $(u, v) \in D \subset \mathbf{R}^2$ を曲面のパラメータ表示,ϕ を S 上のスカラー場とする:$\phi = \phi(\boldsymbol{r}(u, v))$。このとき
$$\iint_D \phi(\boldsymbol{r}(u,v)) |\boldsymbol{r}_u \times \boldsymbol{r}_v|\,dudv = \iint_S \phi\,dS \qquad (\text{II}.271)$$
と書き,曲面 S 上のスカラー場 ϕ の**面積分**という。$dS = |\boldsymbol{r}_u \times \boldsymbol{r}_v|\,dudv$ は S の面積要素で,S を u, v 座標を用いて分割した微小な平行四辺形の面積 ΔS_i を無限小で近似する。したがって,$\iint_S \phi\,dS$ はリーマン近似和 $\sum_i \phi(\boldsymbol{r}(u_i, v_i))\Delta S_i$ の,分割を細かくしたときの極限である。

S 上のベクトル場は $\boldsymbol{a} = \boldsymbol{a}(\boldsymbol{r}(u,v))$ と表すことができる。(II.271) と同様に
$$\iint_D \boldsymbol{a}(\boldsymbol{r}(u,v)) \cdot (\boldsymbol{r}_u \times \boldsymbol{r}_v)\,dudv = \iint_S \boldsymbol{a} \cdot d\boldsymbol{S}$$
を曲面 S 上のベクトル場 $\boldsymbol{a}$ の**面積分**という。$\boldsymbol{n} = \dfrac{\boldsymbol{r}_u \times \boldsymbol{r}_v}{|\boldsymbol{r}_u \times \boldsymbol{r}_v|}$ は S の単位法ベクトル,$d\boldsymbol{S} = \boldsymbol{n}\,dS$ であるので
$$\iint_S \boldsymbol{a} \cdot d\boldsymbol{S} = \iint_S (\boldsymbol{a} \cdot \boldsymbol{n})\,dS$$
である。曲面 S 上の法ベクトル $\boldsymbol{n}$ は S に対してどちら側にとるかによって正

§4. 多変数の微積分　　　　　　　　　　　　　　　　　　　　　　　　149

負2つあり，パラメータのとり方により向きが逆になる可能性がある．§4.7で定めるように，S上で$\boldsymbol{n}$の正負の区別が大域的につけられない曲面を**向き付け不能な曲面**という．また，境界のない曲面を**閉曲面**という．「クラインの壺」は向き付け不能な閉曲面の例である．

曲面の法ベクトル$\boldsymbol{n}$と，標準基底$\boldsymbol{i}, \boldsymbol{j}, \boldsymbol{k}$のなす角をそれぞれ$\alpha, \beta, \gamma$とすれば
$$\boldsymbol{n} \cdot \boldsymbol{i} = \cos\alpha, \quad \boldsymbol{n} \cdot \boldsymbol{j} = \cos\beta, \quad \boldsymbol{n} \cdot \boldsymbol{k} = \cos\gamma$$
$$\boldsymbol{n} = \cos\alpha\, \boldsymbol{i} + \cos\beta\, \boldsymbol{j} + \cos\gamma\, \boldsymbol{k}$$
であり，ベクトル場$\boldsymbol{a} = {}^t(a_1, a_2, a_3)$を成分表示とすると
$$\iint_S \boldsymbol{a} \cdot d\boldsymbol{S} = \iint_S (a_1 \cos\alpha + a_2 \cos\beta + a_3 \cos\gamma)\, dS$$
となる．dSのxy平面への射影$\cos\gamma\, dS$を$dx \wedge dy$と書く（$\wedge$はウェッジと読む）．$dy \wedge dz, dz \wedge dx$も同様に定めると
$$\iint_S \boldsymbol{a} \cdot d\boldsymbol{S} = \iint_S (a_1\, dy \wedge dz + a_2\, dz \wedge dx + a_3\, dx \wedge dy)$$
となる．$dx \wedge dy = dxdy, \cdots$と書くこともある．

定理 4.2 (ストークスの公式). Cを空間内の滑らかな単一閉曲線，$\mathcal{M}$をCを境界とする滑らかな曲面，$\boldsymbol{a}$を$\overline{\mathcal{M}}$上の連続微分可能なベクトル場とすると
$$\int_C \boldsymbol{a} \cdot d\boldsymbol{x} = \iint_{\mathcal{M}} (\nabla \times \boldsymbol{a}) \cdot d\boldsymbol{S} \tag{II.272}$$
が成り立つ．ただし，曲面Sの法ベクトルは曲線Cを右ねじにまわすときに進む方向にとる．

証明： 成分で書けば
$$\int_C (a_1\, dx + a_2\, dy + a_3\, dz) = \iint_{\mathcal{M}} \left\{ \left(\frac{\partial a_3}{\partial y} - \frac{\partial a_2}{\partial z}\right) dy \wedge dz \right.$$
$$\left. + \left(\frac{\partial a_1}{\partial z} - \frac{\partial a_3}{\partial x}\right) dz \wedge dx + \left(\frac{\partial a_2}{\partial x} - \frac{\partial a_1}{\partial y}\right) dx \wedge dy \right\}$$
であり，Cも$\mathcal{M}$もxy平面上にあるときは$dz = 0\; dx \wedge dy = dxdy$なので
$$\int_C (a_1\, dx + a_2\, dy) = \iint_{\mathcal{M}} \left(-\frac{\partial a_1}{\partial y} + \frac{\partial a_2}{\partial x}\right) dxdy$$
となり，グリーンの公式にほかならない．したがって，ストークスの公式 (II.272) はCも$\mathcal{M}$もxy平面にあるときは成り立つ．この公式の両辺は座標軸のとり方によらないので，xy平面に限らず$C, \mathcal{M}$が空間内の同一平面に含まれているときは成立する．

一般の場合には$\mathcal{M}$を微小な長方形で分割する．微小な長方形はある平面に含まれているものとみなすことができる．各長方形において公式を適用して加え合わせれば，左辺の内部境界における線積分はキャンセルする．そこで極限移行すればよい．　□

ストークスの公式を用いると，(II.268) は次の意味で逆が成り立つことがわかる．

定理 4.3 (ストークスの定理). $D \subset \mathbf{R}^3$ を単連結領域とする．D 上の C^1 ベクトル場 $\boldsymbol{a}$ に対して次は互いに同値である：

(1) $\nabla \times \boldsymbol{a} = 0$

(2) 任意の閉曲線 C に対して $\int_C \boldsymbol{a} \cdot d\boldsymbol{x} = 0$．

(3) 固定した点 P_0，$P \in D$ に対して $\int_{P_0}^P \boldsymbol{a} \cdot d\boldsymbol{x}$ は積分路のとり方によらない．

(4) スカラー場 ϕ が存在して $\boldsymbol{a} = \nabla \phi$．

証明： (1) $\Rightarrow$ (2)．D は単連結なので，曲線 C を境界とする曲面 $\mathcal{M}$ を D 内にとることができる．このときストークスの公式から $\int_C \boldsymbol{a} \cdot d\boldsymbol{x} = \iint_{\mathcal{M}} (\nabla \times \boldsymbol{a}) \cdot d\boldsymbol{S} = 0$．

(2) $\Rightarrow$ (3)．P_0, P_1 を通る任意の積分路 C_1, C_2 に対し，$C = C_1 - C_2$ は閉曲線．仮定より $0 = \int_C \boldsymbol{a} \cdot d\boldsymbol{x} = \int_{C_1} \boldsymbol{a} \cdot d\boldsymbol{x} - \int_{C_2} \boldsymbol{a} \cdot d\boldsymbol{x}$．よって $\int_{C_1} \boldsymbol{a} \cdot d\boldsymbol{x} = \int_{C_2} \boldsymbol{a} \cdot d\boldsymbol{x}$．

(3) $\Rightarrow$ (4)．$P_0 \in D$ を固定する．仮定から $\phi(P) = \int_{P_0}^P \boldsymbol{a} \cdot d\boldsymbol{x}$ は一価関数．$P(x,y,z)$，$Q(x + \Delta x, y, z)$，$\boldsymbol{a} = {}^t(a_1, a_2, a_3)$ とすると

$$\phi(x + \Delta x, y, z) - \phi(x, y, z) = \int_P^Q \boldsymbol{a} \cdot d\boldsymbol{x} = \int_x^{x + \Delta x} a_1 \, dx$$

よって $\dfrac{\partial \phi}{\partial x} = a_1$．同様に，$\dfrac{\partial \phi}{\partial y} = a_2$，$\dfrac{\partial \phi}{\partial z} = a_3$ となる．

(4) $\Rightarrow$ (1)．直接計算より $\nabla \times \boldsymbol{a} = \nabla \times (\nabla \phi) = 0$． □

定理 4.4 (発散公式). 滑らかな閉曲面 $\mathcal{M}$ によって囲まれる領域を $V \subset \mathbf{R}^3$ とし，$\boldsymbol{a}$ を $\overline{V}$ 上の連続微分可能ベクトル場とすると

$$\iint_{\mathcal{M}} \boldsymbol{a} \cdot \boldsymbol{n} \, dS = \iiint_V \nabla \cdot \boldsymbol{a} \, dV \qquad (\text{II}.273)$$

が成り立つ．ただし $dV = dxdydz$ である．

証明： グリーンの公式と同じように，V を直方体の分割によって近似する．各直方体上で公式を証明しておけば，面積分は内部境界でキャンセルしあって，極限移行すれば (II.273) が得られる．V が $z = a$，$z = b$ で囲まれた直方体，$\mathcal{M}_1, \mathcal{M}_2$ を $z = a$，$z = b$ 上にある V の境界，$\boldsymbol{n} = n_1 \boldsymbol{i} + n_2 \boldsymbol{j} + n_3 \boldsymbol{k}$ とすると

$$\iint_{\mathcal{M}} a_3 n_3 \, dS = \iint_{\mathcal{M}_2} a_3 \, dS - \iint_{\mathcal{M}_1} a_3 \, dS$$

$$= \iint_D (a_3(x,y,b) - a_3(x,y,a))\,dxdy$$
$$= \iint_D \left[\int_a^b \frac{\partial a_3}{\partial z}\,dz\right] dxdy = \iiint_V \frac{\partial a_3}{\partial z}\,dV$$

同様にして
$$\iint_{\mathcal{M}} a_1 n_1\,dS = \iiint_V \frac{\partial a_1}{\partial x}\,dV, \qquad \iint_{\mathcal{M}} a_2 n_2\,dS = \iiint_V \frac{\partial a_2}{\partial y}\,dV$$

よって
$$\iint_{\mathcal{M}} \boldsymbol{a}\cdot\boldsymbol{n}\,dS = \iint_{\mathcal{M}} (a_1 n_1 + a_2 n_2 + a_3 n_3)\,dV$$
$$= \iiint_V \left(\frac{\partial a_1}{\partial x} + \frac{\partial a_2}{\partial y} + \frac{\partial a_3}{\partial z}\right) dV$$
$$= \iiint_V \nabla\cdot\boldsymbol{a}\,dV \qquad \square$$

●例題 4.2. 重積分の変換公式を面積分を用いて表せ．

解答： 面積分の定義から，曲面 S が xy 平面上にあるときは，面積分 $\iint_S \varphi\,dS$ は重積分 $\iint_S \varphi\,dxdy$ にほかならない．この場合 $\boldsymbol{r} = {}^t(x,y,0)$, $\boldsymbol{r} = \boldsymbol{r}(u,v)$ より，$x = x(u,v)$, $y = y(u,v)$ となり，$\boldsymbol{r}_u = {}^t(x_u, y_u, 0)$, $\boldsymbol{r}_v = {}^t(x_v, y_v, 0)$, $\boldsymbol{r}_u\times\boldsymbol{r}_v = {}^t(0, 0, x_u y_v - x_v y_u)$ であるので

$$\iint_D \varphi(x(u,v), y(u,v))|x_u y_v - x_v y_u|\,dudv = \iint_S \varphi(x,y)\,dxdy \qquad (\text{II}.274)$$

となる． $\square$

一般に，変換 $x = x(u,v)$, $y = y(u,v)$ に対して行列
$$J = \begin{pmatrix} \frac{\partial x}{\partial u} & \frac{\partial x}{\partial v} \\ \frac{\partial y}{\partial u} & \frac{\partial y}{\partial v} \end{pmatrix}$$

をそのヤコビ行列．$\det J = x_u y_v - x_v y_u$ をヤコビアンといい，$|J| = \dfrac{\partial(x,y)}{\partial(u,v)}$ と書く．(II.274) は

$$\iint_S \varphi(x,y)\,dxdy = \iint_D \varphi(x(u,v), y(u,v))\left|\frac{\partial(x,y)}{\partial(u,v)}\right| dudv$$

と書き直せる．これが**重積分の変数変換の公式**である．三重積分 (体積分) の場合も同様で，変換 $x = x(u,v,w)$, $y = y(u,v,w)$, $z = z(u,v,w)$ によって 3 次元空間内の領域 V が G に写ったものとすると

$$\iiint_G \varphi(x,y,z)\,dxdydz$$
$$= \iiint_V \varphi(x(u,v,w), y(u,v,w), z(u,v,w)) \left|\frac{\partial(x,y,z)}{\partial(u,v,w)}\right| dudvdw$$

となる．ここで

$$\frac{\partial(x,y,z)}{\partial(u,v,w)} = \det \begin{pmatrix} \frac{\partial x}{\partial u} & \frac{\partial x}{\partial v} & \frac{\partial x}{\partial w} \\ \frac{\partial y}{\partial u} & \frac{\partial y}{\partial v} & \frac{\partial y}{\partial w} \\ \frac{\partial z}{\partial u} & \frac{\partial z}{\partial v} & \frac{\partial z}{\partial w} \end{pmatrix}$$

である．

★練習問題 II.22. $\mathcal{M}$ を単位球面の上半分，C をその境界，$\boldsymbol{a} = -y\boldsymbol{i} + x\boldsymbol{j} + z\boldsymbol{k}$ とする．面積分 $\iint_\mathcal{M} \nabla \times \boldsymbol{a} \cdot d\boldsymbol{S}$，線積分 $\int_C \boldsymbol{a} \cdot d\boldsymbol{x}$ を直接計算して，両者が等しいことを示せ．

☆研究課題 33. 平面極座標 $x = r\cos\theta$, $y = r\sin\theta$, $0 \le r < \infty$, $0 \le \theta < 2\pi$ に対してヤコビアンを求め，重積分 $I = \int_{x^2+y^2 \le 1} \sqrt{4(x^2+y^2)+1}\,dxdy$ を計算せよ．

§4.5 微分形式

ガウスの発散公式

$$\iiint_V \nabla \cdot \boldsymbol{a}\,dxdydz = \iint_S \boldsymbol{a} \cdot d\boldsymbol{S} \tag{II.275}$$

をベクトル場 $\boldsymbol{a} = {}^t(f,g,h)$ の成分で書くと

$$\iiint_V \left(\frac{\partial f}{\partial x} + \frac{\partial g}{\partial y} + \frac{\partial h}{\partial z}\right) dxdydz$$
$$= \iint_S (f\,dy \wedge dz + g\,dz \wedge dx + h\,dx \wedge dy) \tag{II.276}$$

となる．同様に，ストークスの公式

$$\iint_S \nabla \times \boldsymbol{a} \cdot d\boldsymbol{S} = \int_C \boldsymbol{a} \cdot d\boldsymbol{r} \tag{II.277}$$

は

$$\iint_S \left(\frac{\partial h}{\partial y} - \frac{\partial g}{\partial z}\right) dy \wedge dz + \left(\frac{\partial f}{\partial z} - \frac{\partial h}{\partial x}\right) dz \wedge dx + \left(\frac{\partial g}{\partial x} - \frac{\partial f}{\partial y}\right) dx \wedge dy$$
$$= \int_C (f\,dx + g\,dy + h\,dz) \tag{II.278}$$

と表すことができる．(II.276)–(II.278) を統一的に記述するため，関数 f を 0 次

§4. 多変数の微積分

微分形式, $f\,dx+g\,dy+h\,dz$, $f\,dy\wedge dz+g\,dz\wedge dx+h\,dx\wedge dy$, $f\,dx\wedge dy\wedge dz$ をそれぞれ 1 次, 2 次, 3 次の微分形式とし, $x=x_1, y=x_2, z=x_3$ と書くことにする. このとき, 微分形式にはいくつかの演算を定義することができる.

○例 4.1 (外積). 外積は, $\wedge$ を
$$dx_i \wedge dx_j = -dx_j \wedge dx_i, \quad i,j=1,2,3 \tag{II.279}$$
を満たす演算子とみなしたものである. 特に
$$dx_i \wedge dx_i = 0 \tag{II.280}$$
が成り立つ. 2 つの 1 次微分形式 $\omega_1 = \sum_{i=1}^{3} P_i\,dx_i$, $\omega_2 = \sum_{i=1}^{3} Q_i\,dx_i$ に対して自然に
$$\omega_1 \wedge \omega_2 = \sum_{i,j=1}^{3} P_i Q_j\,dx_i \wedge dx_j$$
が定義される. 上の規則から 3 次元ベクトルの外積の計算と同様にして
$$\omega_1 \wedge \omega_2 = (P_2 Q_3 - P_3 Q_2)\,dx_2 \wedge dx_3 + (P_3 Q_1 - P_1 Q_3)\,dx_3 \wedge dx_1$$
$$+ (P_1 Q_2 - P_2 Q_1)\,dx_1 \wedge dx_2 \tag{II.281}$$
が得られる. 次に, 1 次微分形式 $\omega_1 = \sum_{i=1}^{3} P_i\,dx_i$, 2 次微分形式 $\omega_2 = Q_1\,dx_2 \wedge dx_3 + Q_2\,dx_3 \wedge dx_1 + Q_3\,dx_1 \wedge dx_2$ に対しては, (II.279)–(II.280) より
$$\omega_1 \wedge \omega_2 = (P_1\,dx_1 + P_2\,dx_2 + P_3\,dx_3) \wedge (Q_1\,dx_2 \wedge dx_3$$
$$+ Q_2\,dx_3 \wedge dx_1 + Q_3\,dx_1 \wedge dx_2)$$
$$= (P_1 Q_1 + P_2 Q_2 + P_3 Q_3)\,dx_1 \wedge dx_2 \wedge dx_3$$
が得られる.

○例 4.2 (外微分). 外微分 d は次のように定義される. 最初に 0 次微分形式である関数 f に対しては
$$df = \frac{\partial f}{\partial x}\,dx + \frac{\partial f}{\partial y}\,dy + \frac{\partial f}{\partial z}\,dz \tag{II.282}$$
と定める. この規則から, 1 次微分形式 $\omega = P\,dx + Q\,dy + R\,dz$ については
$$d\omega = dP \wedge dx + dQ \wedge dy + dR \wedge dz$$
$$= \left(\frac{\partial P}{\partial x}dx + \frac{\partial P}{\partial y}dy + \frac{\partial P}{\partial z}dz\right) \wedge dx + \left(\frac{\partial Q}{\partial x}dx + \frac{\partial Q}{\partial y}dy + \frac{\partial Q}{\partial z}dz\right) \wedge dy$$
$$+ \left(\frac{\partial R}{\partial x}dx + \frac{\partial R}{\partial y}dy + \frac{\partial R}{\partial z}dz\right) \wedge dz$$
したがって

$$d\omega = \left(\frac{\partial R}{\partial y} - \frac{\partial Q}{\partial z}\right) dy \wedge dz + \left(\frac{\partial P}{\partial z} - \frac{\partial R}{\partial x}\right) dz \wedge dx$$
$$+ \left(\frac{\partial Q}{\partial x} - \frac{\partial P}{\partial y}\right) dx \wedge dy \qquad (\text{II}.283)$$

となる.また,2次微分形式 $\theta = P\,dy \wedge dz + Q\,dz \wedge dx + R\,dx \wedge dy$ についても同様に

$$d\theta = dP \wedge dy \wedge dz + dQ \wedge dz \wedge dx + dR \wedge dx \wedge dy$$
$$= \left(\frac{\partial P}{\partial x} + \frac{\partial Q}{\partial y} + \frac{\partial R}{\partial z}\right) dx \wedge dy \wedge dz$$

○例 4.3 (双対演算). 双対演算 (ホッジ作用素) "$*$" は次のように定義される:
(1) 0次微分形式 f に対しては3次微分形式 $*f = f\,dx \wedge dy \wedge dz$.
(2) 1次微分形式 $\omega = P\,dx + Q\,dy + R\,dz$ に対しては2次微分形式 $*\omega = P\,dy \wedge dz + Q\,dz \wedge dx + R\,dx \wedge dy$.
(3) 2次微分形式 $\theta = P\,dy \wedge dz + Q\,dz \wedge dx + R\,dx \wedge dy$ に対しては1次微分形式 $*\theta = P\,dx + Q\,dy + R\,dz$.
(4) 3次微分形式 $f\,dx \wedge dy \wedge dz$ に対しては0次微分形式 $*f(dx \wedge dy \wedge dz) = f$.

●例題 4.3. 0次,1次,2次微分形式 f, ω, θ に対して次が成り立つことを示せ:
(1) $*(*f) = f, \ *(*\omega) = \omega, \ *(*\theta) = \theta$
(2) $d(df) = 0, \ *d(*df) = \Delta f$
(3) $d(d\omega) = 0, \ *d(*d\omega) = d*(d*\omega) - \Delta\omega$
(4) $d(\omega_1 \wedge \omega_2) = d\omega_1 \wedge \omega_2 - \omega_1 \wedge d\omega_2$

解答: (3) の後半のみを示す.実際,(II.282) より

$$d(df) = d\left(\frac{\partial f}{\partial x}\right) \wedge dx + d\left(\frac{\partial f}{\partial y}\right) \wedge dy + d\left(\frac{\partial f}{\partial z}\right) \wedge dz$$
$$= \left(\frac{\partial^2 f}{\partial y \partial x} dy + \frac{\partial^2 f}{\partial z \partial x} dz\right) \wedge dx + \left(\frac{\partial^2 f}{\partial x \partial y} dx + \frac{\partial^2 f}{\partial z \partial y} dz\right) \wedge dy$$
$$+ \left(\frac{\partial^2 f}{\partial x \partial z} dx + \frac{\partial^2 f}{\partial y \partial z} dy\right) \wedge dz = 0$$

となり,最初の式が得られる.また同じく (II.282) より

$$*df = \frac{\partial f}{\partial x} dy \wedge dz + \frac{\partial f}{\partial y} dz \wedge dx + \frac{\partial f}{\partial z} dx \wedge dy$$

であり,したがって

§4. 多変数の微積分

$$d * df = d\left(\frac{\partial f}{\partial x}\right) \wedge dy \wedge dz + d\left(\frac{\partial f}{\partial y}\right) \wedge dz \wedge dx + d\left(\frac{\partial f}{\partial z}\right) \wedge dx \wedge dy$$

$$= \frac{\partial^2 f}{\partial x^2} dx \wedge dy \wedge dz + \frac{\partial^2 f}{\partial y^2} dx \wedge dy \wedge dz + \frac{\partial^2 f}{\partial z^2} dx \wedge dy \wedge dz$$

これより

$$*d * df = \frac{\partial^2 f}{\partial x^2} + \frac{\partial^2 f}{\partial y^2} + \frac{\partial^2 f}{\partial z^2} = \Delta f$$

となる. □

ベクトル場

$$\boldsymbol{a} = {}^t(f, g, h) \tag{II.284}$$

と 1 次微分形式 $\omega = f\,dx + g\,dy + h\,dz$ を対応させる. (II.283) より

$$d\omega = \left(\frac{\partial h}{\partial y} - \frac{\partial g}{\partial z}\right) dy \wedge dz + \left(\frac{\partial f}{\partial z} - \frac{\partial h}{\partial x}\right) dz \wedge dx$$
$$+ \left(\frac{\partial g}{\partial x} - \frac{\partial f}{\partial y}\right) dx \wedge dy$$

したがって, $d\omega$ は

$$\nabla \times \boldsymbol{a} = {}^t\left(\frac{\partial h}{\partial y} - \frac{\partial g}{\partial z},\; \frac{\partial f}{\partial z} - \frac{\partial h}{\partial x},\; \frac{\partial g}{\partial x} - \frac{\partial f}{\partial y}\right)$$

と対応する. ストークスの公式 (II.277) において C は S の境界なので, $C = \partial S$ と書けば

$$\iint_S d\omega = \int_{\partial S} \omega \quad (\omega \text{ は 1 次微分形式}) \tag{II.285}$$

と表すことができる.

一方, 2 次微分形式 $\theta = f\,dy \wedge dz + g\,dz \wedge dx + h\,dx \wedge dy$ をベクトル場 (II.284) に対応させると

$$d\theta = \left(\frac{\partial f}{\partial x} + \frac{\partial g}{\partial y} + \frac{\partial h}{\partial z}\right) dx \wedge dy \wedge dz$$

となり, $d\theta$ は

$$\nabla \cdot \boldsymbol{a} = \frac{\partial f}{\partial x} + \frac{\partial g}{\partial y} + \frac{\partial h}{\partial z}$$

に対応する. ガウスの発散公式 (II.275) において S は V の境界なので, $S = \partial V$ と書けば

$$\iiint_V d\theta = \int_{\partial V} \theta \quad (\theta \text{ は 2 次微分形式}) \tag{II.286}$$

と表すことができる. (II.285)–(II.286) は同じ形をしていることに注意する.

○例 4.4 (ミンコフスキー計量). 平面 $\mathbf{R}^2 = \{(x^1, x^2) \mid x^1, x^2 \in \mathbf{R}\}$ は第 1 基本形式を $ds^2 = (dx^1)^2 + (dx^2)^2$ とした曲面とみなすことができる．特殊相対論で用いるミンコフスキー計量は，時間 t，空間 $x = (x^1, x^2, x^3)$ に対して

$$ds^2 = dt^2 - (dx^1)^2 - (dx^2)^2 - (dx^3)^2 \qquad (\text{II}.287)$$

で表される．$x^0 = t$ として 4 次元座標 x^0, x^1, x^2, x^3 をとり，係数行列

$$(\eta_{\mu\nu})_{\mu,\nu=0,1,2,3} = \begin{pmatrix} 1 & 0 & 0 & 0 \\ 0 & -1 & 0 & 0 \\ 0 & 0 & -1 & 0 \\ 0 & 0 & 0 & -1 \end{pmatrix}$$

を用いると，(II.287) を

$$ds^2 = \eta_{\mu\nu} \, dx^\mu dx^\nu \qquad (\text{II}.288)$$

と書くことができる．これまでの規約に従って (II.288) では $\mu, \nu = 0, 1, 2, 3$ について和をとっている．

★練習問題 II.23. 例題 4.3 の等式 (1)〜(4) をすべて示せ．

☆研究課題 34. 恒等式

$$\nabla \cdot (\nabla f \times \nabla g) = 0 \qquad (\text{II}.289)$$

について以下を確認せよ．

(1) 0 次微分形式 f に対して df を ∇f と同一視し，1 次微分形式 ω をベクトル場 $\boldsymbol{a}$ と同一視すると，$d*\omega$ は $\nabla \cdot \boldsymbol{a}$ と，$\omega_1 \wedge \omega_2$ は $\boldsymbol{a}_1 \times \boldsymbol{a}_2$ と同一視される．

(2) 上の規則で微分形式の式に書き換えると，恒等式 (II.289) は微分形式の演算で証明できる．

注意 II.20 (自由場の方程式). 簡単のため物理定数を 1 とすると，真空中のマクスウェル方程式は

$$\nabla \times \boldsymbol{B} - \partial_t \boldsymbol{E} = 0, \quad \nabla \cdot \boldsymbol{E} = 0, \quad \nabla \times \boldsymbol{E} + \partial_t \boldsymbol{B} = 0, \quad \nabla \cdot \boldsymbol{B} = 0 \qquad (\text{II}.290)$$

となる．4 次元テンソル $F_{\mu\nu}, \widetilde{F}_{\mu\nu}$ を

$$(F_{\mu\nu})_{\mu,\nu=0,1,2,3} = \begin{pmatrix} 0 & E^1 & E^2 & E^3 \\ -E^1 & 0 & -B^3 & B^2 \\ -E^2 & B^3 & 0 & -B^1 \\ -E^3 & -B^2 & B^1 & 0 \end{pmatrix}$$

$$(\widetilde{F}_{\mu\nu})_{\mu,\nu=0,1,2,3} = \begin{pmatrix} 0 & -B^1 & -B^2 & -B^3 \\ B^1 & 0 & -E^3 & E^2 \\ B^2 & E^3 & 0 & -E^1 \\ B^3 & -E^2 & E^1 & 0 \end{pmatrix} \qquad (\text{II}.291)$$

§4. 多変数の微積分

とすると，(Ⅱ.290) は

$$\partial^\mu F_{\mu\nu} = 0, \qquad \partial^\mu \widetilde{F}_{\mu\nu} = 0 \tag{Ⅱ.292}$$

で表される．ただし $\partial_\mu = \dfrac{\partial}{\partial x_\mu}$ で，アインシュタインの規約を用いている．

(Ⅱ.291) において，$\widetilde{F}_{\mu\nu}$ は $F_{\mu\nu}$ で $\boldsymbol{B} \mapsto \boldsymbol{E}, \boldsymbol{E} \mapsto -\boldsymbol{B}$ としたものである．このことは 2 次微分形式を用いて表すことができる．すなわち，ホッジ作用素を $j,k,\ell = 1,2,3$ に対して $*(dx^0 \wedge dx^j) = -dx^k \wedge dx^\ell$, $*(dx^j \wedge dx^k) = dx^0 \wedge dx^\ell$ とその自然な拡張で定め [26]，$F = \dfrac{1}{2} F_{\mu\nu} dx^\mu \wedge dx^\nu$, $\widetilde{F} = \dfrac{1}{2} \widetilde{F}_{\mu\nu} dx^\mu \wedge dx^\nu$ とおくと

$$\widetilde{F} = *F \tag{Ⅱ.293}$$

が成り立つ．一方，(Ⅱ.292) は

$$dF = 0, \qquad d*F = 0 \tag{Ⅱ.294}$$

を意味する．(Ⅱ.294) の第 1 式から F は完全積分可能，すなわち 1 次微分形式 $A = A_\mu\, dx^\mu$ が存在して $F = dA$ となる．この式を成分で書くと $F_{\mu\nu} = \partial_\mu A_\nu - \partial_\nu A_\mu$ であり，$\varphi = A^0$, $\boldsymbol{A} = (A^1, A^2, A^3)$ とおくと

$$\boldsymbol{E} = -\nabla\varphi - \partial_t \boldsymbol{A}, \qquad \boldsymbol{B} = \nabla \boldsymbol{A} \tag{Ⅱ.295}$$

となり，マクスウェル方程式のポテンシャルとなる．

§4.6 引き戻し

曲面 $\mathcal{M}$ のパラメータ表示を

$$\mathcal{M} : \varphi(u,v) = (x(u,v), y(u,v), z(u,v)), \quad (u,v) \in D$$

とし，$\mathcal{M}$ 上の関数 $f(x,y,z)$ の $\varphi: D \to \mathcal{M}$ による **引き戻し** $\varphi^* f = f \circ \varphi$ を

$$\varphi^* f(u,v) = f(x(u,v), y(u,v), z(u,v)), \quad (u,v) \in D$$

で定義する．また，$\mathcal{M}$ 上の 1 次微分形式

$$\omega = P(x,y,z)\, dx + Q(x,y,z)\, dy + R(x,y,z)\, dz,$$

2 次微分形式

$$\theta = P(x,y,z)\, dy \wedge dz + Q(x,y,z)\, dz \wedge dx + R(x,y,z)\, dx \wedge dy$$

の引き戻し $\varphi^*\omega, \varphi^*\theta$ をそれぞれ

$$\varphi^*\omega = \varphi^* P \cdot d(\varphi^* x) + \varphi^* Q \cdot d(\varphi^* y) + \varphi^* R \cdot d(\varphi^* z)$$

$$\varphi^*\theta = \varphi^* P \cdot d(\varphi^* y) \wedge d(\varphi^* z) + \varphi^* Q \cdot d(\varphi^* z) \wedge d(\varphi^* x)$$
$$\qquad + \varphi^* R \cdot d(\varphi^* x) \wedge d(\varphi^* y)$$

とする．成分で書くと

---

[26] ミンコフスキー計量から $\mathbf{R}^4$ 上の 2 次微分形式全体 $\Omega^2 T_* \mathbf{R}^4$ 上のホッジ作用素 $* : \Omega^2 T_* \mathbf{R}^4 \to \Omega^2 T_* \mathbf{R}^4$ が自然に定まる．

$$\varphi^*\omega = \varphi^*P \cdot (x_u\,du + x_v\,dv) + \varphi^*Q \cdot (y_u\,du + y_v\,dv)$$
$$+ \varphi^*R \cdot (z_u\,du + z_v\,dv)$$
$$= (\varphi^*P \cdot x_u + \varphi^*Q \cdot y_u + \varphi^*R \cdot z_u)\,du$$
$$+ (\varphi^*P \cdot x_v + \varphi^*Q \cdot y_v + \varphi^*R \cdot z_v)\,dv$$

および

$$\varphi^*\theta = \varphi^*P \cdot (y_u\,du + y_v\,dv) \wedge (z_u\,du + z_v\,dv)$$
$$+ \varphi^*Q \cdot (z_u\,du + z_v\,dv) \wedge (x_u\,du + x_v\,dv)$$
$$+ \varphi^*R \cdot (x_u\,du + x_v\,dv) \wedge (y_u\,du + y_v\,dv)$$
$$= \bigl(\varphi^*P \cdot (y_u z_v - y_v z_u) + \varphi^*Q \cdot (z_u x_v - z_v x_u)$$
$$+ \varphi^*R \cdot (x_u y_v - x_v y_u)\bigr)\,du \wedge dv$$

である．混乱を避けるため，上記では積を表す "$\cdot$" を明記した．

次の定理は，引き戻しと外微分とが交換可能であることを表している．

定理 4.5. 曲面 $\varphi : D \to \mathcal{M}$ 上の 0 次，1 次，2 次の微分形式 f, ω, θ について，D 上で以下が成り立つ：

$$\varphi^*(df) = d(\varphi^*f), \quad \varphi^*(d\omega) = d(\varphi^*w), \quad \varphi^*(d\theta) = d(\varphi^*\theta) \qquad (\text{II}.296)$$

証明： $\mathcal{M}$ 上では 3 次の微分形式が存在しないので，2 次微分形式 θ に対して $d\theta = 0$．よって $\varphi^*(d\theta) = 0$．同様に D 上では 3 次の微分形式が存在しないので，$d(\varphi^*\theta) = 0$．したがって，(II.296) の第 3 式が成り立つ．0 次微分形式 f に対しては

$$\varphi^*(df) = \varphi^*(f_x\,dx + f_y\,dy + f_z\,dz)$$
$$= (\varphi^*f_x)(x_u\,du + x_v\,dv) + (\varphi^*f_y)(y_u\,du + u_v\,dv) + (\varphi^*f_z)(z_u\,du + z_v\,dv)$$
$$= ((\varphi^*f_x)x_u + (\varphi^*f_y)y_u + (\varphi^*f_z)z_u)du + ((\varphi^*f_x)x_v + (\varphi^*f_y)y_v + (\varphi^*f_z)z_v)dv$$
$$= \frac{\partial(\varphi^*f)}{\partial u}\,du + \frac{\partial(\varphi^*f)}{\partial v}\,dv = d(\varphi^*f)$$

ここで $(\varphi^*f_x)x_u...$ は，通常 $f_x x_u...$ と書くところを変数が (u,v) であることを明確に示すために用いた．最後に，1 次微分形式 $\omega = P\,dx + Q\,dy + R\,dz$ に対しては，引き戻しの定義から

$$\varphi^*(d\omega) = \varphi^*(dP \wedge dx + dQ \wedge dy + dR \wedge dz)$$
$$= d(\varphi^*P) \wedge d(\varphi^*x) + d(\varphi^*Q) \wedge d(\varphi^*y) + d(\varphi^*R) \wedge d(\varphi^*z) \qquad (\text{II}.297)$$

一方，外微分の性質から 1 次微分形式 ω_1, ω_2 に対して

$$d(\omega_1 \wedge \omega_2) = d\omega_1 \wedge \omega_2 - \omega_1 \wedge d\omega_2$$

また，$d^2 = 0$ であることを用いると

$$d(\varphi^*\omega) = d(\varphi^*P \wedge d(\varphi^*x) + \varphi^*Q \wedge d(\varphi^*y) + \varphi^*R \wedge d(\varphi^*z))$$
$$= d(\varphi^*P) \wedge d(\varphi^*x) + d(\varphi^*Q) \wedge d(\varphi^*y) + d(\varphi^*R) \wedge d(\varphi^*z)$$

§4. 多変数の微積分　　　　　　　　　　　　　　　　　　　　　　　　　　159

したがって (II.296) が成り立つ． □

定理 4.6. 曲面 $\mathcal{M}$ のパラメータ表示 $\varphi : (u, v) \in D \mapsto (x, y, z) \in \mathcal{M}$ により

$$\iint_{\mathcal{M}} d\omega = \iint_{\varphi(D)} d\omega = \iint_{D} \varphi^*(d\omega)$$

$$\int_{\partial \mathcal{M}} \omega = \int_{\varphi(\partial D)} \omega = \int_{\partial D} \varphi^* \omega \tag{II.298}$$

が成り立つ．

証明： (II.298) の第 1 式は任意の 2 次微分形式 θ に対して

$$\int_{\varphi(D)} \theta = \int_{D} \varphi^* \theta \tag{II.299}$$

が成り立つことを示せばよい． $\theta = P\,dy \wedge dz + Q\,dz \wedge dx + R\,dx \wedge dy$ であり，他も同様なので， $\theta = R\,dx \wedge dy$ に対して証明する．このとき

$$\varphi^* \theta = \varphi^* R \cdot d(\varphi^* x) \wedge d(\varphi^* y) = \varphi^* R \cdot (x_u y_v - x_v y_u)\, du \wedge dv$$

であるから，(II.299) は

$$\iint_{\varphi(D)} R(x, y, z)\, dx \wedge dy$$

$$= \iint_{D} R(x(u,v), y(u,v), z(u,v))(x_u y_v - x_v y_u)\, du \wedge dv \tag{II.300}$$

を意味する．(II.300) は積分変換の式

$$\iint_{\varphi(D)} R(x, y)\, dx dy = \iint_{D} R(x(u,v), y(u,v)) |x_u y_v - x_v y_u|\, du dv$$

の両辺に符号を与えたものである．

(II.298) の第 2 式についても特別な場合 $\omega = P\,dx$ について証明する．このときこの式は

$$\int_{\varphi(\partial D)} P(x, y, z)\, dx = \int_{\partial D} P(x(u,v), y(u,v), z(u,v))(x_u\, du + x_v\, dv) \tag{II.301}$$

を意味する． $dx = x_u\, du + x_v\, dv$ より，(II.301) は線積分の変換公式にほかならない． □

●**例題 4.4.** 引き戻しを用いてストークスの定理を証明せよ．

解答： ストークスの公式を ω を 1 次微分形式として

$$\iint_{\mathcal{M}} d\omega = \int_{\partial \mathcal{M}} \omega \tag{II.302}$$

と表す．すると定理 4.5 と平面上のグリーンの公式によって

$$\int_{D} \varphi^*(d\omega) = \int_{D} d(\varphi^* \omega) = \int_{\partial D} \varphi^* \omega \tag{II.303}$$

となり，(II.298) によって (II.302) が得られる． □

曲面の大域表示

パラメータ表示できるのは曲面の一部分であって，曲面全体 $\mathcal{M} \subset \mathbf{R}^3$ を記述するためには複数のパラメータ表示で，重なっているところでは互いに変換できるものが必要になる．すなわち，$\bigcup_{\alpha=1}^{s} U_\alpha = \mathcal{M}$ となる $\mathcal{M}$ の中の開集合 $U_1, \cdots, U_s$ とパラメータ $\varphi_\alpha : D_\alpha \subset \mathbf{R}^2 \to U_\alpha \subset \mathcal{M}$, $\alpha = 1, \cdots, s$ があり，各 $\alpha, \beta = 1, \cdots, s$ に対して合成写像

$$\varphi_\beta^{-1} \circ \varphi_\alpha : \widetilde{D}_\alpha \to D_\beta, \qquad \widetilde{D}_\alpha = D_\alpha \cap \varphi_\alpha^{-1}(U_\beta)$$

は微分同相 (1 対 1 全射で，逆写像とともに無限回微分可能) であるとする．また，$\psi_\alpha = \varphi_\alpha^{-1} : U_\alpha \to D_\alpha$ とおき，(U_α, ψ_α) を**局所座標**，$\{(U_\alpha, \psi_\alpha)\}_{\alpha=1}^{s}$ を**局所座標系**という．

余接空間

$p \in \mathcal{M}$ に対して $p \in U_\alpha$, $\psi_\alpha : U_\alpha \to D_\alpha$ となる局所座標 $(u_\alpha, v_\alpha) \in D_\alpha$ をとり，$\{du_\alpha, dv_\alpha\}$ を基底とする (2 次元) ベクトル空間を $T_p^*\mathcal{M}$ とする．この $T_p^*\mathcal{M}$ を p における $\mathcal{M}$ の**余接空間**という．

$p \in U_\beta$ となる別の (U_β, ψ_β) による局所座標 $(u_\beta, v_\beta) \in D_\beta$ が存在したとき，写像 $\psi_\beta \circ \psi_\alpha^{-1} : \widetilde{D}_\alpha \to D_\beta$ を用いて (u_β, v_β) を (u_α, v_α) の関数と考え，自然な変換

$$du_\beta = \frac{\partial u_\beta}{\partial u_\alpha} du_\alpha + \frac{\partial u_\beta}{\partial v_\alpha} dv_\alpha, \quad dv_\beta = \frac{\partial v_\beta}{\partial u_\alpha} du_\alpha + \frac{\partial v_\beta}{\partial v_\alpha} dv_\alpha \quad (\text{II}.304)$$

によって 2 つの局所座標で表示した基底 $\{du_\beta, dv_\beta\}$, $\{du_\alpha, dv_\alpha\}$ を同一視する．

また，ベクトル空間 $du_\alpha \wedge du_\beta$ を基底とするベクトル空間を $\Lambda^2 T_p^*\mathcal{M}$ とする．局所座標の取り換えに関する基底の変換は，(II.304) と外積の規則によって自然に定めることができる．

$\mathcal{M}$ は曲面なので $T_p^*\mathcal{M}$ は 2 次元，$\Lambda^2 T_p^*\mathcal{M}$ は 1 次元のベクトル空間となる．$\mathcal{M}$ の次元を上げたものが**多様体**で，その余接空間 $T_p^*\mathcal{M}$ や $\Lambda^2 T_p^*\mathcal{M}$ は高次元ベクトル空間になる．

★**練習問題 II.24.** $\Lambda^2 T_p^*\mathcal{M}$ で局所座標 $(u_\alpha, v_\alpha) \in D_\alpha$ で表した基底 $du_\alpha \wedge dv_\alpha$ を，別の局所座標 $(u_\beta, v_\beta) \in D_\beta$ に変換せよ．

☆**研究課題 35.** 曲面 $\mathcal{M}$ 上の 1 次微分形式 $f du_\alpha + g dv_\alpha$ の外微分を定義せよ．

§4.7 曲面上の共変微分

多様体は高次元の曲面のことであると思ってよい．リーマンが提唱した第1基本形式のみに基づく幾何学とは，多様体をユークリッド空間に"埋め込んで"外から見ることをいったん放棄する立場にほかならない．この立場をとるとき，埋め込んだ空間での方向微係数全体は，多様体上でのみ意味のある，より自由度の低いものに縮約されることになる．この小節は「リーマン計量」の導入をめざしたもので，練習問題，研究課題の代わりに関連図書を紹介する．

$\{(U_\alpha, \psi_\alpha)\}_{\alpha=1}^{s}$ を曲面 $\mathcal{M} \subset \mathbf{R}^3$ の局所座標系，$(u_\alpha, v_\alpha) \in D_\alpha = \psi_\alpha(U_\alpha)$ を局所座標とする：

$$\bigcup_{\alpha=1}^{s} U_\alpha = \mathcal{M}, \quad \psi_\alpha : U_\alpha \to D_\alpha, \quad (u_\alpha, v_\alpha) \in D_\alpha$$

また，$p \in \mathcal{M}$ における $\mathcal{M}$ の余接空間を $T_p^*\mathcal{M}$ とする．$p \in U_\alpha$ のとき $T_p^*\mathcal{M}$ は $\{du_\alpha, dv_\alpha\}$ を基底とする (2次元) ベクトル空間で，座標変換 $p \in U_\beta$，$(u_\beta, v_\beta) \in D_\beta = \psi_\beta(U_\beta)$，

$$(u_\alpha, v_\alpha) \mapsto (u_\beta, v_\beta) \tag{II.305}$$

に対して変換 (II.304)，すなわち

$$du_\beta = \frac{\partial u_\beta}{\partial u_\alpha} du_\alpha + \frac{\partial u_\beta}{\partial v_\alpha} dv_\alpha, \quad dv_\beta = \frac{\partial v_\beta}{\partial u_\alpha} du_\alpha + \frac{\partial v_\beta}{\partial v_\alpha} dv_\alpha$$

を受ける．

○例 **4.5** (**曲面上の微分形式**)．写像 $p \in \mathcal{M} \mapsto \omega(p) \in T_p^*\mathcal{M}$ を局所座標で

$$\omega(p) = f_\alpha(u_\alpha, v_\alpha)\, du_\alpha + f_\beta(u_\alpha, v_\beta)\, dv_\alpha$$

と表すとき，f_α, f_β が $(u_\alpha, v_\beta) \in D_\alpha$ が無限回微分可能関数であるという性質は局所座標によらない．このような ω を曲面 $\mathcal{M}$ の **1次微分形式** という．同様に **2次微分形式** は，写像 $p \in \mathcal{M} \mapsto \theta(p) \in \Lambda^2 T_p^*\mathcal{M}$ で，局所座標による表現

$$\theta(p) = h_\alpha(u_\alpha, v_\alpha)\, du_\alpha \wedge du_\beta$$

において h_α が $(u_\alpha, v_\alpha) \in D_\alpha$ の無限回微分可能関数であるものをさす．

○例 **4.6** (**曲面上の外微分**)．曲面 $\mathcal{M}$ 上の無限回微分可能関数 $f(p)$ に対して局所座標 (U_α, ψ_α) 上で

$$df(p) = \frac{\partial f}{\partial u_\alpha} du_\alpha + \frac{\partial f}{\partial v_\alpha} dv_\alpha$$

と表示されるものは $\mathcal{M}$ 上の1次微分形式になる．これを f の **外微分** という．
1次微分形式の外微分も同様に定義される．

○例 **4.7** (**曲面の向き付け**)．局所座標系 $\{(U_\alpha, \psi_\alpha)\}_\alpha$ が $U_\alpha \cap U_\beta \neq \emptyset$ のとき，
そこで常に

$$\begin{vmatrix} \dfrac{\partial u_\beta}{\partial u_\alpha} & \dfrac{\partial u_\beta}{\partial v_\alpha} \\ \dfrac{\partial v_\beta}{\partial u_\alpha} & \dfrac{\partial v_\beta}{\partial v_\alpha} \end{vmatrix} > 0$$

を満たすようにとれるとき，曲面 $\mathcal{M}$ を **向き付け可能** という．

球面やドーナッツのように境界がない曲面では $\partial \mathcal{M} = \emptyset$ が成り立つ．このとき，ストークスの定理は次のように述べられる：

定理 4.7．向き付け可能で境界がない曲面 $\mathcal{M}$ に対して，任意の1次微分形式 ω に対して $\iint_\mathcal{M} d\omega = 0$ が成り立つ．

接空間

余接空間 $T_p^* \mathcal{M}$ に対して

$$\left\{ \frac{\partial}{\partial u_\alpha}, \frac{\partial}{\partial v_\alpha} \right\} \tag{II.306}$$

を基底とする (2次元) ベクトル空間 $T_p \mathcal{M}$ を，p における $\mathcal{M}$ の **接空間** という．この基底は座標変換 (II.305) によって変換

$$\frac{\partial}{\partial u_\beta} = \frac{\partial u_\alpha}{\partial u_\beta} \frac{\partial}{\partial u_\alpha} + \frac{\partial v_\alpha}{\partial u_\beta} \frac{\partial}{\partial v_\alpha}, \qquad \frac{\partial}{\partial v_\beta} = \frac{\partial u_\alpha}{\partial v_\beta} \frac{\partial}{\partial u_\alpha} + \frac{\partial v_\alpha}{\partial v_\beta} \frac{\partial}{\partial v_\alpha}$$

を受ける．$T_p^* \mathcal{M}$ はベクトル空間として $T_p \mathcal{M}$ の **双対空間** であり，同じ座標に関する両者の基底は互いに **双対基底** とすることができる．すなわち，$T_p^* \mathcal{M}$ と $T_p \mathcal{M}$ のペアリング $\langle \, , \, \rangle$ に関して

$$\left\langle \frac{\partial}{\partial u_\alpha}, du_\alpha \right\rangle = \left\langle \frac{\partial}{\partial v_\alpha}, dv_\alpha \right\rangle = 1, \qquad \left\langle \frac{\partial}{\partial u_\alpha}, dv_\alpha \right\rangle = \left\langle \frac{\partial}{\partial v_\alpha}, du_\alpha \right\rangle = 0$$

を満たす．

リーマン計量

各 $p \in \mathcal{M}$ に対し，ベクトル空間 $T_p \mathcal{M}$ に内積 $g_p(\, , \,)$ が定められ，$T_p \mathcal{M}$ の基底 (II.306) に対して $g_{uv}^\alpha(p) = g_p\left(\dfrac{\partial}{\partial u_\alpha}, \dfrac{\partial}{\partial v_\alpha} \right)$ が $p \in \mathcal{M}$ について滑らかな

§4. 多変数の微積分　　　　　　　　　　　　　　　　　　　　　　　　163

とき，対応
$$g(\ ,\ ): p \in \mathcal{M} \mapsto g_p(\ ,\ ) \tag{II.307}$$
をリーマン計量，リーマン計量が与えられた曲面をリーマン面(2次元リーマン多様体)という．

○例 4.8 (正規直交標構場)． 滑らかな曲面 $\mathcal{M}$ が3次元空間 $\mathbf{R}^3$ に埋め込まれているときは，$T_p\mathcal{M}$ は $p \in \mathcal{M}$ における $\mathcal{M}$ の接平面と同一視できる．この接平面の自然な内積 $(\ ,\ )_p$ は $\mathbf{R}^3$ の内積から導入されるもので，これにより $\mathcal{M}$ はリーマン面になる．$p \in \mathcal{M}$ における単位法ベクトルを $e_3 = e_3(p)$ とし，$\{e_1, e_2\} = \{e_1(p), e_2(p)\}$ を $T_p\mathcal{M}$ のひとつの正規直交基底とする．通常は $\{e_1, e_2, e_3\}$ が右手系となるようにとる．このとき，$\{e_1, e_2\}$ の双対基底 $\omega^1, \omega^2 \in T_p^*\mathcal{M}$ が $\langle \omega^i, e_j \rangle = \delta_{ij}$ で定まる．以下，$\{e_1, e_2\}$ を $\mathcal{M}$ 上の**正規直交標構場**という．

○例 4.9 (接続形式)．$\{e_1, e_2, e_3\}$ は $\mathbf{R}^3$ の基底なので，写像 $p \in \mathcal{M} \mapsto e_j(p) \in \mathbf{R}^3$, $j = 1, 2, 3$ の外微分 de_j を
$$de_j = \sum_{i=1}^{3} \omega_j^i e_i, \quad j = 1, 2, 3 \tag{II.308}$$
のように表すことができる．ここで ω_j^i を**接続形式**という．ω_j^i はそれ自身 $\mathcal{M}$ 上の1次微分形式で，したがって ω_1, ω_2 の1次結合で表すことができる．

$e_i \cdot e_j = \delta_{ij}$ より $de_i \cdot e_j + e_i \cdot de_j = 0$，したがって $\omega_j^i + \omega_i^j = 0$ となり，(II.308) は
$$d\begin{pmatrix} e_1 \\ e_2 \\ e_3 \end{pmatrix} = \begin{pmatrix} 0 & \omega_1^2 & \omega_1^3 \\ -\omega_1^2 & 0 & \omega_2^3 \\ -\omega_1^3 & -\omega_2^3 & 0 \end{pmatrix} \begin{pmatrix} e_1 \\ e_2 \\ e_3 \end{pmatrix} \tag{II.309}$$
に帰着される．

共 変 微 分

$\mathcal{M}$ 上の滑らかな関数 ξ^i, $i = 1, 2$ に対し
$$X = \sum_{i=1}^{2} \xi^i e_i \tag{II.310}$$
によって写像 $p \in \mathcal{M} \mapsto X(p) \in T_p\mathcal{M}$ が定まる．一般にこのような X を $\mathcal{M}$ の**接ベクトル場**という．(II.308) を用い，(II.310) を $\mathbf{R}^3$ で外微分すると

$$dX = \sum_{i=1}^{2}(d\xi^i e_i + \xi^i de_i) = \sum_{i=1}^{2}\left\{d\xi^i e_i + \xi_i \sum_{k=1}^{3}\omega_i^k e_k\right\}$$

$$= \sum_{i=1}^{2}\left(d\xi^i + \sum_{k=1}^{2}\xi^k \omega_i^k\right)e_i + \sum_{i=1}^{2}\xi^i \omega_i^3 e_3 \qquad (\text{II}.311)$$

が得られる．(II.311) の右辺の e_1, e_2 成分を

$$\nabla X = \sum_{i=1}^{2}\left(d\xi^i + \sum_{k=1}^{2}\xi^k \omega_k^i\right)e_i \qquad (\text{II}.312)$$

と書き，ベクトル場 (II.310) の**共変微分**という．(II.312) より特に

$$\nabla e_1 = \omega_1^2 e_2, \qquad \nabla e_2 = \omega_2^1 e_1, \qquad \omega_2^1 = -\omega_1^2 \qquad (\text{II}.313)$$

である．共変微分 ∇X は正規直交標構場 e_1, e_2 と接続形式 $\omega_1^2 = -\omega_2^1$ によって定義されるので，$\mathcal{M}$ は $\mathbf{R}^3$ に埋め込まれる必要はなく，単にリーマン計量を備えた曲面，すなわちリーマン面であれば定まる．さらに $\mathcal{M}$ 上のベクトル場 X に対し，その共変微分 ∇X は，正規直交標構場 e_1, e_2 のとり方によらない．

○例 **4.10** (リー微分)．(II.312) の右辺において $d\xi^i$ や ω_k^i はリーマン面 $\mathcal{M}$ 上の 1 次微分形式なので，$\mathcal{M}$ 上のベクトル場 Y に対して

$$\nabla_Y X = \sum_{i=1}^{2}\left(\langle Y, d\xi_i \rangle + \sum_{k=1}^{2}\xi^k \langle Y, \omega_k^i \rangle\right)e_i$$

を定義することができる．このとき (II.307) で定めるリーマン計量 $g(\ ,\ )$ に対し

$$X(g(Y,Z)) = g(\nabla_X Y, Z) + g(Y, \nabla_X Z) \qquad (\text{II}.314)$$

また，

$$\nabla_X Y - \nabla_Y X = [X, Y] \qquad (\text{II}.315)$$

が成り立つ．ただし，$[X, Y]$ は $\mathcal{M}$ 上の滑らかな関数 f に対して

$$[X, Y]f = X(Yf) - Y(Xf)$$

で定まる 1 次微分形式 (**交換子**) である．

○例 **4.11** (測地線)．一般に $\nabla X = 0$ を満たす $\mathcal{M}$ 上のベクトル場 X を $\mathcal{M}$ 上平行なベクトル場，また $\mathcal{M}$ 上の曲線 $\gamma = \gamma(s)$ (s 弧長パラメータ) に沿って定義されているベクトル場 X が $\nabla_{\dot\gamma}X = 0$ を満たすとき，X は γ に沿って**平行**であるという．また，接ベクトル $\dot\gamma$ がその曲線に沿って平行，すなわち $\nabla_{\dot\gamma}\dot\gamma = 0$ である曲線を**測地線**という．$\mathcal{M}$ の座標を (x_1, x_2) として

$$\nabla_{\frac{\partial}{\partial x_j}}\frac{\partial}{\partial x_i} = \sum_{k=1}^{2}\Gamma_{ij}^k \frac{\partial}{\partial x_k} \qquad (\text{II}.316)$$

§4. 多変数の微積分

と表示したとき，Γ_{ij}^k を**クリストフェル記号**という．

$$g_{ij} = g\left(\frac{\partial}{\partial x_i}, \frac{\partial}{\partial x_j}\right), \quad (g^{ij}) = (g_{ij})^{-1}$$

としたとき

$$\Gamma_{ij}^k = \frac{1}{2}\sum_{\ell=1}^{2} g^{k\ell}\left(\frac{\partial g_{i\ell}}{\partial x_j} + \frac{\partial g_{j\ell}}{\partial x_i} - \frac{\partial g_{ij}}{\partial x_\ell}\right) \tag{II.317}$$

となることが知られている．

📖**文献** ([4])．最新の研究から微分幾何を見直した教科書．計量についての諸概念を自然な流れで説明する一方，著者の手紙からなる付録では歴史的経緯や進展の動機を描写する．

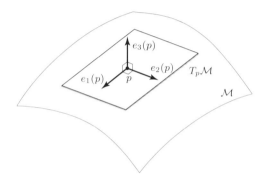

図 **II.13** 曲面上の正規直交標構場

偏微分方程式の解法

　ニュートンは運動方程式を導出し，その解析によって惑星の運動を説明した．オイラーは，数学の進歩によって自分の導出した方程式から本質を説明することができることを確信していた．アインシュタインは重力場方程式を導出し，シュワルツシルドはその一つの解を見いだした．この章で解説するのは方程式のさまざまな解法のうちで，陽的解法と数値解法，すなわち最も古典的な方法と，最も現代的な方法についてである．

§1. 陽的方法

　偏微分方程式に対する陽的解法は，常微分方程式に対する求積法に対応し，答えを求めて考え出されてきた方法が数学的な理論に結実している．この節は，偏微分方程式の解法について，すべての理工系の学生が知っておかなければならないことを，コンパクトにまとめた．

§1.1　2階偏微分方程式と初等解法

　独立変数を (x,y) とし，未知関数を $u = u(x,y)$ とする2階線形偏微分方程式

$$a_{11}u_{xx} + a_{12}u_{xy} + a_{22}u_{yy} + a_1 u_x + a_2 u_y + au = f \qquad (\mathrm{III}.1)$$

を考える．ここで $a_{ij} = a_{ij}(x,y)$, $a_i = a_i(x,y)$, $a = a(x,y)$, $f = f(x,y)$ は既知関数である．$f(x,y) \equiv 0$ のとき**同次方程式**，$f(x,y) \not\equiv 0$ のとき**非同次方程式**という．線形同次方程式の解については重ね合わせの原理が成立する．実際，u_1, u_2 を同次方程式の解とすると，その一次結合 $\alpha_1 u_1 + \alpha_2 u_2$ (α_1, α_2 任意定数) もまた解である．

　方程式 (III.1) に対して

$$\Delta(x,y) = a_{12}(x,y)^2 - 4a_{11}(x,y)a_{22}(x,y)$$

§1. 陽的方法

とおく．(III.1) は $\Delta(x,y) > 0$ のとき**双曲型**，$\Delta(x,y) = 0$ のとき**放物型**，$\Delta(x,y) < 0$ のとき**楕円型**という．この名称は平面 2 次曲線 $ax^2 + bxy + cy^2 + dx + ey + h = 0$ の分類に対応するもので，以下に述べる波動方程式，拡散 (熱) 方程式，ラプラス方程式はそれぞれ双曲型，放物型，楕円型の典型的な例である．

変 数 分 離

同次線形偏微分方程式
$$a_1(x)u_{xx} + a_2(x)u_x + b_1(y)u_{yy} + b_2(y)u_y + \{a_3(x) + b_3(y)\}u = 0 \tag{III.2}$$
の解 $u = u(x,y)$ で
$$u(x,y) = X(x)Y(y) \tag{III.3}$$
の形のものを**変数分離解**という．
$$u_x = X'(x)Y(y), \quad u_{xx} = X''(x)Y(y)$$
$$u_y = X(x)Y'(y), \quad u_{yy} = X(x)Y''(y)$$
を (III.2) に代入すると
$$\frac{a_1(x)X''(x) + a_2(x)X'(x) + a_3(x)X(x)}{X(x)}$$
$$= -\frac{b_1(y)Y''(y) + b_2(y)Y'(y) + b_3(y)Y(y)}{Y(y)}$$
を得る．左辺は x だけの関数，右辺は y だけの関数であるから，上式は定数となる．その定数を λ とおくと
$$a_1(x)X''(x) + a_2(x)X'(x) + (a_3(x) - \lambda)X(x) = 0 \tag{III.4}$$
$$b_1(y)Y''(y) + b_2(y)Y'(y) + (b_3(y) + \lambda)Y(y) = 0 \tag{III.5}$$
を得る．(III.2) の変数分離解を求めるには，常微分方程式 (III.4), (III.5) を解けばよい．

●**例題 1.1.** 2 次元ラプラス方程式 $u_{xx} + u_{yy} = 0$ の変数分離解を求めよ．

解答: $u(x,y) = X(x)Y(y)$ とおく．方程式より，λ を定数として
$$\frac{X''(x)}{X(x)} = -\frac{Y''(y)}{Y(y)} = \lambda$$
そこで $X''(x) - \lambda X(x) = 0, Y''(y) + \lambda Y(y) = 0$ を解く．
 (i) $\lambda > 0$ のとき $X(x) = \alpha_1 e^{\sqrt{\lambda}x} + \alpha_2 e^{-\sqrt{\lambda}x}$, $Y(y) = \beta_1 \cos\sqrt{\lambda}y + \beta_2 \sin\sqrt{\lambda}y$.
 (ii) $\lambda < 0$ のとき $X(x) = \alpha_1 \cos\sqrt{-\lambda}x + \alpha_2 \sin\sqrt{-\lambda}x$, $Y(y) = \beta_1 e^{\sqrt{-\lambda}y} + \beta_2 e^{-\sqrt{-\lambda}y}$.

(iii) $\lambda = 0$ のとき $X(x) = \alpha_1 x + \alpha_2$, $Y(y) = \beta_1 y + \beta_2$.
ただし $\alpha_1, \alpha_2, \beta_1, \beta_2$ は任意定数である. □

定数係数 2 階線形偏微分方程式

未知関数を $u = u(x,y)$ とする定数係数 2 階線形偏微分方程式
$$au_{xx} + bu_{xy} + cu_{yy} = 0, \quad a \neq 0, \ b^2 - 4ac \geq 0 \tag{III.6}$$
に対して 2 次方程式
$$a\lambda^2 + b\lambda + c\lambda = 0 \tag{III.7}$$
を考え,その 2 実根を α, β とする.

定理 1.1. (III.6) の一般解は以下で与えられる:
(i) $\alpha \neq \beta$ のとき $u = \varphi_1(y + \alpha x) + \varphi_2(y + \beta x)$
(ii) $\alpha = \beta$ のとき $u = x\varphi_1(y + \alpha x) + \varphi_2(y + \alpha x)$
ただし φ_1, φ_2 は任意関数である.

証明: (i) 変数変換 $\xi = \alpha x + y$, $\eta = \beta x + y$ によって
$$u_x = \alpha u_\xi + \beta u_\eta, \quad u_y = u_\xi + u_\eta, \quad u_{xx} = \alpha^2 u_{\xi\xi} + 2\alpha\beta u_{\xi\eta} + \beta^2 u_{\eta\eta}$$
$$u_{xy} = \alpha u_{\xi\xi} + \beta u_{\xi\eta} + \alpha u_{\xi\eta} + \beta u_{\eta\eta}, \quad u_{yy} = u_{\xi\xi} + 2u_{\xi\eta} + u_{\eta\eta}$$

これらを (III.6) に代入し,α, β が (III.7) の解であることを用いると $u_{\xi\eta} = 0$. したがって $u = \varphi_1(\xi) + \varphi_2(\eta)$ (φ_1, φ_2 任意関数) となる. 最後に変数をもとにもどせばよい.

(ii) $\alpha = \beta$ より $\alpha = -\dfrac{b}{2a}$ であることに注意して,変数変換 $\xi = \alpha x + y$, $y = x$ を行うと $u_{\eta\eta} = 0$. したがって $u = \eta\varphi_1(\xi) + \varphi_2(\xi)$ (φ_1, φ_2 任意関数) となる. 最後に変数をもとにもどせばよい. □

(III.6) において $a = 0$, $b \neq 0$ の場合は,変数変換 $\xi = x$, $\eta = -\dfrac{c}{b}x + y$ を行えば $u_{\xi\eta} = 0$ となり,(i) に帰着される. また $a = 0$, $b = 0$ の場合は,非自明な関係 $a^2 + b^2 + c^2 \neq 0$ を仮定すれば $c \neq 0$ であり,(III.6) は $u_{yy} = 0$ となる. したがって,2 回積分すれば同様に一般解が得られる.

★**練習問題 III.1.** 関数 $u = u(x,t)$ に対する次の方程式の変数分離解を求めよ:
(1) 拡散 (熱) 方程式 $u_t = u_{xx}$
(2) 波動方程式 $u_{tt} = u_{xx}$

☆**研究課題 36.** 未知関数 $u = u(x,y)$ に関する定数係数 2 階線形偏微分方程式
$$au_{xx} + bu_{xy} + cu_{yy} = f(x,y) \tag{III.8}$$
に対して上述の変数変換を適用し,求積法で解を求めよ.

§1.2 級数解と特殊関数

べき級数展開は，変数分離によって得られる線形常微分方程式を解く有力な方法である．I章の§3.3で扱ったルジャンドル方程式やベッセル方程式はそのような方程式の例である．

関数 $f(x)$ が正の収束半径をもつ整級数 $\sum_{n=0}^{\infty} a_n(x-a)^n$ で表されるとき，$f(x)$ は点 a で**実解析的**であるという．一般に，未知関数 $y = y(x)$ の線形常微分方程式

$$y'' + P(x)y' + Q(x)y = 0 \tag{III.9}$$

において，$P(x), Q(x)$ が点 a で実解析的であるとき，点 a を**通常点**という．点 a でどちらかが実解析的でないとき，点 a を**特異点**という．点 a が (III.9) の特異点であるが，$(x-a)P(x)$ および $(x-a)^2 Q(x)$ がともに点 a で実解析的であるとき，点 a を (III.9) の**確定特異点**という．

最初に，点 a が (III.9) の通常点のときを考える．変数変換 $t = x - a$ によって $a = 0$ とし，$P(x), Q(x)$ の整級数展開を $P(x) = \sum_{n=0}^{\infty} a_n x^n$, $Q(x) = \sum_{n=0}^{\infty} b_n x^n$ とする．次に，(III.9) の解 $y = y(x)$ を

$$y = \sum_{n=0}^{\infty} c_n x^n \tag{III.10}$$

の形で求める．項別微分の定理によって

$$y' = \sum_{n=0}^{\infty} (n+1)c_{n+1} x^n, \qquad y'' = \sum_{n=0}^{\infty} (n+1)(n+2)c_{n+2} x^n$$

である．この式を (III.9) に代入し，x^n の係数比較を行うと

$$\sum_{n=0}^{\infty} \left\{ (n+1)(n+2)c_{n+2} + \sum_{k=0}^{n}(k+1)c_{k+1}a_{n-k} + \sum_{k=0}^{n} c_k b_{n-k} \right\} x^n = 0$$

x^n の係数はすべて 0 であるから，$n = 2, 3, \cdots$ に対して

$$c_n = \frac{-1}{n(n+1)} \left\{ \sum_{k=0}^{n-2}(k+1)c_{k+1}a_{n-k-2} + \sum_{k=0}^{n-2} c_k b_{n-k-2} \right\}$$

よって c_0, c_1 を任意定数として与えればすべての c_n が定まり，(III.10) が求まる．

次に，点 a が (III.9) の確定特異点であるとする．変数変換 $t = x - a$ によって $a = 0$ として，$p(x) = xP(x), q(x) = x^2 Q(x)$ とおく．(III.9) は

$$x^2 y'' + xp(x)y' + q(x)y = 0 \tag{III.11}$$

となる．そこで $p(x) = \sum_{n=0}^{\infty} a_n x^n$, $q(x) = \sum_{n=0}^{\infty} b_n x^n$ として，(III.11) の解を

$$y = x^\lambda \sum_{n=0}^{\infty} c_n x^n, \quad c_0 \neq 0 \tag{III.12}$$

の形で求める．項別微分の式

$$y' = \sum_{n=0}^{\infty} (n+\lambda) c_n x^{n+\lambda-1}, \quad y'' = \sum_{n=0}^{\infty} (n+\lambda)(n+\lambda-1) c_n x^{n+\lambda-2}$$

を (III.11) に代入して

$$\sum_{n=0}^{\infty} (n+\lambda)(n+\lambda-1) c_n x^{n+\lambda} + \left(\sum_{k=0}^{\infty} a_k x^k\right) \left(\sum_{n=0}^{\infty} (n+\lambda) c_n x^{n+\lambda}\right)$$
$$+ \left(\sum_{k=0}^{\infty} b_k x^k\right) \left(\sum_{n=0}^{\infty} c_n x^{n+\lambda}\right) = 0$$

さらに，x の各べきの係数比較をする:

x^λ … $\{\lambda(\lambda-1) + \lambda a_0 + b_0\} c_0 = 0$
$x^{\lambda+1}$ … $\{\lambda(\lambda+1) + (\lambda+1) a_0 + b_0\} c_1 + (\lambda a_1 + b_1) c_0 = 0$
$x^{\lambda+2}$ … $\{(\lambda+2)(\lambda+1) + (\lambda+2) a_0 + b_0\} c_2$
             $+ \{(\lambda+1) a_1 + b_1\} c_1 + (\lambda a_2 + b_2) c_0 = 0$
… … …

より

$$\lambda(\lambda-1) + \lambda a_0 + b_0 = 0 \tag{III.13}$$

および

$$\{(n+\lambda)(n+\lambda-1) + (n+\lambda) a_0 + b_0\} c_n$$
$$+ \sum_{k=0}^{n-1} \{(k+\lambda) a_{n-k} + b_{n-k}\} c_k = 0, \quad n = 1, 2, \cdots \tag{III.14}$$

が得られる．c_0 を任意定数として，(III.13)–(III.14) から $\lambda, c_n, n = 1, 2, \cdots$ が定まり，(III.12) が求まる．

○例 **1.1** (ルジャンドル関数). $n = 0, 1, 2, \cdots$ に対し 2 階線形微分方程式

$$(1-x^2) y'' - 2x y' + n(n+1) y = 0 \tag{III.15}$$

を n 次ルジャンドル方程式という．(III.15) より

$$y'' - \frac{2x}{1-x^2} y' + \frac{n(n+1)}{1-x^2} y = 0$$

であり，$\dfrac{1}{1-x^2} = \sum_{k=0}^{\infty} x^{2k}$ であるから，$x = 0$ は (III.15) の通常点である．し

§1. 陽 的 方 法

たがって
$$y = \sum_{k=0}^{\infty} c_k x^k$$
の形で解を求めればよい．上述の方法により
$$\sum_{k=0}^{\infty} \{(k+2)(k+1)c_{k+2} + (n-k)(n+k+1)c_k\}x^k = 0$$
となり
$$c_{k+2} = -\frac{(n-k)(n+k+1)}{(k+1)(k+2)}c_k, \quad k = 0, 1, 2, \cdots \quad \text{(Ⅲ.16)}$$
を得る．(Ⅲ.16) より
$$c_2 = -\frac{n(n+1)}{1 \cdot 2}c_0, \quad c_3 = -\frac{(n-1)(n+2)}{2 \cdot 3}c_1, \quad \cdots$$
であるから，求める解は
$$\begin{aligned}
y(x) &= c_0 + c_1 x - \frac{n(n+1)}{1 \cdot 2}c_0 x^2 - \frac{(n-1)(n+2)}{2 \cdot 3}c_1 x^3 + \cdots \\
&= c_0\left(1 - \frac{n(n+1)}{2!}x^2 + \cdots\right) + c_1\left(x - \frac{(n-1)(n+2)}{3!}x^3 + \cdots\right) \\
&= y_1(x) + y_2(x) \quad \text{(Ⅲ.17)}
\end{aligned}$$
となる．(Ⅲ.16) より，整級数 (Ⅲ.17) の収束半径は 1 となることがわかる．

(Ⅲ.16) において $k = n$ とおくと $c_{n+2} = 0$ となり，以後，$c_{n+2} = c_{n+4} = c_{n+6} = \cdots = 0$ が順次得られる．したがって，$y_1(x)$ と $y_2(x)$ のどちらかは多項式，より詳しくは n が偶数のときは $y_1(x)$，奇数のときは $y_2(x)$ が n 次多項式となる．この n 次多項式に定数をかけ，最高次 x^n の係数を $\dfrac{(2n)!}{2^n (n!)^2}$ としたものを**ルジャンドル多項式**といい，$P_n(x)$ で表す．したがって
$$P_n(x) = \sum_{k=0}^{[\frac{n}{2}]} (-1)^k \frac{(2n-2k)!}{2^n k!(n-k)!(n-2k)!} x^{n-2k}$$
ただし $\left[\dfrac{n}{2}\right]$ は $\dfrac{n}{2}$ の整数部分である．もう 1 つの無限級数については，その適当な定数倍を**第 2 種ルジャンドル関数**といい，$Q_n(x)$ で表す．以上から，n 次ルジャンドル方程式の一般解は
$$y = c_1 P_n(x) + c_2 Q_n(x), \quad |x| < 1$$
で与えられる．

ここで関数列 $\{P_m(x)\}$ は内積 $(f, g) = \displaystyle\int_{-1}^{1} f(x)g(x)\,dx$ に関して直交系で

$$\int_{-1}^{1} P_m(x)P_n(x)\,dx = 0, \ n \neq m, \quad \int_{-1}^{1} P_n(x)^2\,dx = \frac{2}{2n+1}$$

が成り立つ.

○例 1.2 (ベッセル関数). $n = 0, 1, 2, \cdots$ に対し
$$x^2 y'' + xy' + (x^2 - n^2)y = 0 \tag{III.18}$$
を n 次ベッセル方程式という. $x = 0$ が確定特異点であるので,解を
$$y = \sum_{k=0}^{\infty} c_k x^{k+\lambda}, \quad c_0 \neq 0$$
の形で求める. 上述の方法で係数比較すると
$$\lambda^2 - n^2 = 0 \tag{III.19}$$
$$\{(\lambda+1)^2 - n^2\}c_1 = 0 \tag{III.20}$$
$$\{(\lambda+k)^2 - n^2\}c_k + c_{k-2} = 0, \quad k = 2, 3, \cdots \tag{III.21}$$
が得られ, (III.19) より $\lambda = \pm n$ となる. $\lambda = n$ のときは (III.20) より $c_1 = 0$, また, (III.21) より $c_k = -\dfrac{c_{k-2}}{k(k+2n)}, k = 2, 3, \cdots$ であるから
$$c_{2k+1} = 0, \quad c_{2k} = \frac{(-1)^k}{2^{2k} k!(1+n)(2+n)\cdots(k+n)} c_0$$
となる. 特に $c_0 = \dfrac{1}{2^n n!}$ として, (III.18) の解
$$J_n(x) = x^n \sum_{k=0}^{\infty} \frac{(-1)^k}{2^{2k+n} k!(k+n)!} x^{2k}$$
が得られる. $J_n(x)$ を n 次ベッセル関数という. この整級数の収束半径が ∞ であることは, $a_k = \dfrac{(-1)^k}{k!(k+n)!}$ としたとき
$$\left|\frac{a_{k+1}}{a_k}\right| = \frac{1}{(k+1)(n+k+1)} \to 0, \quad k \to \infty$$
であることからわかる.

$\lambda = -n$ のときは, (III.21) が $k(k-2n)c_k + c_{k-2} = 0$ となり, $2n$ 以上の偶数 k に対して c_k が求まらないので, 別の方法を適用する. 0 次ベッセル方程式
$$x^2 y'' + xy' + x^2 y = 0$$
の場合は, **第 2 種ベッセル関数**
$$Y_0(x) = J_0(x)\log x - \sum_{k=1}^{\infty} \frac{(-1)^k}{(k!)^2}\left(1 + \frac{1}{2} + \cdots + \frac{1}{k}\right)\left(\frac{x}{2}\right)^{2k}$$

§1. 陽的方法

がもう 1 つの解となることが知られている．したがって，0 次のベッセルの方程式の一般解は

$$y = c_1 J_0(x) + c_2 Y_0(x)$$

である．

★練習問題 III.2. 変形ベッセル関数 $I_n(x) = \sum_{k=0}^{\infty} \dfrac{1}{k!(k+n)!} \left(\dfrac{x}{2}\right)^{2k+n}$ は微分方程式 $x^2 y'' + xy' - (x^2 + n^2) y = 0$ を満たすことを示せ．

☆研究課題 37. オイラーの微分方程式 $x^2 y'' + axy' + by = 0$ の一般解を，$x = 0$ を含まない区間において考える．ただし a, b は実定数である[1]．$\lambda^2 + (a - 1)\lambda + b = 0$ の解を λ_1, λ_2 とすると，これらの一般解は次で与えられることを示せ．ただし C_1, C_2 は任意定数である．

(i) $\lambda_1 \neq \lambda_2$ が実数のとき，$y = C_1 |x|^{\lambda_1} + C_2 |x|^{\lambda_2}$.

(ii) $\lambda_1 = \lambda_2$ のとき，$y = C_1 |x|^{\lambda_1} + C_2 |x|^{\lambda_2} \log|x|$.

(iii) $\lambda_1 = \alpha + i\beta$ のとき，$y = |x|^{\alpha} \left(C_1 \cos(\beta \log|x|) + C_2 \sin(\beta \log|x|) \right)$.

注意 III.1. ベッセル関数 $J_n(x)$, $n = 0, 1, 2, \cdots$ は次の性質をもつ：

(i) $n > 0$ ならば $J_n(0) = 0$.

(ii) $J_n(x) = 0$ は原点以外では重根をもたない．

(iii) $J_n(x)$ の正の零点 a_{n_j} は無限点列で $\lim_{j \to \infty} a_{n_j} = \infty$.

(iv) c を正の整数として $J_n(\alpha c)$ の正の零点を $\alpha_1 < \alpha_2 < \cdots < \alpha_n < \cdots$ とすると

$$\int_0^c x J_n(\alpha_i x) J_n(\alpha_j x) \, dx = 0, \quad i \neq j$$

性質 (iv) は，関数列 $\{J_n(\alpha_i x)\}$ が重み関数 x が付いた内積 $(f, g) = \int_0^c f(x)g(x) x \, dx$ に関して直交系であることを意味している．

§1.3　フーリエ級数

II 章の §3.7 で，区間 $[0, 2\pi]$ 上のフーリエ級数を用いて等周不等式を証明し，II 章の §3.9 では

$$\left\{ \frac{1}{\sqrt{2\pi}}, \frac{1}{\sqrt{\pi}} \sin nx, \frac{1}{\sqrt{\pi}} \cos mx \;\middle|\; n, m = 1, 2, \cdots \right\} \quad \text{(III.22)}$$

が $L^2(-\pi, \pi)$ の完全正規直交系であることに基づいて，**R** 上のフーリエ変換を導出した．(III.22) の正規直交関係は，初等的な

$$\int_{-\pi}^{\pi} \cos mx \, dx = \int_{-\pi}^{\pi} \sin mx \, dx = 0, \quad \int_{-\pi}^{\pi} \cos mx \sin nx \, dx = 0$$

---

[1] I 章の §2.1 の解法も参照．

$$\int_{-\pi}^{\pi} \cos mx \cos nx \, dx = \int_{-\pi}^{\pi} \sin mx \sin nx \, dx = 0, \quad m \neq n$$
$$\int_{-\pi}^{\pi} \sin^2 mx \, dx = \int_{-\pi}^{\pi} \cos^2 mx \, dx = \pi \tag{III.23}$$

による．いま，周期 2π の周期関数 $f(x)$ が

$$f(x) = \frac{a_0}{2} + \sum_{n=1}^{\infty} (a_n \cos nx + b_n \sin nx)$$

と表されているとして，無限和と積分を入れ替えると

$$\int_{-\pi}^{\pi} f(x) \, dx = \int_{-\pi}^{\pi} \frac{a_0}{2} \, dx + \sum_{n=1}^{\infty} \left\{ a_k \int_{-\pi}^{\pi} \cos nx \, dx + b_k \int_{-\pi}^{\pi} \sin nx \, dx \right\}$$
$$= a_0 \pi$$

また，(III.23) において $\sin nx, \cos nx$ をかけて $[-\pi, \pi]$ で積分し，同じ操作をすると

$$\int_{-\pi}^{\pi} f(x) \cos nx \, dx = \frac{a_0}{2} \int_{-\pi}^{\pi} \cos nx \, dx$$
$$+ \sum_{k=1}^{\infty} \left\{ a_k \int_{-\pi}^{\pi} \cos kx \cos nx \, dx + b_k \int_{-\pi}^{\pi} \sin kx \cos nx \, dx \right\}$$
$$= a_n \int_{-\pi}^{\pi} \cos^2 nx \, dx = a_n \pi$$
$$\int_{-\pi}^{\pi} f(x) \sin nx \, dx = \frac{a_0}{2} \int_{-\pi}^{\pi} \sin nx \, dx$$
$$+ \sum_{k=1}^{\infty} \left\{ a_k \int_{-\pi}^{\pi} \cos kx \sin nx \, dx + b_k \int_{-\pi}^{\pi} \sin kx \sin nx \, dx \right\}$$
$$= b_n \int_{-\pi}^{\pi} \sin^2 nx \, dx = b_n \pi$$

が得られる．こうして，フーリエ級数が次のように定義される．

定義 1.1. 区分的に連続かつ周期 2π の周期関数 $f(x)$ に対し

$$a_n = \frac{1}{\pi} \int_{-\pi}^{\pi} f(x) \cos nx \, dx, \qquad b_n = \frac{1}{\pi} \int_{-\pi}^{\pi} f(x) \sin nx \, dx$$

を $f(x)$ の**フーリエ係数**，

$$f(x) \sim \frac{a_0}{2} + \sum_{n=1}^{\infty} (a_n \cos nx + b_n \sin nx)$$

を $f(x)$ の**フーリエ級数**（フーリエ展開）という．ただし，有限区間 I で定義された関数 $f(x)$ は以下の条件を満たすとき**区分的に連続**という：

(i) 有限個の点を除いて連続である．

§1. 陽的方法

(ii) 各不連続点で左側極限・右側極限が存在し，I の両端点では I の内部から両端点に近づいたときの極限値が存在する．

フーリエ級数については次の定理が知られている．

定理 1.2. $f(x)$ は区分的に連続な周期 2π の周期関数で，$f'(x)$ も区分的に連続であるとき，$f(x)$ のフーリエ級数は，各 $x \in [-\pi, \pi]$ に対し $\dfrac{1}{2}\{f(x-0)+f(x+0)\}$ に収束する．

より一般の $f(x)$ については，フーリエ級数は次のように定義される．

(i) $f(x)$ が周期 $2l$ の周期関数の場合，関数 $F(\xi)$ を $F(\xi) = f\left(\dfrac{l\xi}{\pi}\right)$ で定めると，$F(\xi)$ は周期 2π の周期関数となる．$F(\xi)$ のフーリエ級数は

$$F(\xi) \sim \frac{a_0}{2} + \sum_{n=1}^{\infty}(a_n \cos n\xi + b_n \sin n\xi)$$

$$a_n = \frac{1}{\pi}\int_{-\pi}^{\pi} F(\xi)\cos n\xi\, d\xi, \quad n = 0, 1, 2, \cdots$$

$$b_n = \frac{1}{\pi}\int_{-\pi}^{\pi} F(\xi)\sin n\xi\, d\xi, \quad n = 1, 2, \cdots$$

変数変換 $\xi = \dfrac{\pi}{\ell}x$ より，$f(x)$ のフーリエ級数は

$$f(x) \sim \frac{a_0}{2} + \sum_{n=1}^{\infty}\left(a_n \cos\frac{n\pi}{l}x + b_n \sin\frac{n\pi}{l}x\right)$$

$$a_n = \frac{1}{l}\int_{-l}^{l} f(x)\cos\frac{n\pi}{l}x\, dx, \quad n = 0, 1, 2, \cdots$$

$$b_n = \frac{1}{l}\int_{-l}^{l} f(x)\sin\frac{n\pi}{l}x\, dx, \quad n = 1, 2, \cdots \quad (\text{III.24})$$

となる．$f(x)$ が区間 $(a, b]$ で定義でされた関数の場合には $2l = b - a$ として，周期 $2l$ の周期関数になるように $(-\infty, \infty)$ に拡張すると，$f(x)$ のフーリエ級数が (III.24) で定義できる．

(ii) $f(x)$ が区間 $(0, l)$ を定義域とする場合には，$f(x)$ を偶関数として $(-l, l)$ に拡張し，さらにそれを周期 $2l$ の周期関数になるように $(-\infty, \infty)$ に拡張した関数を $f_e(x)$ とする．また，$f(x)$ を奇関数として $(-l, l)$ に拡張し，さらにそれを周期 $2l$ の周期関数になるように $(-\infty, \infty)$ に拡張した関数を $f_o(x)$ とする．$f_e(x)$ は偶関数，$f_o(x)$ は奇関数であるから，$f_e(x)$,

$f_o(x)$ のフーリエ展開は次の形となる:

$$f_e(x) \sim \frac{a_0}{2} + \sum_{n=1}^{\infty} a_n \cos \frac{n\pi}{l} x$$

$$a_n = \frac{2}{l} \int_0^l f(x) \cos \frac{n\pi}{l} x \, dx, \quad n = 0, 1, 2, \ldots \qquad (\text{III}.25)$$

$$f_o(x) \sim \sum_{n=1}^{\infty} b_n \sin \frac{n\pi}{l} x$$

$$b_n = \frac{2}{l} \int_0^l f(x) \sin \frac{n\pi}{l} x \, dx, \quad n = 1, 2, \ldots \qquad (\text{III}.26)$$

(III.25) をフーリエ余弦展開, (III.26) をフーリエ正弦展開という.

定理 1.3 (ベッセルの不等式). 周期 2π の関数 $f(x)$ が区間 $[-\pi, \pi]$ で区分的に連続ならば, そのフーリエ係数 a_n, b_n に対して

$$\frac{a_0^2}{2} + \sum_{n=1}^{\infty} (a_n^2 + b_n^2) \leq \frac{1}{\pi} \int_{-\pi}^{\pi} f(x)^2 \, dx \qquad (\text{III}.27)$$

が成り立つ.

証明: $S_N(x) = \dfrac{a_0^2}{2} + \sum_{n=1}^{N} (a_n \cos nx + b_n \sin nx)$ とおくと

$$\int_{-\pi}^{\pi} \{f(x) - S_N(x)\}^2 \, dx$$
$$= \int_{-\pi}^{\pi} f(x)^2 \, dx - 2 \int_{-\pi}^{\pi} f(x) S_N(x) \, dx + \int_{-\pi}^{\pi} S_N(x)^2 \, dx \qquad (\text{III}.28)$$

定義 1.1 より

$$\int_{-\pi}^{\pi} f(x) S_N(x) \, dx = \frac{a_0}{2} \int_{-\pi}^{\pi} f(x) \, dx + \sum_{n=1}^{N} a_n \int_{-\pi}^{\pi} f(x) \cos nx \, dx$$
$$+ \sum_{n=1}^{N} b_n \int_{-\pi}^{\pi} f(x) \sin nx \, dx$$
$$= \frac{a_0^2}{2} + \sum_{n=1}^{N} \pi (a_n^2 + b_n^2)$$

また (III.23) より

$$\int_{-\pi}^{\pi} S_N(x)^2 \, dx = \frac{\pi}{2} a_0^2 + \sum_{n=1}^{N} \pi (a_n^2 + b_n^2)$$

さらに (III.28) の右辺が正であることより

$$\frac{1}{\pi} \int_{-\pi}^{\pi} f(x)^2 \, dx \geq \frac{a_0^2}{2} + \sum_{n=1}^{N} \pi (a_n^2 + b_n^2)$$

となる. $N \to \infty$ として (III.27) を得る. □

§1. 陽的方法

定理 1.3 において，広い範囲の $f(x)$ に対して，(III.27) は等号に置き換わる．これを**パーセバルの等式**という．

★練習問題 **III.3.** 関数 $f(x) = x^2, -\pi < x \leq \pi$ のフーリエ級数を求め，等式 $\sum_{n=1}^{\infty} \dfrac{1}{n^2} = \dfrac{\pi^2}{6}$ を示せ．

☆研究課題 **38.** (III.22) が $L^2(-\pi, \pi)$ の完全正規直交系であることを用いて，パーセバルの等式

$$\frac{a_0^2}{2} + \sum_{n=1}^{\infty}(a_n^2 + b_n^2) = \frac{1}{\pi}\int_{-\pi}^{\pi} f(x)^2\, dx$$

が $f \in L^2(-\pi, \pi)$ に対して成り立つことを示せ．

注意 **III.2.** ルジャンドル多項式やベッセル関数については次の結果 (i), (ii) が成り立つ：
(i) ルジャンドル多項式による直交系を $\{P_n(x)\}$ とすると，各 $x \in (-1, 1)$ に対して

$$\sum_{n=0}^{\infty} a_n P_n(x) = \frac{1}{2}\{f(x-0) + f(x+0)\}$$

$$a_n = \frac{2n+1}{2}\int_{-1}^{1} f(x)P_n(x)\, dx, \quad n = 0, 1, 2, \cdots$$

(ii) 非負整数 n に対し，n 次ベッセル関数 $J_n(\ell x)$ の正の零点を $0 < \lambda_1 < \lambda_2 < \cdots$ とすると，各 $x \in (0, \ell)$ に対して

$$\sum_{i=1}^{\infty} a_i J_n(\lambda_i x) = \frac{f(x-0) + f(x+0)}{2}$$

$$a_i = \frac{2}{\{J_{n+1}(\lambda_i \ell)\}^2 \ell^2}\int_0^{\ell} x f(x) J_n(\lambda_i x)\, dx, \quad i = 1, 2, \cdots$$

§1.4 スツルム・リュービル問題

ルジャンドル方程式，ベッセル方程式等，重要な微分方程式は実数 λ をパラメータとして

$$\{p(x)y'\}' + \{q(x) + \lambda r(x)\}\, y = 0 \qquad (\text{III}.29)$$

のような形に表されている．これを**スツルム・リュービル型の微分方程式**という．

実際，ルジャンドル方程式 $(1-x^2)y'' - 2xy' + n(n+1)y = 0$ では

$$\{(1-x^2)y'\}' + \lambda y = 0, \quad \lambda = n(n+1)$$

また，ベッセル方程式 $x^2 y'' + xy' + (x^2 - n^2)y = 0$ は，変数変換 $x = k\xi$ により

$$\xi^2 y'' + \xi y' + (k^2 \xi^2 - n^2)y = 0$$

となるから
$$(\xi y')' + \left(-\frac{n^2}{\xi} + \lambda \xi\right) y = 0, \quad \lambda = k^2$$
という形になる．一般の 2 階の同次線形微分方程式
$$y'' + q(x)y' + h(x)y = 0$$
も，$p(x) = \exp\left\{\int_c^x q(t)\,dt\right\}, q(x) = h(x)p(x)$ とすると
$$\{p(x)y'\}' + q(x)y = 0, \quad \lambda = 0$$
とすることができる．

スツルム・リュービル問題は (III.29) に対する境界値問題で，区間 $[a,b]$ の場合には
$$\{p(x)y'\}' + \{q(x) + \lambda r(x)\}y = 0$$
$$\alpha_1 y(a) + \alpha_2 y'(a) = \beta_1 y(b) + \beta_2 y'(b) = 0 \qquad (\text{III}.30)$$
で書かれる．ただし，$\alpha_1, \alpha_2, \beta_1, \beta_2$ は実定数で，$\alpha_1^2 + \alpha_2^2 > 0, \beta_1^2 + \beta_2^2 > 0$ とし，$p(x), p'(x), q(x), r(x)$ は実数値で $[a,b]$ 上連続，$p(x), r(x)$ は (a,b) 上で正とする．λ はパラメータである．

任意の λ に対して，$y(x) \equiv 0$ は (III.30) の自明な解となる．自明でない解が存在するような λ を (III.30) の**固有値**といい，そのときの解 $y = y(x)$ を固有値 λ に対応する**固有関数**という．

次の定理の (i) は，重み関数 $r(x)$ がついた内積
$$(f,g) = \int_a^b f(x)g(x)r(x)\,dx$$
に関して固有関数 φ_1 と φ_2 が直交していることを意味し，対応する固有関数展開の基礎となる．フーリエ級数に関する三角関数の他，ルジャンドル多項式，ベッセル関数がその例である．

定理 1.4. 以下が成り立つ：

(i) 相異なる固有値 λ_1, λ_2 に対応する固有関数をそれぞれ $\varphi_1(x), \varphi_2(x)$ とすると $\int_a^b \varphi_1(x)\varphi_2(x)r(x)\,dx = 0$ である．

(ii) 固有値は実数である．

(iii) 各固有値に対応する固有関数は定数倍を除いてただ 1 つである．

証明： (i) $W(\varphi_1, \varphi_1) = \begin{vmatrix} \varphi_1 & \varphi_2 \\ \varphi_1' & \varphi_2' \end{vmatrix}$ を φ_1, φ_1 のロンスキー行列式とする．(III.30)

§1. 陽的方法   179

から，$\{\alpha_1\varphi_1(a) + \alpha_2\varphi_1'(a)\}\varphi_2'(a) = \{\alpha_1\varphi_2(a) + \alpha_2\varphi_2'(a)\}\varphi_1'(a) = 0$. 辺々引いて
$$\alpha_1 W(\varphi_1, \varphi_2)(a) = 0 \tag{III.31}$$
同様に，$\{\alpha_1\varphi_1(a) + \alpha_2\varphi_1'(a)\}\varphi_2(a) = \{\alpha_1\varphi_2(a) + \alpha_2\varphi_2'(a)\}\varphi_1(a) = 0$ より
$$\alpha_2 W(\varphi_1, \varphi_2)(a) = 0 \tag{III.32}$$
$\alpha_1^2 + \alpha_2^2 > 0$ だから，(III.31), (III.32) より
$$W(\varphi_1, \varphi_2)(a) = 0 \tag{III.33}$$
となる．同様にして，(III.30) と $\beta_1^2 + \beta_2^2 > 0$ より
$$W(\varphi_1, \varphi_2)(b) = 0 \tag{III.34}$$
次に，(III.30) から
$$\{(p\varphi_1')' + (q + \lambda_1 r)\varphi_1\}\varphi_2 = \{(p\varphi_2')' + (q + \lambda_2 r)\varphi_2\}\varphi_1 = 0$$
辺々引いて
$$\{pW(\varphi_1, \varphi_2)\}' = (\lambda_2 - \lambda_1)r\varphi_1\varphi_2$$
この式を $[a, b]$ で積分する．(III.33)–(III.34) より
$$(\lambda_2 - \lambda_1)\int_a^b \varphi_1(x)\varphi_2(x)r(x)\,dx = p(b)W(\varphi_1, \varphi_2)(b) - p(a)W(\varphi_1, \varphi_2)(a) = 0$$
したがって $\lambda_1 \neq \lambda_2$ ならば $\int_a^b \varphi_1(x)\varphi_2(x)r(x)\,dx = 0$.

(ii) $\lambda = \alpha + \imath\beta$ (α, β 実数) を固有値，対応する固有関数を $\varphi(x) = \eta(x) + \imath\zeta(x)$ ($\eta(x), \zeta(x)$ 実数値) とすれば，$\bar{\lambda} = \alpha - \imath\beta$ も固有値で，対応する固有関数は $\overline{\varphi(x)} = \eta(x) - \imath\zeta(x)$. したがって (i) より
$$(\lambda - \bar{\lambda})\int_a^b \varphi(x)\overline{\varphi(x)}r(x)\,dx = 0$$
ここで，$\varphi(x)\overline{\varphi(x)} = |\varphi(x)|^2$ かつ $r(x) > 0$ であるから，$\lambda = \bar{\lambda}$．よって λ は実数である．

(iii) 同じ固有値 λ に対応する固有関数を $\varphi_1(x), \varphi_2(x)$ としても (III.31) は成り立つので，${}^t(\varphi_1(a), \varphi_1'(a))$ と ${}^t(\varphi_2(a), \varphi_2'(a))$ は線形従属．$\varphi_1(x), \varphi_2(x)$ は同じ方程式の解なので，線形性と初期値問題の一意性から定数 $(c_1, c_2) \neq (0, 0)$ が存在して，$x \in [a, b]$ に対して $c_1\varphi_1(x) + c_2\varphi_2(x) = 0$ となる． □

●例題 1.2．次の微分方程式の境界値問題
$$y'' + \lambda y = 0,\ 0 < x < \ell,\quad y(0) = y'(\ell) = 0 \tag{III.35}$$
の固有値，固有関数を求めよ．

解答： 方程式の一般解は
$$y = A\cos\sqrt{\lambda}x + B\sin\sqrt{\lambda}x,\quad \lambda > 0$$
$$y = Ax + B,\quad \lambda = 0$$

$$y = A\cosh\sqrt{-\lambda}x + B\sinh\sqrt{-\lambda}x, \quad \lambda < 0$$

$\lambda < 0, \lambda = 0$ のときは，境界条件 (III.35) より自明な解だけとなる．$\lambda > 0$ のときは，(III.35) より $y(0) = A = 0$ かつ $y'(\ell) = B\sqrt{\lambda}\cos\sqrt{\lambda}\ell = 0$. したがって，自明でない解が存在するのは $\cos\sqrt{\lambda}\ell = 0$, すなわち $\sqrt{\lambda}\ell = \dfrac{(2n-1)\pi}{2}$, $n = \pm 1, \pm 2, \cdots$ であり，固有値 $\lambda = \lambda_n$ は

$$\lambda_n = \left(\frac{(2n-1)\pi}{2\ell}\right)^2, \quad n = 1, 2, \cdots$$

対応する固有関数 $\varphi_n(x)$ は，定数倍を除いて $\varphi_n(x) = \sin\dfrac{(2n-1)\pi x}{2\ell}$ となる． □

★**練習問題 III.4.** 区間 $[0,1]$ における次の境界値問題の固有値と固有関数を求めよ [2]:
$$y^{(4)} - \lambda y = 0, \quad y(0) = y''(0) = y(1) = y''(1) = 0$$

☆**研究課題 39** (スツルム・リュービルの比較定理)．区間 (a,b) 上で定義された $p(x) > 0$, $g_2(x) > g_1(x)$ に対して，$y_i = y_i(x), i = 1,2$ は $(py_i')' + g_i y_i = 0$ を満たすとする．$a < x_1 < x_2 < b$ が $y_1(x)$ の隣り合う零点であるとすると，$y_2(x)$ は (x_1, x_2) 上で必ず零点をもつことを示せ．

注意 III.3. スツルム・リュービル問題 (III.30) は，関数 p, q, r に関する広く一般的な条件のもとで，無限に多くの固有値をもつ．これらの固有値は，振動数・エネルギーなど実数値の物理量に関連して現れる．

§1.5 フーリエ変換再説

II 章の §3.9 で述べたように，フーリエ変換は，$\mathbf{R}$ 上の必ずしも周期関数でない関数について定義される．この小節では以下を仮定する．

(i) $f(x)$ は $(-\infty, \infty)$ 上で可積分: $\displaystyle\int_{-\infty}^{\infty} |f(x)|\,dx < +\infty$

(ii) 任意の有限区間において $f(x), f'(x)$ は区分的に連続である．

$R > 0$ に対して，$f(x)$ を $(-R, R]$ に制限した関数を $f_R(x)$ で表す．$f_R(x)$ のフーリエ級数は

$$f_R(x) \sim \frac{a_0}{2} + \sum_{n=1}^{\infty} \left(a_n \cos\frac{n\pi}{R}x + b_n \sin\frac{n\pi}{R}x\right)$$

$$a_n = \frac{1}{R}\int_{-R}^{R} f_R(\eta) \cos\frac{n\pi}{R}\eta\,d\eta, \quad n = 0, 1, 2, \cdots$$

$$b_n = \frac{1}{R}\int_{-R}^{R} f_R(\eta) \sin\frac{n\pi}{R}\eta\,d\eta, \quad n = 1, 2, \cdots$$

---

[2] 練習問題 I.10 (ノイマン条件), 練習問題 II.18 (周期条件) も試みよ．

§1. 陽的方法

加法定理を用いると

$$f_R(x) \sim \frac{1}{2R}\int_{-R}^{R} f_R(\eta)\,d\eta + \sum_{n=1}^{\infty}\frac{1}{R}\int_{-R}^{R} f_R(\eta)\cos\frac{n\pi}{R}(\eta-x)\,d\eta \tag{III.36}$$

仮定 (i) により，(III.36) の右辺第 1 項は $R\uparrow +\infty$ において 0 に収束する．

一方，第 2 項は $\xi_n = \dfrac{n\pi}{R}$ に対して

$$\frac{1}{\pi}\sum_{n=1}^{\infty}\int_{-R}^{R} f_R(\eta)\cos\xi_n(\eta-x)\,d\eta \cdot (\xi_n - \xi_{n-1})$$

と等しく，$R\uparrow +\infty$ において $\xi_n \to 0$ であるから

$$\frac{1}{\pi}\int_0^{\infty}\left(\int_{-\infty}^{\infty} f(\eta)\cos\xi(\eta-x)\,d\eta\right)d\xi$$

に収束することが予想される[3]．実際，上記 (i), (ii) の仮定のもとで

$$\frac{1}{\pi}\int_0^{\infty}\left(\int_{-\infty}^{\infty} f(\xi)\cos\xi(\eta-x)\,d\eta\right)d\xi = \frac{1}{2}\{f(x-0)+f(x+0)\} \tag{III.37}$$

であることが知られている．加法定理により，(III.37) の左辺は

$$a(\xi) = \frac{1}{\pi}\int_{-\infty}^{\infty} f(\eta)\cos\xi\eta\,d\eta, \qquad b(\xi) = \frac{1}{\pi}\int_{-\infty}^{\infty} f(\eta)\sin\xi\eta\,d\eta$$

に対して

$$\frac{1}{\pi}\int_0^{\infty}\int_{-\infty}^{\infty} f(x)\cos\xi(\eta-x)\,d\eta d\xi$$
$$= \int_0^{\infty} a(\xi)\cos\xi x\,d\xi + \int_0^{\infty} b(\xi)\sin\xi x\,d\xi$$

であるので，(III.37) はフーリエ級数に関する定理 1.2 に対応している．

以下は，II 章の §3.9 で述べたフーリエ変換の定義と性質の復習である．

定義 1.2. $(-\infty, \infty)$ 上の関数 $f(x)$ に対して

$$\mathcal{F}[f](\xi) = \int_{-\infty}^{\infty} e^{-ix\xi} f(x)\,dx$$

で定義される関数 $\mathcal{F}[f](\xi)$ を $f(x)$ の**フーリエ変換**という．

---

[3] (II.236) と本質的に同じ．次の (III.37) が (II.237) に対応する．

定理 1.5 (反転公式).

$$\frac{1}{2\pi} \int_{-\infty}^{\infty} e^{ix\xi} \mathcal{F}[f](\xi) \, d\xi = \frac{1}{2} \{f(x-0) + f(x+0)\} \quad (\text{III}.38)$$

証明: $\cos \xi(\eta - x) = \dfrac{e^{i\xi(\eta-x)} + e^{-i\xi(\eta+x)}}{2}$ より

$$\int_{-\infty}^{\infty} f(\xi) \cos \xi(\eta - x) \, d\eta = \frac{1}{2} e^{-i\xi x} \int_{-\infty}^{\infty} e^{i\xi\eta} f(\eta) \, d\eta + \frac{1}{2} e^{i\xi x} \int_{-\infty}^{\infty} e^{-i\xi\eta} f(\eta) \, d\eta$$

$$= \frac{1}{2} \left\{ e^{-i\xi x} \mathcal{F}[f](-\xi) + e^{i\xi x} \mathcal{F}[f](\xi) \right\}$$

したがって $R > 0$ に対して

$$\frac{1}{\pi} \int_0^R \left(\int_{-\infty}^{\infty} f(\eta) \cos \xi(\eta - x) \, d\eta \right) d\xi$$

$$= \frac{1}{2\pi} \left(\int_0^R e^{-i\xi x} \mathcal{F}[f](-\xi) \, d\xi + \int_0^R e^{i\xi x} \mathcal{F}[f](\xi) \, d\xi \right)$$

$$= \frac{1}{2\pi} \int_{-R}^{R} e^{i\xi x} \mathcal{F}[f](\xi) \, d\xi$$

となり, $R \uparrow +\infty$ とすれば, (III.37) から (III.38) となる. □

反転公式からフーリエ逆変換

$$\mathcal{F}^{-1}[g](x) = \frac{1}{2\pi} \int_{-\infty}^{\infty} e^{i\xi x} g(\xi) \, d\xi$$

が定義できて, $\mathcal{F}^{-1}\mathcal{F} = I$ が成り立つ. ただし I は恒等写像である. フーリエ変換の線形性:

$$\mathcal{F}[c_1 f_1 + c_2 f_2] = c_1 \mathcal{F}[f_1] + c_2 \mathcal{F}[f_2]$$

は明らかである. ただし c_1, c_2 は定数である.

定理 1.6. 次が成り立つ:

(i) $f(x)$ が微分可能で $\lim_{|x|\uparrow+\infty} f(x) = 0$ のとき, $\mathcal{F}[f'](\xi) = i\xi \mathcal{F}[f](\xi)$

(ii) $g(x) = xf(x)$ に対し, $(\mathcal{F}[f])'(\xi) = -i\mathcal{F}[g](\xi)$

証明: (i) $R > 0$ に対して

$$\int_{-R}^{R} e^{-i\xi x} f'(x) \, dx = \left[e^{-i\xi x} f(x) \right]_{-R}^{R} + i\xi \int_{-R}^{R} e^{-i\xi x} f(x) \, dx$$

仮定より, $R \uparrow +\infty$ において右辺第 1 項は 0 収束する. よって

$$\mathcal{F}[f'](\xi) = i\xi \int_{-\infty}^{\infty} e^{-i\xi x} f(x) \, dx = i\xi \mathcal{F}[f](\xi)$$

(ii) 部分積分により

§1. 陽的方法

$$\frac{d}{d\xi}\mathcal{F}[f](\xi) = \frac{d}{d\xi}\int_{-\infty}^{\infty} e^{-\imath\xi x}f(x)\,dx$$
$$= -\imath \int_{-\infty}^{\infty} xe^{-\imath\xi x}f(x)\,dx = -\imath\mathcal{F}[g](\xi) \qquad \square$$

実数全体で定義された関数 $f(x), g(x)$ の合成積を次で定める:

$$(f*g)(x) = \int_{-\infty}^{\infty} f(x-y)g(y)\,dy$$

定理 1.7. $\mathcal{F}[(f*g)] = \mathcal{F}[f]\cdot\mathcal{F}[g]$

証明: 積分の順序交換により

$$\mathcal{F}[f*g](\xi) = \int_{-\infty}^{\infty} e^{-\imath\xi x}\left\{\int_{-\infty}^{\infty} f(x-y)g(y)\,dy\right\}dx$$
$$= \int_{-\infty}^{\infty} g(y)\left\{\int_{-\infty}^{\infty} e^{-\imath\xi x}f(x-y)\,dx\right\}dy$$

変数変換 $x - y = z$ により

$$\mathcal{F}[f*g](\xi) = \int_{-\infty}^{\infty} e^{-\imath\xi y}g(y)\,dy \cdot \int_{-\infty}^{\infty} e^{-\imath\xi z}f(z)\,dz = \mathcal{F}[f](\xi)\mathcal{F}[g](\xi) \qquad \square$$

関数 $f(x), 0 < x < \infty$ に対して

$$\begin{aligned}\mathcal{F}_c[f](\xi) &= \int_0^{\infty} f(x)\cos\xi x\,dx \\ \mathcal{F}_s[f](\xi) &= \int_0^{\infty} f(x)\sin\xi x\,dx\end{aligned} \qquad (\text{Ⅲ.39})$$

を $f(x)$ の**フーリエ余弦変換**,**フーリエ正弦変換**という.$f(x)$ を偶関数または奇関数として $(-\infty, \infty)$ に拡張する.定理 1.5 より,各 $x > 0$ に対して

$$\begin{aligned}\frac{2}{\pi}\int_0^{\infty} \mathcal{F}_c[f](\xi)\cos\xi x\,d\xi &= \frac{1}{2}\{f(x-0) + f(x+0)\} \\ \frac{2}{\pi}\int_0^{\infty} \mathcal{F}_s[f](\xi)\sin\xi x\,d\xi &= \frac{1}{2}\{f(x-0) + f(x+0)\}\end{aligned} \qquad (\text{Ⅲ.40})$$

が成り立つ.また定理 1.6 (ii) と同様にして

$$\mathcal{F}_c[f'](\xi) = -f(+0) + \xi\mathcal{F}_s[f](\xi), \quad \mathcal{F}_s[f'](\xi) = -\xi\mathcal{F}_c[f](\xi) \qquad (\text{Ⅲ.41})$$

も成り立つ.

●**例題 1.3.** $f(x) = \begin{cases} 1, & |x| \leq 1 \\ 0, & |x| > 1 \end{cases}$ のフーリエ変換を求めよ.

解答: $f(x)$ は偶関数であるから $\mathcal{F}[f](\xi) = \int_0^1 \cos\xi x\,dx = \dfrac{\sin\xi}{\xi}$. $\qquad \square$

●例題 1.4. $\alpha > 0$ に対して，$\mathcal{F}\left[e^{-\alpha x^2}\right](\xi) = \sqrt{\dfrac{\pi}{\alpha}} e^{-\frac{\xi^2}{4\alpha}}$ を示せ．

解答： 定理 1.6 (ii) と部分積分より

$$\frac{d}{d\xi}\mathcal{F}\left[e^{-\alpha x^2}\right](\xi) = -\imath \mathcal{F}\left[xe^{-\alpha x^2}\right](\xi) = -\imath \int_{-\infty}^{\infty} e^{-\imath \xi x} x e^{-\alpha x^2}\, dx$$

$$= -\imath\left\{\left[e^{-\imath \xi x}\left(-\frac{e^{-\alpha x^2}}{2\alpha}\right)\right]_{-\infty}^{\infty} - \frac{i\xi}{2\alpha}\int_{-\infty}^{\infty} e^{-\imath \xi x} e^{-\alpha x^2}\, dx\right\}$$

$$= -\frac{\xi}{2\alpha}\int_{-\infty}^{\infty} e^{-\imath \xi x} e^{-\alpha x^2}\, dx = \frac{-\xi}{2\alpha}\mathcal{F}\left[e^{-\alpha x^2}\right](\xi)$$

この常微分方程式を解いて $\mathcal{F}\left[e^{-\alpha x^2}\right](\xi) = Ce^{-\frac{\xi^2}{4\alpha}}$，ただし C は積分定数である．ここで $\xi = 0$ とおくと

$$C = \mathcal{F}\left[e^{-\alpha x^2}\right](0) = \int_{-\infty}^{\infty} e^{-\alpha x^2}\, dx = \frac{1}{\sqrt{\alpha}}\int_{-\infty}^{\infty} e^{-y^2}\, dy = \sqrt{\frac{\pi}{\alpha}} \qquad \square$$

●例題 1.5. $k > 0$ とする．$f(x) = e^{-kx}, 0 < x < \infty$ のフーリエ正弦変換，フーリエ余弦変換を求めて，$\mathcal{F}\left[\dfrac{k}{x^2+k^2}\right](\xi) = \pi e^{-k|\xi|}$ を示せ．

解答： まず，求める変換は

$$\mathcal{F}_c[f](\xi) = \int_0^\infty e^{-kx}\cos\xi x\, dx = \frac{k}{\xi^2+k^2}$$

$$\mathcal{F}_s[f](\xi) = \int_0^\infty e^{-kx}\sin\xi x\, dx = \frac{\xi}{\xi^2+k^2}$$

次に，$e^{-k|x|}$ は e^{-kx} の偶拡張．よって (III.40) から

$$e^{-kx} = \frac{2}{\pi}\int_0^\infty \mathcal{F}_c\left[e^{-kx}\right](\xi)\cos\xi x\, d\xi = \frac{2}{\pi}\int_0^\infty \frac{k}{\xi^2+k^2}\cos\xi x\, d\xi$$

$$= \frac{1}{\pi}\int_{-\infty}^\infty \frac{k}{\xi^2+k^2}(\cos\xi x - i\sin\xi x)\, d\xi$$

$$= \frac{1}{\pi}\mathcal{F}\left[\frac{k}{x^2+k^2}\right](\xi) \qquad \square$$

★**練習問題 III.5.** 反転公式を用いて次の等式を示せ：

(1) $\dfrac{2}{\pi}\displaystyle\int_0^\infty \dfrac{1-\cos\xi}{\xi}\sin x\xi\, d\xi = \begin{cases} \frac{\pi}{2}, & 0 < x < 1 \\ \frac{\pi}{4}, & x = 1 \\ 0, & x > 1 \end{cases}$

(2) $\dfrac{2}{\pi}\displaystyle\int_0^\infty \dfrac{1-\cos\xi}{\xi^2}\cos x\xi\, d\xi = \begin{cases} 1-|x|, & |x| \leq 1 \\ 0, & |x| > 1 \end{cases}$

☆**研究課題 40.** f は $\mathbf{R}$ 上 C^2，かつ f, f', f'' は $\mathbf{R}$ 上可積分とする．反転公式を用いてパーセバルの等式

$$\frac{1}{2\pi}\int_{-\infty}^{\infty}|f(x)|^2\,dx = \int_{-\infty}^{\infty}|\mathcal{F}[f](\xi)|^2\,d\xi$$

を示せ.

§1.6 熱方程式・波動方程式

II 章の §3.9, §3.7 において, 全空間での熱 (拡散) 方程式, 空間 1 次元の波動方程式を扱った. この小節と次の小節では, 関連する問題に対する古典的な解法を述べる.

●例題 1.6 (1 次元熱方程式). 長さ ℓ の, 一直線に伸びた針金に熱が伝わる現象を考える. 位置 x, 時刻 t における針金の温度を $u = u(x,t)$ とする. 無次元化によって物理定数 1 とすると

$$u_t = u_{xx}, \quad 0 < x < \ell,\ t > 0 \tag{III.42}$$

が成り立つ. 初期条件は, $t = 0$ における温度分布 $f(x)$ を与えて

$$u(x,0) = f(x), \quad 0 \leq x \leq \ell \tag{III.43}$$

とする. また, 針金の両端 $x = 0, \ell$ における状態を与える境界条件として, 温度が 0, すなわち

$$u(0,t) = u(l,t) = 0, \quad t \geq 0 \tag{III.44}$$

とする. §1.1 の変数分離法と §1.3 のフーリエ級数を適用して, 初期・境界値問題 (III.42), (III.43), (III.44) を解け.

解答: 最初に変数分離解を $u(x,t) = X(x)T(t)$ とおく. (III.42) より, λ を定数として $\dfrac{T'(t)}{T(t)} = \dfrac{X''(x)}{X(x)} = -\lambda$, したがって

$$X''(x) + \lambda X(x) = T'(t) + \lambda T(t) = 0 \tag{III.45}$$

となる. 境界条件 (III.44) より, $X(t)$ は境界値問題

$$X''(x) + \lambda X(x) = 0, \quad 0 < x < \ell, \qquad X(0) = X(\ell) = 0$$

の解となり, III 章の §1.4 の例題 1.2 から, 固有値 λ_n と固有関数 $X_n(x)$ は

$$\lambda_n = \left(\frac{n\pi}{\ell}\right)^2, \quad X_n(x) = \sin\left(\frac{n\pi x}{\ell}\right), \qquad n = 1, 2, \cdots \tag{III.46}$$

で与えられる. $\lambda = \lambda_n$ に対して (III.45) の解を $T_n(t)$ とおく. 定数倍を除いて $T_n(t) = e^{-\lambda_n k t}$ であるから, (III.44) を満たす (III.42) の解

$$u_n(x,t) = X_n(x)T_n(t) = e^{-\left(\frac{n\pi}{\ell}\right)^2 t}\sin\left(\frac{n\pi x}{\ell}\right), \quad n = 1, 2, \cdots$$

が得られる.

重ね合わせの原理によって解を $u(x,t) = \sum_{n=1}^{\infty} a_n e^{-\left(\frac{n\pi}{\ell}\right)^2 t} \sin\left(\frac{n\pi x}{\ell}\right)$ とし，初期条件 (III.43) を要請すると

$$u(x,0) = f(x) = \sum_{n=1}^{\infty} a_n \sin\left(\frac{n\pi x}{l}\right)$$

右辺は $f(x)$ のフーリエ正弦展開で，$a_n = \dfrac{2}{\ell} \displaystyle\int_0^\ell f(\xi) \sin\left(\dfrac{n\pi\xi}{\ell}\right) d\xi$．したがって，1次元拡散 (熱) 方程式の初期・境界値問題 (III.42), (III.43), (III.44) の解は

$$u(x,t) = \sum_{n=1}^{\infty} \left\{ \frac{2}{l} \int_0^\ell f(\xi) \sin\left(\frac{n\pi\xi}{\ell}\right) d\xi \right\} e^{-\left(\frac{n\pi}{\ell}\right)^2 t} \sin\left(\frac{n\pi x}{\ell}\right)$$

で与えられる． □

● **例題 1.7 (外力項のある熱方程式)．** 針金に外部から熱の供給 $F(x,t)$ がある場合には，針金の温度は

$$u_t = u_{xx} + F, \quad 0 < x < \ell,\ t > 0 \tag{III.47}$$

を満たす．非同次方程式 (III.47) に境界条件 (III.44) と初期条件

$$u(x,0) = 0, \quad 0 \leq x \leq \ell \tag{III.48}$$

を与え，初期・境界値問題 (III.47), (III.48), (III.44) の解を

$$u(x,t) = \sum_{n=1}^{\infty} a_n(t) \sin\left(\frac{n\pi x}{\ell}\right) \tag{III.49}$$

の形で求めよ．

解答: $F(x,t)$ の x に関するフーリエ正弦展開

$$F(x,t) = \sum_{n=1}^{\infty} F_n(t) \sin\left(\frac{n\pi x}{\ell}\right)$$

$$F_n(t) = \frac{2}{\ell} \int_0^\ell F(\xi,t) \sin\left(\frac{n\pi\xi}{\ell}\right) d\xi, \quad n = 1, 2, \cdots \tag{III.50}$$

と (III.49) を (III.47) に代入すると，$a_n(t)$ に関する1階線形常微分方程式

$$a_n'(t) + k\left(\frac{n\pi}{l}\right)^2 a_n(t) = F_n(t)$$

が得られる．初期条件 (III.48) から $a_n(0) = 0$．よって

$$a_n(t) = \int_0^t e^{-k\left(\frac{n\pi}{\ell}\right)^2 (t-\tau)} F_n(\tau)\, d\tau$$

となり，求める解は

$$u(x,t) = \frac{2}{\ell} \sum_{n=1}^{\infty} \sin\left(\frac{n\pi x}{l}\right) \int_0^t e^{-k\left(\frac{n\pi}{\ell}\right)^2 (t-\tau)} \left(\int_0^\ell F(\xi,\tau) \sin\left(\frac{n\pi\xi}{\ell}\right) d\xi \right) d\tau$$

で与えられる． □

§1. 陽的方法

(III.42), (III.43), (III.44) の解を $u_1(x,t)$ とおき, (III.47), (III.48), (III.44) の解を $u_2(x,t)$ とおくと, 線形性から $u(x,t) = u_1(x,t) + u_2(x,t)$ は非同次の初期・境界値問題

$$u_t = u_{xx} + F, \quad u|_{t=0} = f(x), \quad u|_{x=0,\ell} = 0$$

の解となる.

●例題 **1.8** (円柱上の熱方程式). 3 次元拡散 (熱) 方程式は $u = u(x,y,z,t)$ を未知関数として

$$u_t = u_{xx} + u_{yy} + u_{zz} \qquad (\text{III.51})$$

で与えられる. 解 u は半径 a の無限に長い円柱で定義され, 側面の値は 0. また, 鉛直方法に一様かつ軸対称性をもつものとする. 初期・境界条件

$$u|_{t=0} = f(r), \quad u|_{r=a} = 0 \qquad (\text{III.52})$$

を満たす, 有界な解を求めよ.

解答: 円柱座標 (r,θ,z) を用いて $x = r\cos\theta, y = r\sin\theta, z = z$ とする. (III.51) は

$$u_t = u_{rr} + \frac{1}{r}u_r + \frac{1}{r^2}u_{\theta\theta} + u_{zz} \qquad (\text{III.53})$$

であり, $u = u(r,z,t)$ より (III.53) は

$$u_t = u_{rr} + \frac{1}{r}u_r \qquad (\text{III.54})$$

となる.

最初に $u(r,t) = R(r)T(t)$ を変数分離解とすると, μ を定数として

$$\frac{T'(t)}{T(t)} = \frac{R''(r)}{R(r)} + \frac{1}{r}\frac{R'(r)}{R(r)} = \mu \qquad (\text{III.55})$$

$T(t)$ についての $T'(t) = \mu T(t)$ を解き, C を定数として $T(t) = Ce^{\mu t}$ が得られる. $u = u(r,t)$ は $\lim_{t\uparrow +\infty} u = 0$ を満たすものを考えると, $\mu < 0$ となるので $\mu = -\lambda^2, \lambda > 0$ とおく: $T(t) = Ce^{-\lambda^2 t}$. 一方, (III.55) より $R(r)$ は 0 次ベッセル方程式

$$R''(r) + \frac{1}{r}R'(r) + \lambda^2 R(r) = 0$$

を満たす. したがって, §1.2 のベッセル関数と定数 A, B を用いて

$$R(r) = AJ_0(\lambda r) + BY_0(\lambda r)$$

と表せる. しかし第 2 種ベッセル関数については $\lim_{r\to\infty} Y_0(\lambda r) = -\infty$ であるので, 解が有界であることから $B = 0$. したがって境界条件 (III.52) は

$$J_0(ar) = 0 \qquad (\text{III.56})$$

に帰着される. (III.56) は無限個の正の解 $\lambda_1 < \lambda_2 < \cdots < \lambda_n < \cdots$ をもつので, 変数分離解は c_n を定数として $c_n e^{-k\lambda_n t}J_0(\lambda_n r)$ となる.

重ね合わせの原理を適用すると

$$u(x,t) = \sum_{n=1}^{\infty} c_n e^{-\lambda_n t} J_0(\lambda_n r)$$

よって初期条件は $f(r) = \sum_{n=1}^{\infty} c_n J_0(\lambda_n r)$ となり，注意 III.2 で述べたベッセル関数からなる直交系による展開定理によって

$$c_n = \frac{2}{a^2 J_1(\lambda_n a)^2} \int_0^a \rho f(\rho) J_0(\lambda_n \rho) \, d\rho, \quad n = 1, 2, \cdots$$

よって解は

$$u(r,t) = \frac{2}{a^2} \sum_{n=1}^{\infty} \frac{J_0(\lambda_n r)}{J_1(\lambda_n a)^2} e^{-\lambda_n^2 t} \int_0^a \rho f(\rho) J_0(\lambda_n \rho) \, d\rho$$

で与えられる． □

○**例 1.3 (1 次元波動方程式).** II 章の §3.7 において 1 次元波動方程式

$$u_{tt} = u_{xx}, \ -\infty < x < \infty, \ -\infty < t < \infty, \quad (u, u_t)|_{t=0} = (f(x), g(x))$$

の解が (II.206) で与えられることを示した:

$$u(x,t) = \frac{1}{2}\{f(x-t) + f(x+t)\} + \frac{1}{2}\int_{x-t}^{x+t} g(\xi) \, d\xi$$

この式から，波は速さ 1 で左右に伝わっていくことがわかる．また，$x = x_0$, $t = t_0$ における u の値 $u(x_0, t_0)$ は，初期値 $f(x), g(x)$ の，区間 $[x_0 - t_0, x_0 + t_0]$ における値だけに依存していることがわかる．この区間を (x_0, t_0) に対する解の**依存領域**という．

●**例題 1.9 (半直線上の波動方程式).** フーリエ正弦変換を用いて，1 次元波動方程式の初期・境界値問題

$$u_{tt} = u_{xx}, \quad 0 < x < \infty, \ t > 0$$
$$(u, u_t)|_{t=0} = (f(x), 0), \ x > 0, \quad u|_{x=0} = 0, \ t > 0 \qquad (\text{III.57})$$

の解を求めよ．

解答: 変数 x に関するフーリエ正弦変換

$$\widehat{u}_s(\xi, t) = \mathcal{F}_s[u](\xi) = \int_0^\infty u(x,t) \sin \xi x \, dx$$

をとる．(III.41) より

$$\mathcal{F}_s[u_{xx}](\xi) = -\xi \mathcal{F}_c[u_x](\xi) = -\xi \{-u(0,t) + \xi \mathcal{F}_s[u](\xi)\}$$
$$= -\xi^2 \widehat{u}_s(\xi, t)$$

よって，各 ξ に対して $\widehat{u}_s = \widehat{u}_s(\xi, t)$ は常微分方程式の初期値問題

$$\frac{d^2 \widehat{u}_s}{dt^2} + \xi^2 \widehat{u}_s = 0, \quad \left(\widehat{u}_s, \frac{d\widehat{u}_s}{dt}\right)\bigg|_{t=0} = (\mathcal{F}_s[f], 0)$$

§1. 陽的方法

を満たすので，$\widehat{u}_s(\xi,t) = \mathcal{F}_s[f](\xi)\cos\xi t$ となる．反転公式 (Ⅲ.40) により

$$u(x,t) = \frac{2}{\pi}\int_0^\infty \widehat{u}_s(\xi,t)\sin\xi x\,d\xi = \frac{2}{\pi}\int_0^\infty \mathcal{F}_s[f](\xi)\cos\xi t\ \sin\xi x\,d\xi$$

$$= \frac{1}{\pi}\int_0^\infty \mathcal{F}_s[f](\xi)\{\sin\xi(x+t) + \sin\xi(x-t)\}\,d\xi$$

となり，再び反転公式 (Ⅲ.40) を用いると

$$u(x,t) = \begin{cases} \frac{1}{2}\{f(x+t) + f(x-t)\}, & x > t \\ \frac{1}{2}\{f(x+t) - f(t-x)\}, & x < t \end{cases} \tag{Ⅲ.58}$$

を得る．　□

(Ⅲ.58) は，座標 x，時刻 t で発生した波 $f(x)$ が，同じ大きさを保ったまま進行波 $f(x-t)$, $f(t-x)$ と後退波 $f(x+t)$ に別れて左右に伝わる現象を表している．

●例題 1.10 (円形膜上の波動方程式)．2 次元膜の上下振動は，時刻 t における膜の位置 (x,y) の垂直方向の変位を $u = u(x,y,t)$ とすると

$$u_{tt} = u_{xx} + u_{yy} \tag{Ⅲ.59}$$

で表せる．これを **2 次元波動方程式**という．膜は円形で $(x,y) = (r\cos\theta, r\sin\theta)$ を極座標とする．u が θ に無関係，すなわち $u = u(r,t)$ のとき，初期・境界値問題

$$(u, u_t)|_{t=0} = (f(r), g(r)), \quad u|_{r=1} = 0 \tag{Ⅲ.60}$$

を解け．

解答： 極座標変換 $(x,y) = (r\cos\theta, r\sin\theta)$ により

$$u_{tt} = u_{rr} + \frac{1}{r}u_r + \frac{1}{r^2}u_{\theta\theta}$$

となり，$u = u(r,t)$ から

$$u_{tt} = u_{rr} + \frac{1}{r}u_r, \quad 0 \leq r < 1,\ t > 0 \tag{Ⅲ.61}$$

を得る．

最初に，(Ⅲ.61) の変数分離解 $u = R(r)T(t)$ を求める．(Ⅲ.59) より，λ を定数として

$$\frac{T''}{T} = \frac{R'' + r^{-1}R'}{R} = \lambda$$

したがって

$$R'' + r^{-1}R' - \lambda R = 0 \tag{Ⅲ.62}$$

ここで $\lambda = 0$ のときは

$$R(r) = C_1\log r + C_2 \quad (C_1, C_2\ \text{定数})$$

であるが，(III.60) より $R(1) = 0$ であるから $C_2 = 0$. また, $r = 0$ で $R(r)$ は連続であるから $C_1 = 0$. したがって解は自明となる.

$\lambda > 0$ のときは $v(r) = R\left(\dfrac{r}{\sqrt{\lambda}}\right)$ とおく. (III.62) より $v'' + r^{-1}v' - v = 0$ であり, 解は練習問題 III.2 の変形ベッセル関数 $I_0(r)$ を用いて $v(r) = CI_0(r)$ となる. しかし, $r > 0$ で $I_0(r) \neq 0$ から $C = 0$, したがって, この場合も解は自明である.

$\lambda < 0$ のとき, $v(r) = R\left(\dfrac{r}{\sqrt{-\lambda}}\right)$ とおくと
$$v'' + r^{-1}v' + v = 0$$
これは 0 次ベッセル方程式で, $r = 0$ で連続なものは C を定数として $v(r) = CJ_0(r)$. よって $R(r) = v(\sqrt{-\lambda}r) = CJ_0(\sqrt{-\lambda}r)$ で, $R(1) = 0$ より $J_0(\sqrt{-\lambda}) = 0$. この方程式の無限個の正の解を $0 < \lambda_1 < \lambda_2 < \cdots < \lambda_n < \cdots$ とおくと $\lambda = -\lambda_n^2$, $n = 1, 2, \cdots$, したがって $R(r) = CJ_0(\lambda_n r)$ を得る.

次に $T(t)$ は, $T'' - \lambda T = 0$ より C_1, C_2 を定数として $T(t) = C_1 \cos c\lambda_n t + C_2 \sin c\lambda_n t$. 重ね合わせの原理から, 解
$$u(r,t) = \sum_{n=1}^{\infty} J_0(\lambda_n r)(a_n \cos c\lambda_n t + b_n \sin c\lambda_n t)$$
を得る. a_n, b_n は初期条件
$$f(r) = \sum_{n=1}^{\infty} a_n J_0(\lambda_n r), \qquad g(r) = \sum_{n=1}^{\infty} c\lambda_n b_n J_0(\lambda_n r)$$
から定まり, $J_0(x)$ の直交性 (注意 III.2) によって
$$a_n = \frac{2}{J_1(\lambda_n)^2} \int_0^1 rf(r) J_0(\lambda_n r)\, dr$$
$$b_n = \frac{2}{c\lambda_n J_1(\lambda_n)^2} \int_0^1 rg(r) J_0(\lambda_n r)\, dr$$
となる. □

★練習問題 III.6. 1 次元非同次熱伝導方程式の初期値問題
$$u_t - u_{xx} = f(x,t),\ -\infty < x < \infty,\ t > 0,\quad u|_{t=0} = 0$$
の解をフーリエ変換を用いて求めよ.

☆研究課題 41. 1 次元波動方程式の初期値問題
$$u_{tt} - cu_{xx} = 0,\ -\infty < x, t < \infty,\quad (u, u_t)|_{t=0} = (f(x), g(x))$$
の解をフーリエ変換を用いて求めよ. また,
$$u_{tt} - cu_{xx} = h(x,t),\ -\infty < x, t < \infty,\quad (u, u_t)|_{t=0} = (f(x), g(x))$$
の解は
$$u(x,t) = \frac{1}{2}\{f(x-ct) + f(x+ct)\} + \frac{1}{2c} \int_{x-ct}^{x+ct} g(\xi)\, d\xi$$
$$+ \frac{1}{2c} \int_0^t \int_{x-(t-\tau)}^{x+(t-\tau)} h(y, \tau)\, dy d\tau$$

§1. 陽的方法

であることを示せ．ただし $c > 0$ は定数である．

注意 III.4. 3 次元波動方程式の初期値問題

$$u_{tt} = \Delta u, \quad x \in \mathbf{R}^3, \ t > 0 \quad (u, u_t)|_{t=0} = (u_0(x), u_1(x))$$

をフーリエ変換で解くと**キルヒホッフの公式**

$$u(x,t) = \frac{\partial}{\partial t}\left(\frac{1}{4\pi t}\int_{|y|=t} u_0(x-y)\,dS_y\right) + \frac{1}{4\pi t}\int_{|y|=t} u_1(x-y)\,dS_y$$

が得られる．したがって，初期状態は速さ 1 で全方向に伝搬する．このことを**ホイヘンスの原理**という．特に，初期値がある球の外で 0 であったとすると，その球の外にいる観測者には一定時間後に音が聞こえ，やがて音が聞こえなくなる．空間の次元を変えて解の公式を求めると，このような現象は空間が 3 次元以上の奇数次元に限るもので，偶数次元ではいつまでも音が消えないことが知られている．

§1.7　ラプラス方程式

この小節では前小節に引き続き，古典的な境界値問題の解法を示して，関連図書を紹介する．

●**例題 1.11** (半空間上のラプラス方程式)．半空間 $H = \{(x,y) \in \mathbf{R}^2 \mid y > 0\}$ 上のラプラス方程式の境界値問題

$$u_{xx} + u_{yy} = 0 \quad \text{in } H, \qquad u|_{y=0} = f(x) \tag{III.63}$$

を

$$\lim_{|(x,y)| \to \infty,\ y > 0} u(x,y) = 0 \tag{III.64}$$

のもとで解け．

解答： 変数 x についての $u = u(x,y)$ のフーリエ変換を

$$\widehat{u}(\xi, y) = \mathcal{F}[u](\xi) = \int_{-\infty}^{\infty} e^{-i\xi x} u(x, y)\,dx$$

とおくと，各 ξ に対して $-\xi^2 \widehat{u} + \dfrac{d^2 \widehat{u}}{dy^2} = 0$．よって

$$\widehat{u}(\xi, y) = C_1(\xi)e^{\xi y} + C_2(\xi)e^{-\xi y}$$

となる．(III.64) より，$\xi > 0$ のとき $C_1(\xi) = 0$ であり，$\xi < 0$ のとき $C_2(\xi) = 0$ であるから

$$\widehat{u}(\xi, y) = \widehat{u}(\xi, 0)e^{-|\xi|y} = \mathcal{F}[f](\xi)e^{-|\xi|y} \tag{III.65}$$

ただし，(III.63) の境界条件を適用した．例題 1.5 より

$$\mathcal{F}\left[\frac{1}{x^2+y^2}\right](\xi) = \pi e^{-|\xi|y}$$

よって $g(x,y) = \frac{1}{\pi} \cdot \frac{1}{x^2+y^2}$ に対して $\hat{u}(\xi,y) = \mathcal{F}[f](\xi) \cdot \mathcal{F}[g](\xi,y)$. 定理 1.7 を (III.65) に適用して

$$u(x,y) = \frac{y}{\pi} \int_{-\infty}^{\infty} \frac{f(\xi)}{(\xi-x)^2+y^2} d\xi$$

を得る. □

● 例題 1.12 (円板上のラプラス方程式). 半径 a の円板上でラプラス方程式

$$\Delta u \equiv u_{xx} + u_{yy} = 0$$

を考え, 境界条件として周期 2π の関数 $f(\theta)$ を与えて

$$u|_{r=a} = f(\theta) \tag{III.66}$$

とする. $u = u(x,y)$ を求めよ.

解答: 極座標 (r, θ) を用いて u を表せば

$$u_{xx} + u_{yy} = u_{rr} + \frac{1}{r} u_r + \frac{1}{r^2} u_{\theta\theta} = 0 \tag{III.67}$$

この (III.67) の変数分離解を $u = R(r)Q(\theta)$ とおくと, α を定数として

$$\frac{r^2 R'' + rR'}{R} = -\frac{Q''}{Q} = \alpha$$

$Q = Q(\theta)$ は方程式 $Q'' + \alpha Q = 0$ の周期 2π の解であるから $\alpha = n^2, n = 0, 1, 2, \cdots$, $Q(\theta) = C_1 \cos n\theta + C_2 \sin n\theta$ となる. ただし C_1, C_2 は定数である. 一方, $R = R(r)$ はオイラーの微分方程式

$$r^2 R'' + rR' - n^2 R = 0$$

を満たすので, §1.2 の研究課題 37 より C_3, C_4 を定数として $R(r) = C_3 r^n + C_4 r^{-n}$ であるが, $R(r)$ は $r = 0$ で連続であるので, まとめて $R(r) = C_1 r^n, n = 0, 1, 2, \cdots$.

以上から, (III.67) の解は $u_n(r,\theta) = r^n(C_1 \cos n\theta + C_2 \sin n\theta)$ で与えられ, 重ね合わせの原理から

$$u(r,\theta) = \frac{a_0}{2} + \sum_{n=1}^{\infty} r^n (a_n \cos n\theta + b_n \sin n\theta)$$

となる. 境界条件より

$$f(\theta) = \frac{a_0}{2} + \sum_{n=1}^{\infty} a^n (a_n \cos n\theta + b_n \sin n\theta)$$

であるから, フーリエ係数は

$$a^n a_n = \frac{1}{\pi} \int_{-\pi}^{\pi} f(\theta) \cos n\theta \, d\theta, \quad n = 0, 1, 2, \cdots$$

$$a^n b_n = \frac{1}{\pi} \int_{-\pi}^{\pi} f(\theta) \sin n\theta \, d\theta, \quad n = 1, 2, \cdots$$

§1. 陽的方法

したがって

$$u(r,\theta) = \frac{1}{\pi}\int_{-\pi}^{\pi} f(\lambda)\left\{\frac{1}{2} + \sum_{n=1}^{\infty}\left(\frac{r}{a}\right)^n(\cos n\lambda\cos n\theta + \sin n\lambda\sin n\theta)\right\}d\lambda$$

$$= \frac{1}{\pi}\int_{-\pi}^{\pi} f(\lambda)\left\{\frac{1}{2} + \sum_{n=1}^{\infty}\left(\frac{r}{a}\right)^n\cos n(\lambda-\theta)\right\}d\lambda$$

となる.ここで $0 < \rho < 1$ に対して

$$\sum_{n=1}^{\infty}\left(\rho e^{i\theta}\right)^n = \sum_{n=1}^{\infty}\rho^n e^{in\theta}$$

$$= \sum_{n=1}^{\infty}\rho^n\cos n\theta + i\sum_{n=1}^{\infty}\rho^n\sin n\theta$$

$$= \frac{\rho e^{i\theta}}{1-\rho e^{i\theta}} = \frac{\rho e^{i\theta} - \rho^2}{1-2\rho\cos\theta + \rho^2}$$

より $\sum_{n=1}^{\infty}\rho^n\cos n\theta = \dfrac{\rho\cos\theta - \rho^2}{1-2\rho\cos\theta+\rho^2}$.したがって

$$\frac{1}{2} + \sum_{n=1}^{\infty}\rho^n\cos n\theta = \frac{1-\rho^2}{2(1-2\rho\cos\theta+\rho^2)}$$

であり

$$u(r,\theta) = \frac{1}{2\pi}\int_{-\pi}^{\pi} f(\lambda)\frac{a^2-r^2}{a^2 - 2ar\cos(\lambda-\theta) + r^2}\,d\lambda \tag{III.68}$$

が得られる. □

上記の (III.68) を**ポアソンの公式**という.

●**例題 1.13** (球上のラプラス方程式). 半径 a の球 $B = \{(x,y,z) \mid x^2+y^2+z^2 < a^2\}$ におけるラプラス方程式の境界値問題

$$u_{xx} + u_{yy} + u_{zz} = 0 \text{ in } B, \quad u|_{\partial B} = f \tag{III.69}$$

を考える.極座標変換 $x = r\sin\theta\cos\varphi$, $y = r\sin\theta\sin\varphi$, $z = r\cos\varphi$ を用いて,境界値 f が θ のみの関数,すなわち $f = f(\theta)$ であるとする.ただし $0 \le r \le a$, $0 \le \theta \le \pi$, $0 \le \varphi < 2\pi$ である.解 u を求めよ.

解答: 極座標を用いると,(III.69) は

$$u_{rr} + \frac{2}{r}u_r + \frac{1}{r^2\sin\theta}\{(\sin\theta)u_\theta\}_\theta + \frac{1}{r^2\sin^2\theta}u_{\varphi\varphi} = 0, \quad f|_{r=a} = f(\theta)$$

となる.u は球面 $r=a$ 上で φ によらないので,球の内部でも φ によらないとしてよく,(III.69) は

$$r^2 u_{rr} + 2r u_r + \frac{1}{\sin\theta}\{(\sin\theta)u_\theta\}_\theta = 0, \quad u|_{r=a} = f(\theta) \tag{III.70}$$

となる.

(III.70) の変数分離解を $u = R(r)Q(\theta)$ とすると，α を定数として
$$\frac{r^2 R'' + 2rR'}{R} = -\frac{\{(\sin\theta)Q'\}'}{Q\sin\theta} = \alpha$$
となり
$$r^2 R'' + 2rR' - \alpha R = 0, \qquad \{(\sin\theta)Q'\}' + \alpha(\sin\theta)Q = 0 \qquad (\text{III.71})$$
が得られる．

(III.71) の第 2 式に変数変換 $y = \cos\theta, -1 \le y \le 1$ を適用する：
$$\frac{d}{d\theta} = \frac{dy}{d\theta}\frac{d}{dy} = -\sin\theta\frac{d}{dy}$$
$Y(y) = Q\left(\cos^{-1} y\right)$ とおくと
$$\frac{d}{dy}\left\{(1-y^2)\frac{d}{dy}Y(y)\right\} + \alpha Y(y) = 0$$
すなわち，ルジャンドル方程式
$$(1-y^2)Y'' - 2yY' + \alpha Y = 0 \qquad (\text{III.72})$$
を得る．(III.72) の解で，$-1 \le y \le 1$ において 1 階連続微分可能な解はルジャンドル多項式に限ることが知られているので，(III.72) において α は $n = 0, 1, 2, \cdots$ に対して $\alpha = n(n+1)$，解はルジャンドル多項式 $P_n(y)$ となる．

一方，$\alpha = n(n+1)$ のとき，(III.71) の第 1 式はオイラーの微分方程式で，解は研究課題 37 によって $R(r) = C_1 r^n + C_2 r^{-(n+1)}$ となる．$R(r)$ は $r = 0$ で連続であるので $R(r) = C_1 r^n$，したがって変数分離解は $u_n(r,\theta) = r^n P_n(\cos\theta)$ となり，重ね合わせの原理から
$$u(r,\theta) = \sum_{n=0}^{\infty} c_n r^n P_n(\cos\theta)$$
が得られる．(III.70) の境界条件を用いると
$$f(\theta) = \sum_{n=0}^{\infty} c_n a^n P_n(\cos\theta) \quad \left(= \sum_{n=0}^{\infty} c_n a^n P_n(y)\right)$$
したがって $F(y) = f(\cos^{-1} y)$ とおいて，$\{P_n(y)\}$ の直交性 (注意 III.2) を適用すると
$$c_n = \frac{2n+1}{2a^n}\int_{-1}^{1} F(y)P_n(y)\,dy$$
$$= \frac{2n+1}{2a^n}\int_{-\pi}^{\pi} f(\theta)P_n(\cos\theta)\sin\theta\,d\theta$$
となり解 u が得られる． □

文献 ([14])．微分方程式の標準的な教科書で，常微分方程式・偏微分方程式のモデリングと陽的解法が詳しく扱われている．

§2. 数値解法

偏微分方程式の数値解法は科学技術の基盤であるばかりでなく，解の解析的性質についての重要な示唆を与えるものである．近年はさまざまな分野で，数学研究と数値シミュレーションが一体化する傾向もある．しかし，数値解法自身は独自の論理と目的に立つものであり，モデリングや数学解析とは異なる視点で対処する必要がある．これが「数値解析」とよばれる研究分野であり，本節は特にそのうちの有限要素法に関するものを扱う．**有限要素法** (finite element method) は 1950 年代に航空工学の技術者によって提唱されたが，1930 年代にはクーラントが同様な方法を考えていたともいわれる．工学と数学で記述の仕方は異なるが，有限要素法の数学的基礎理論は実解析と抽象解析を基盤とした現代的な偏微分方程式論と相性がよく，有限要素法の数学理論は 1970 年代以降集中的に研究されている．この節で述べるのは楕円型境界値問題に対する有限要素法とその誤差解析についての基礎理論である．

§2.1 数値シミュレーションの方法

この小節では，常微分方程式の基本解法，2 点境界値問題や偏微分方程式に対する差分法・有限要素法，数値解法プログラミングの基本ツールについて述べ，練習問題，研究課題の代わりに関連図書を紹介する．

差分法

差分法は，常微分方程式 (系)

$$\frac{dx}{dt} = f(x, t), \quad x|_{t=0} = x(0)$$

を数値的に解くために有効である．**陽的オイラー法**では $0 < h \ll 1$ を刻み巾とし，分点 $t_k = kh$, $k = 0, 1, 2, \cdots$ における解 $x = x(t)$ の値 x_k を

$$\frac{x_{k+1} - x_k}{h} = f(x_k, t_k), \quad k = 0, 1, 2, \cdots \quad (\text{III.73})$$

で近似する．この (III.73) の右辺を変更することでさまざまな数値解法 (一段法) が得られる．**ルンゲ・クッタ法**は，f の導関数を用いない方法で，4 次の場合には

$$\frac{x_{k+1} - x_k}{h} = \alpha z_1 + \beta z_2 + \gamma z_3 + \delta z_4$$
$$z_1 = f(x_k, t_k), \ z_2 = f(x_k + qhz_1, t_k + ph)$$
$$z_3 = f(x_k + shz_2 + jhk_1, t_k + rh), \ z_4 = f(x_k + vhz_3 + whz_2 + ihz_1, t_k + uh)$$

とし，$\alpha = \delta = \frac{1}{6}$, $\beta = \gamma = \frac{1}{3}$, $p = q = r = s = \frac{1}{2}$, $j = w = i = 0$, $u = v = 1$ (ルンゲ)，または $\alpha = \delta = \frac{1}{8}$, $\beta = \gamma = \frac{3}{8}$, $p = q = -j = \frac{1}{3}$, $r = \frac{2}{3}$, $s = u = v = -w = i = 1$ (クッタ) とするものである．

○**例 2.1 (2 点境界値問題).** I 章の §4.1 で考えたように，$u = u(x)$ を未知関数，$f = f(x)$ を非同次項とする，2 階の線形微分方程式

$$-\frac{d^2 u}{dx^2} = f(x), \qquad 0 < x < 1 \tag{III.74}$$

では，定数 C, D に対して $Cx + D$ を解 $u(x)$ に加えても (III.74) を満たす．境界条件

$$u(0) = u(1) = 0 \tag{III.75}$$

を課すと，2 つの自由度 C, D を消去して解を一意的に定めることができる．

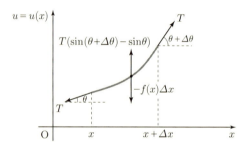

図 **III.1** 変位と張力

$u(x)$ の物理的な意味は，定常状態を記述する温度分布や弦のつり合いである．ここで区間 $[0, 1]$ で表される弦を端点 $x = 0$ と $x = 1$ で固定し，荷重密度を $f(x)$ とする外力をかけたときの変位 $u = u(x)$ を求める．$|u'(x)| \ll |u(x)|$ とすれば，張力 T は一定である．$x, x + \Delta x$ での弦の傾きを $\theta, \theta + \Delta\theta$ とすると，変形によってたくわえられる応力が外力とつり合うから，

$$T \sin(\theta + \Delta\theta) - T \sin\theta \approx -f(x)\Delta x$$

となる．一方，$u'(x) = \tan\theta$ より

$$T \sin\theta = T \frac{u'(x)}{\sqrt{1 + u'(x)^2}} \approx T u'(x)$$

同様に $T \sin(\theta + \Delta\theta) \approx T u'(x + \Delta x)$ となる．したがって

$$T \frac{u'(x + \Delta x) - u'(x)}{\Delta x} \approx -f(x)$$

§2. 数値解法

であり，$T = 1$ とすると $0 \leq x \leq 1$ 上の 2 点境界値問題 (III.74)-(III.75) が得られる．

(III.74)-(III.75) に対する等分割を用いた (有限) 差分法では，$[0, 1]$ を n 等分し，$h = 1/n$ とおく：

$$x_0 = 0 < x_1 = h < x_2 = 2h < \cdots < x_n = nh = 1$$

次に近似方程式をたて，$u(x)$ の分点 $x_k = kh$ での値の近似 u_k, $k = 0, 1, \cdots, n$ を求めて折れ線で結ぶ．最終的に $h \downarrow 0$ とすることで，(III.74)-(III.75) の解の形状を精密に求める．近似方程式では，最初に (III.75) より

$$u_0 = u_n = 0 \qquad (\text{III.76})$$

とする．次に，(III.74) において微分を**差分商**に置き換える：

$$\frac{du}{dx} \approx \begin{cases} D_h u(x) = \dfrac{u(x+h) - u(x)}{h} \\ \overline{D}_h u(x) = \dfrac{u(x) - u(x-h)}{h} \end{cases}$$

最後に，$\dfrac{d^2 u}{dx^2}$ の近似を $D_h \overline{D}_h u(x) = \overline{D}_h D_h u(x)$ とする：

$$\begin{aligned} D_h \overline{D}_h u(x) &= \frac{\overline{D}_h u(x+h) - \overline{D}_h u(x)}{h} \\ &= \frac{1}{h^2} \{(u(x+h) - u(x)) - (u(x) - u(x-h))\} \\ &= \frac{u(x+h) + u(x-h) - 2u(x)}{h^2} \\ \overline{D}_h D_h u(x) &= \frac{D_h u(x) - D_h u(x-h)}{h} \\ &= \frac{u(x+h) + u(x-h) - 2u(x)}{h^2} \end{aligned}$$

この近似法 (**中心差分**) は x, $x \pm h$ の 3 分点を平等に用いるので合理的であり，**3 点公式**ともいう．

$f(x)$ の分点での値 $f_k = f(x_k) = f(kh)$ を用い，(III.74) の 2 階微分を中心差分で置き換える：

$$-u_{k+1} + 2u_k - u_{k-1} = h^2 f_k, \qquad 1 \leq k \leq n-1 \qquad (\text{III.77})$$

(III.76) から u_0, u_n を定めれば，未知数は $u(x)$ の内部分点の値の近似である $u_1, \cdots, u_{n-1}$ の $n-1$ 個である．一方，(III.77) は $n-1$ 個の連立 1 次方程式であることから，係数行列が正則であればこれらが定まる．例えば $n = 6$

の場合，(III.77) は係数行列 $A = \begin{pmatrix} 2 & -1 & & & \\ -1 & 2 & -1 & & \\ & -1 & 2 & -1 & \\ & & -1 & 2 & -1 \\ & & & -1 & 2 \end{pmatrix}$，未知ベクトル $u = {}^t(u_1, \cdots, u_5)$，既知ベクトル $f = {}^t(f_1, \cdots, f_5)$ に対する連立方程式 $Au = h^2 f$ と表すことができる．A は対称な**三重対角行列**で，高速でガウスの消去法を実施できる．空間 2 次元の領域に中心差分を適用する場合には係数行列は五重対角となる．ただし，対称多重対角であっても逆行列は全成分が 0 ではない．

◯例 **2.2** (**偏微分方程式**)．時間に依存する偏微分方程式は，差分法で空間方向を離散化することで連立常微分方程式に帰着することができる．例えば，拡散 (熱) 方程式

$$\frac{\partial u}{\partial t} = \frac{\partial^2 u}{\partial x^2}, \quad 0 < x < 1, \ t > 0, \qquad u|_{x=0,1} = 0 \qquad \text{(III.78)}$$

の場合には，区間 $[0,1]$ を N 等分して差分近似をつくる．$u(x,t)$ の分点 $x = \dfrac{j}{N}$ での近似値を $u_j(t)$, $j = 1, 2, \cdots, N-1$ とすれば，$h = \dfrac{1}{N}$ に対して近似方程式

$$\frac{d}{dt} \begin{pmatrix} u_1 \\ \vdots \\ u_{n-1} \end{pmatrix} = \frac{1}{h^2} \begin{pmatrix} -2 & 1 & & \\ 1 & -2 & \ddots & \\ & \ddots & \ddots & 1 \\ & & 1 & -2 \end{pmatrix} \begin{pmatrix} u_1 \\ \vdots \\ u_{n-1} \end{pmatrix} \qquad \text{(III.79)}$$

が得られる．この (III.79) に対して，時間変数に関してオイラー法やルンゲ・クッタ法を適用することで，(III.78) の全離散近似が得られる．

有限要素法

有限要素法は，変分原理を離散化することで連続問題の数値解法スキームを作成する方法である．最初に，変分問題に変換される有限次元の問題として次の定理を示す．一般に，すべての固有値が正である実対称行列を**正定値**であるという．以下，ユークリッド空間上の通常の内積を $(\ ,\ )$ とする．

§2. 数値解法

定理 2.1. 正定値実対称行列 A に対し $P(x) = \dfrac{1}{2}(x, Ax) - (x, b)$ はその最小値を $Ax = b$ の解でとる.

証明: x を $Ax = b$ の解とし, y を任意のベクトルとすると

$$\begin{aligned}P(y) - P(x) &= \frac{1}{2}(y, Ay) - (y, b) - \frac{1}{2}(x, Ax) + (x, b) \\ &= \frac{1}{2}(y, Ay) - (y, Ax) + \frac{1}{2}(x, Ax) \\ &= \frac{1}{2}(y - x, A(y - x)) \end{aligned} \qquad \text{(III.80)}$$

となる. A が正定値実対称行列なので右辺は 0 以上で, 0 となるのは $y = x$ のときである. □

実対称正定値行列 A に対して, $Ax = b$ は $P(x) = \dfrac{1}{2}(x, Ax) - (x, b)$ を最小にする問題に変換された. 2点境界値問題 (III.74)–(III.75) は「無限次元」の問題であるが, "ソボレフ空間" を使うと $f = f(x)$ をベクトル b に, 作用素 $-\dfrac{d^2}{dx^2}$ を行列 A とみなすことができる [4]. 内積を積分に読み換えると

$$P(u) = \frac{1}{2}(u, Au) - (u, b) = \frac{1}{2}\int_0^1 u(-u'') \, dx - \int_0^1 uf \, dx$$

となる. ここで部分積分と境界条件を用いて

$$\int_0^1 u(-u'') \, dx = \big[-uu'\big]_{x=0}^{x=1} + \int_0^1 (u')^2 \, dx = \int_0^1 (u')^2 \, dx$$

と変形し $P(u) = \dfrac{1}{2}\int_0^1 (u')^2 \, dx - \int_0^1 uf \, dx$ とおく. 2 次の項 $\int_0^1 (u')^2 \, dx$ は (x, Ax) と同様に対称で正になる.

$P(u)$ を最小とするような $u = u(x)$ を求めるのも無限次元の問題で, (III.74)–(III.75) を解くことと同等である. レーリー・リッツ原理では, これを有限次元の問題におとして近似解を求める. すなわち, $n-1$ 個の試験関数 $V_1, V_2, \cdots, V_{n-1}$ を選んで, すべての線形結合 $V = V(x) = y_1 V_1(x) + \cdots + y_{n-1} V_{n-1}(x)$ をつくり, $P(V)$ を最小とする結合を計算する. この場合

$$\begin{aligned}P(V) = &\frac{1}{2}\int_0^1 (y_1 V_1'(x) + \cdots + y_{n-1} V_{n-1}'(x))^2 \, dx \\ & - \int_0^1 (y_1 V_1(x) + \cdots + y_{n-1} V_{n-1}(x)) f(x) \, dx \end{aligned}$$

---

[4] II 章の §3.7 参照.

であり，この値を最小とする $y_1,\cdots,y_{n-1}$ を選べば，(III.74)-(III.75) の近似解 V を求めることができる．ベクトル $y=(y_i)$, $b=\left(\int_0^1 V_i f\,dx\right)$, 行列 $A=\left(\int_0^1 V_i'(x)V_j'(x)\,dx\right)$ を用いると $P(y)=\dfrac{1}{2}(y,Ay)-(y,b)$ であり，この「近似問題」は $Ay=b$ を解くことにほかならない．

$V_1(x),\cdots,V_{n-1}(x)$ の最も簡明な選び方は区分的線形な関数をとるもので，区間 $[0,1]$ を n 等分する．分点 x_j, $1\leq j\leq n-1$ で 1, 他の点で 0 となるこのような関数を $V_j(x)$, すなわち

$$V_j(x)=\begin{cases}\dfrac{x-x_{j-1}}{h}, & x_{j-1}<x<x_j \\ \dfrac{x_{j+1}-x}{h}, & x_j<x<x_{j+1} \\ 0, & \text{その他}\end{cases}$$

とする．ただし $x_0=0$, $x_n=1$ である．このとき $h=\dfrac{1}{n}$ に対して

$$\int_0^1 V_j'(x)^2\,dx = h\left[\left(\dfrac{1}{h}\right)^2+\left(-\dfrac{1}{h}\right)^2\right]=\dfrac{2}{h}$$

$i=j\pm 1$ のとき

$$\int_0^1 V_i'(x)V_j'(x)\,dx = h\left(\dfrac{1}{h}\right)\left(-\dfrac{1}{h}\right)=-\dfrac{1}{h}$$

それ以外では $\int_0^1 V_i'(x)V_j'(x)\,dx=0$ となる．これから A は三重対角行列

$$A=\dfrac{1}{h}\begin{pmatrix}2 & -1 & & \\ -1 & 2 & \ddots & \\ & \ddots & \ddots & -1 \\ & & -1 & 2\end{pmatrix}_{(n-1)\times(n-1)}$$

となって，差分法の場合の係数行列と一致する．もちろんこれは特別な例であって，一般にはこのようなことは起こらない．差分法と比べると，有限要素法は次の小節で述べる自然境界条件や高次元で領域の形状が複雑な場合に特に汎用性がある．

数値解法プログラミング

　数式に対してプログラミング言語を適用すると，計算機上で数値計算や数値シミュレーションを行うことができる．プログラミング言語には何種類か存在する．数値計算でよく使われるのは Pascal, Fortran, C 言語である．これら3つの言語による具体的なプログラムは文献 [3] で紹介されている．Fortran は科学技術計算における主要な言語として古くから使われてきた．現在では C 言語が科学技術の分野のみならず，広い分野で利用されている．またプログラミング言語ではないが，数式処理ソフトウェアである Mathematica® や Matlab® を利用すると，数値計算やグラフの出力，時間パラメータを含む動画などを最低限のプログラミングで実現することができる．最近発表された Free FEM++ は，有限要素法を用いた偏微分方程式の数値計算についての使いやすいフリーパッケージで，標準規格として普及することが期待されている [17]．

　📖 **文献** ([24])．数値解析に関する最低限必要な知識を網羅している．第6章では補間多項式の理論や n 階差分商の構成法が記述されている．

§2.2　弱形式・ガレルキン法・区分的 1 次試験関数

　有限要素法は変分問題から導出される弱形式の離散化が基本的なスキームになる．この定式化によって境界条件は試験関数に自然に組み込まれる．この状況を理解するために，(Ⅲ.74)–(Ⅲ.75) と異なる (非斉次) 2 点境界値問題

$$-u'' = f(x), \quad 0 < x < 1, \quad u(0) = \alpha,\ u'(1) = \beta \qquad (\text{Ⅲ.81})$$

を考える．一意可解となる (Ⅲ.81) の弱形式を定めるためには，ベースとなる関数空間を適切に選ぶ必要がある．(数値解法に関する数学的理論を数値解析という．とりわけ有限要素法に関する数値解析では抽象解析 (関数解析) や関数空間の知識を適用する．) 実際，$H^1(I)$ は $I = (0,1)$ 上で 1 階までの (超関数としての) 導関数が 2 乗可積分である関数の空間で，この空間に属する関数は測度 0 の集合を除いて $[0,1]$ 上の連続関数に一致する．このことを

$$H^1(I) \hookrightarrow C[0,1] \qquad (\text{Ⅲ.82})$$

と書く．(Ⅲ.82) から，部分空間 $V = \{v \in H^1(I) \mid v(0) = 0\}$ を定めることができる．

　例えば，$f(x)$ が $[0,1]$ 上で連続であれば (Ⅲ.81) の解 $u(x)$ は 2 階連続微分可能である．したがって，任意の関数 $v \in V$ を (Ⅲ.81) の両辺にかけて部分積分すると

$$\int_0^1 u'(x)v'(x)\,dx = \int_0^1 f(x)v(x)\,dx + u'(1)v(1)$$

を得る．これが (III.81) の**弱形式**で，$w, v \in H^1(I)$ に対して定められる

$$a(w, v) = \int_0^1 w'(x)v'(x)\,dx, \quad \langle f, v \rangle = \int_0^1 f(x)v(x)\,dx$$

を用いて

$$u \in H^1(I),\ u(0) = \alpha \quad \text{s.t.} \quad a(w, v) = \langle f, v \rangle + \beta v(1),\ \forall v \in V \tag{III.83}$$

と表すことができる．

(III.83) は，$w = u - \alpha$ を用いて

$$w \in V \quad \text{s.t.} \quad a(w, v) = \langle f, v \rangle + \beta v(1),\ \forall v \in V \tag{III.84}$$

に変換される．(III.84) において V は $a(\cdot, \cdot)$ を内積とするヒルベルト空間で，(III.82) によって，右辺 $T(v)$ で定まる作用素 T は V 上の連続線形汎関数である．よって"リースの表現定理"から (III.84) は一意解 w，したがって (III.83) は一意解 u をもつ．

ここで (III.83) の v を $C_0^\infty(I)$ の関数に制限すると，超関数の意味で u' は1階微分可能で $(u')' = f$ となることがわかる．すると $f \in C[0,1]$ より $u \in C^2[0,1]$ であり，もう一度 (III.83) にもどると (III.81) が得られる．上記の理論のうち，前半部分を「変分解の一意存在」，後半部分を「解の正則性」という [5]．

V においては1階導関数は各点での意味をもたないので，(III.83) では (III.81) の $x = 1$ でのノイマン境界条件は陽にはでてこない．実際，この条件は上記の議論の最後で確認されるので，変分法の立場からは**自然境界条件**という．

(III.81) のような無限次元空間の問題を，数値計算できるように有限次元の問題で近似することを**離散化**という．ガレルキン法では，(III.83) の V を有限次元空間におとしたものを考える [6]．V を有限次元化するために，$H^1(I)$ の有限次元部分空間 $S_h \subset H^1(I)$ をとり，$S_{h0} = V \cap S_h$ として，(III.83) を

$$u_h \in S_h,\ u_h(0) = \alpha \quad \text{s.t.} \quad a(u_h, v_h) = \langle f, v_h \rangle + \beta v_h(1),\ \forall v_h \in S_{h0} \tag{III.85}$$

で置き換える [7]．(III.85) を**ガレルキン方程式**，その解を**ガレルキン解**とよぶ．部分空間 S_h の定め方から，さまざまなガレルキン解が得られることになる．S_h の各元を**試験関数**とよぶ．有限要素法は試験関数の構成法に関するものである．

---

5) II 章の注意 II.15 参照．

6) (III.83) は，ある変分問題のオイラー方程式 (II 章の §3.6) として導出される．もとの変分問題を直接離散化する方法が §2.1 で述べたレーリー・リッツ原理である．

7) 以下，慣例に従い有限次元部分空間 S_h に関連するものには添字 h を付ける．

§2. 数値解法

○例 **2.3** (区分的 1 次有限要素法). 区分的 1 次の試験関数を用いる方法は，有限要素法で最も基本的なものである．最初に区間 $I = (0,1)$ 内に節点をとり，I を小区間 $0 = x_0 < x_1 < x_2 < \cdots < x_{N-1} < x_N = 1$ に分割する．次に，$[0,1]$ で連続で，各小区間 $I_i = [x_{i-1}, x_i]$ では 1 次多項式となるような関数を考える．すなわち

$$S_h = \left\{ w \in C[0,1] \;\middle|\; w|_{I_i} \in \mathcal{P}_1,\ 1 \leq i \leq N \right\} \quad (\text{III}.86)$$

とする．ただし，高々 k 次の多項式全体を $\mathcal{P}_k$ で表す．S_h は有限次元ベクトル空間であり，試験関数が区分的に C^1 であることと，$[0,1]$ 上で連続であることから $S_h \subset H^1(I)$ となる．実際，$\varphi_i(x_j) = \delta_{ij}$ となる $\varphi_i \in S_h$ に対し，$\{\varphi_i\}_{i=0}^N$ が S_h の基底である．$S_h \subset H^1(I)$ が**区分的 1 次有限要素空間**，$S_h \subset H^1(I)$ を用いたガレルキン法が**区分的 1 次有限要素法**である．

前小節で述べたように，任意の関数 $f_h \in S_h$ は $c_i = f_h(x_i)$ を用いて

$$f_h(x) = c_0 \varphi_0(x) + c_1 \varphi_1(x) + \cdots + c_{N-1} \varphi_{N-1}(x) + c_N \varphi_N(x)$$

と表すことができる．そこで (III.85) を解くために

$$u_h(x) = \alpha \varphi_0(x) + \lambda_1 \varphi_1(x) + \cdots + \lambda_{N-1} \varphi_{N-1}(x) + \lambda_N \varphi_N(x)$$

とおき，未定係数 $\lambda_1, \cdots, \lambda_N \in \mathbf{R}$ を求める．そのためには，(III.85) において $v_h = \varphi_i,\ i = 1, \cdots, N$ とおく：

$$\begin{aligned} a(u_h, \varphi_i) &= \alpha a(\varphi_0, \varphi_i) + \sum_{k=1}^N \lambda_k a(\varphi_k, \varphi_i) \\ &= \langle f, \varphi_i \rangle + \beta \varphi_i(1), \quad 1 \leq i \leq N \end{aligned} \quad (\text{III}.87)$$

係数 $a(\varphi_0, \varphi_i), a(\varphi_k, \varphi_i)$ を $\varphi_i,\ 0 \leq i \leq N$ から定め，(III.87) を $\lambda_i,\ 1 \leq i \leq N$ に関する連立 1 次方程式として解く．

<u>誤差解析</u>

誤差解析は，近似解の誤差を理論的に見積もることで，数値解析のなかでも重要な部分である．以下，$1 \leq p \leq \infty,\ m = 0, 1, \cdots$ に対し，$W^{m,p}(I)$ を m 次導関数までが L^p 関数である I 上の可測関数全体，すなわちソボレフ空間とし，$\| \cdot \|_{m,p,I}$ をその標準的なノルムとする．

補題 2.1 (セアの補題). (III.83) の真の解 u と，その有限要素近似方程式 (III.85)–(III.86) の解 u_h に対して

$$\|u' - u_h'\|_{0,2,I} \leq \inf \{ \|u' - \varphi_h'\|_{0,2,I} \mid \varphi_h \in S_h,\ \varphi_h(0) = \alpha \} \quad (\text{III}.88)$$

が成り立つ.

証明: (III.83) を (III.84) に変換したとき $a(\cdot,\cdot)$ は V の内積であり, $u_h - \alpha$ は $u - \alpha$ の, この内積に関する S_{h0} への正射影である. このことから (III.88) が得られる. すなわち $S_{h0} \subset V$ に注意し, (III.84) において $v = v_h \in S_{h0}$ として (III.85) との差をとると

$$a(u - u_h, v_h) = 0, \quad \forall v_h \in S_{h0}$$

一方, $\varphi_h(a) = \alpha$ である任意の $\varphi_h \in S_h$ に対して $u_h - \varphi_h \in S_{h0}$ であるから

$$a(u - u_h, u - u_h) = a(u - u_h, u - \varphi_h + \varphi_h - u_h) = a(u - u_h, u - \varphi_h)$$

したがって, シュワルツの不等式から

$$\int_0^1 |u'(x) - u_h'(x)|^2\,dx = a(u - u_h, u - u_h) = a(u - u_h, u - \varphi_h)$$
$$\leq \left(\int_0^1 |u'(x) - u_h'(x)|^2\,dx\right)^{1/2} \left(\int_0^1 |u'(x) - \varphi_h'(x)|^2\,dx\right)^{1/2}$$

となり, $\|u' - u_h'\|_{0,2,I} \leq \|u' - \varphi_h'\|_{0,2,I}$ を得る. φ_h の任意性から (III.88) が成り立つ. □

(III.88) の右辺を評価するために, $I = [x_i, x_{i+1}]$, $1 \leq p \leq \infty$ に対して

$$\mathcal{T}_p^1(I) = \{v \in W^{2,p}(I) \mid v(x_i) = v(x_{i+1}) = 0\}$$

また, $|v|_{m,p,I} = \sum_{|\alpha|=m} \|D^\alpha v\|_{0,p,I}$ を $v \in W^{m,p}(I)$ のセミノルム, $H^2(I) = W^{2,2}(I)$ とおく.

補題 2.2. $p = 2$, $C_p = \dfrac{1}{\sqrt{6}}$ に対して不等式

$$\sup_{v \in \mathcal{T}_p^1(I)} \frac{|v|_{1,p,I}}{|v|_{2,p,I}} \leq C_p h \tag{III.89}$$

が成り立つ. ただし $h = \max_i(x_{i+1} - x_i)$ である.

証明: C^2 関数 $f(x)$ に対して

$$f(x_i) - f(x) = \int_x^{x_i} f'(t)\,dt = (x_i - x)f'(x) + \int_x^{x_i} (x_i - t)f''(t)\,dt$$
$$f(x_{i+1}) - f(x) = (x_{i+1} - x)f'(x) + \int_x^{x_{i+1}} (x_{i+1} - t)f''(t)\,dt$$

両辺の差をとると

$$f(x_{i+1}) - f(x_i) = (x_{i+1} - x_i)f'(x) + \int_x^{x_{i+1}} (x_{i+1} - t)f''(t)\,dt$$
$$+ \int_{x_i}^x (x_i - t)f''(t)\,dt$$

したがって $f(x_i) = f(x_{i+1}) = 0$ のときは

§2. 数値解法

$$-hf'(x) = \int_x^{x_{i+1}} (x_{i+1} - t) f''(t)\, dt + \int_{x_i}^x (x_i - t) f''(t)\, dt$$

$v = f$ に対して (III.89), $p = 2$, $C_p = \dfrac{1}{\sqrt{6}}$ を示す. 実際, シュワルツの不等式から

$$(x_{i+1} - x_i)|f'(x)| \leq \int_x^{x_{i+1}} (x_{i+1} - t)|f''(t)|\, dt + \int_{x_i}^x (t - x_i)|f''(t)|\, dt$$

$$= \frac{1}{\sqrt{3}} (x_{i+1} - x)^{3/2} \left(\int_x^{x_{i+1}} |f''(t)|^2\, dt \right)^{1/2} + \frac{1}{\sqrt{3}} (x - x_i)^{3/2} \left(\int_{x_i}^x |f''(t)|^2\, dt \right)^{1/2}$$

$$\leq \frac{1}{\sqrt{3}} \left((x_{i+1} - x)^3 + (x - x_i)^3 \right)^{1/2} \left(\int_{x_i}^{x_{i+1}} |f''(t)|^2\, dt \right)^{1/2}$$

両辺を 2 乗し, x に関して (x_i, x_{i+1}) で積分すれば

$$h^2 \int_{x_i}^{x_{i+1}} |f'(x)|^2\, dx \leq C_2^2 h^4 \int_{x_i}^{x_{i+1}} |f''(x)|^2\, dx$$

したがって,

$$C_2^2 h^4 = \frac{1}{3} \int_{x_i}^{x_{i+1}} \left\{ (x_{i+1} - x)^3 + (x - x_i)^3 \right\} dx = \frac{h^4}{6} \qquad \text{(III.90)}$$

すなわち $C_2 = \dfrac{1}{\sqrt{6}}$ である. (III.90) から

$$\left(\int_{x_i}^{x_{i+1}} |f'(x)|^2\, dx \right)^{1/2} \leq C_2 h \left(\int_{x_i}^{x_{i+1}} |f''(x)|^2\, dx \right)^{1/2} \qquad \text{(III.91)}$$

となり, (III.89), $p = 2$ が得られる. □

小区間 $I_i = [x_i, x_{i+1}]$ 上の連続関数 $w \in C(\overline{I_i})$ に対する 1 次補間 $\mathcal{I}_{I_i}^1 w \in \mathcal{P}_1$ を $(\mathcal{I}_{I_i}^1 w)(x_i) = w(x_i)$, $(\mathcal{I}_{I_i}^1 w)(x_{i+1}) = w(x_{i+1})$ で定め, さらに区間 $[0,1]$ 全体における区分的 1 次補間 $\mathcal{I}_h^1 w$ を $\mathcal{I}_h^1 w|_{I_i} = \mathcal{I}_{I_i}^1 w$ とする.

系 2.1. 各 $w \in W^{2,2}(I_i) = H^2(I_i)$ に対して

$$|w - \mathcal{I}_{I_i}^1 w|_{1,2,I_i} \leq \frac{h_i}{\sqrt{6}} |w|_{2,2,I_i} \qquad \text{(III.92)}$$

が成り立つ.

証明: (III.89) において $v = w - \mathcal{I}_{I_i}^1 w \in \mathcal{P}_1$ とおく. 定義より $|\mathcal{I}_{I_i}^1 w|_{2,2,I_i} = 0$ であり, (III.92) が得られる. □

(III.92) から次の定理が得られる.

定理 2.2. (III.83), (III.87) の解 u, u_h に対して

$$\|u' - u_h'\|_{0,2,I} \leq \frac{h}{\sqrt{6}} \|f\|_{0,2,I} \qquad \text{(III.93)}$$

が成り立つ. ただし $h = \max\limits_{1 \leq i \leq N} h_i$, $h_i = x_i - x_{i-1}$ とする.

証明: (III.92) より

$$\int_0^1 |u'(x) - (\mathcal{I}_h^1 u)'(x)|^2 \, dx = \sum_{i=1}^n \int_{x_i}^{x_{i+1}} |u'(x) - (\mathcal{I}_{I_i}^1 u)'(x)|^2 \, dx$$

$$\leq \sum_{i=1}^n \frac{h_i^2}{6} \int_{x_i}^{x_{i+1}} |u''(x)|^2 \, dx$$

$$\leq \frac{h^2}{6} \int_0^1 |u''(x)|^2 \, dx$$

よって

$$|u - \mathcal{I}_h^1 u|_{1,2,I} \leq \frac{h}{\sqrt{6}} |u|_{2,2,I} = \frac{h}{\sqrt{6}} \|f\|_{0,2,I} \qquad (\text{III.94})$$

この (III.94) と補題 2.1 から (III.93) が得られる. □

(III.93) は $h \downarrow 0$, すなわち区間の分割を細かくしていくとき, 誤差 $u - u_h$ が $\|u' - u_h'\|_{0,2,I}$ というノルムに関して $O(h)$ というオーダーで小さくなっていくことを示している.

★**練習問題 III.7.** $1 < p < \infty$ に対して (III.89) を示せ. また, $p = 1, \infty$ に対して (III.89) を示し, C_1, C_∞ の上界を与えよ.
☆**研究課題 42.** 埋め込み $S_h \subset H^1(I)$, $H^1(I) \hookrightarrow C[0,1]$ を示せ.

§2.3 2次元モデルの有限要素近似

理論上は, 任意次元の有界領域上での境界値問題に対して有限要素法を定義することができる. しかし, 3次元でも領域の四面体分割がかなり難しく, 離散化の結果得られる行列のサイズも巨大になる. これに対して, 2次元ユークリッド空間内の有界領域 $\Omega \subset \mathbf{R}^2$ で定義された境界値問題は, 通常のパーソナルコンピュータでも手軽に計算することができる. この小節では2次元モデルの有限要素近似に関する数値解析学の最新の成果を紹介し, 練習問題, 研究課題の代わりに関連図書と研究の現況を紹介する.

ここでは Ω 上で定義された

$$-\Delta u = f \text{ in } \Omega, \quad u = g \text{ on } \Gamma_1, \quad \frac{\partial u}{\partial n} = h \text{ on } \Gamma_2 \qquad (\text{III.95})$$

をモデル方程式として, このポアソン問題に対する有限要素法とその誤差解析を考える. 楕円型境界値問題では, 境界が滑らかでデータも滑らかであれば解は滑らかになる. これが解の正則性である. 一方, 有限要素法では領域を単体

§2. 数値解法

(三角形) 分割するため,曲がった境界付近の分割と試験関数の構成法は自明でなく,さまざまな方法がある.そこで分割がしやすいように,有限要素法の理論解析では,しばしば Ω は多角形であるとする.

このとき問題となるのは真の解 u の正則性である.実際,空間 1 次元のときに前小節で述べたように,u と有限要素近次解 u_h との H^1 ノルムでの誤差は,u の H^2 ノルムを用いて評価される.例えば,$\partial\Omega$ が $\overline{\Gamma}_1 \cup \overline{\Gamma}_2 = \partial\Omega$, $\Gamma_1 \cap \Gamma_2 = \emptyset$ を満たす 2 つの部分集合 Γ_1, Γ_2 に分解され,Ω の境界 $\partial\Omega$ が滑らかな場合には,(III.95) において $u \in H^2(\Omega)$ となるためには

$$f \in L^2(\Omega), \quad g \in H^{1/2}(\Gamma_1), \quad h \in H^{-1/2}(\Gamma_2) \qquad \text{(III.96)}$$

が必要十分である.ただし閉曲面 Γ_1, Γ_2 上のソボレフ空間は,これらの曲面を 1 の分解と微分同相写像によって平面に写し,分数べきはフーリエ変換による同等なノルムで置き換えて定め,負べきの空間は双対空間として定義する.しかし,境界が滑らかであっても $\Gamma_1 \cap \Gamma_2 = \gamma \neq \emptyset$ の場合には,界面 γ から亀裂が発生し,(III.96) は $u \in H^2(\Omega)$ の十分条件とはならない.ところが $\partial\Omega$ が滑らかでないときは,このような正則性理論は大きく変更される.特異性が弱いと思われる Ω が多角形の場合でも,(III.96) から $u \in H^2(\Omega)$ が得られるのは Ω が凸,$\Gamma_2 = \emptyset$ の場合であり,そのときに限る.したがって,2 次元ポアソン問題の有限要素法の理論を解説する場合には凸多角形のディリクレ問題が例題として用いられることが多い.

ここでは弱形式からノイマン条件が自然境界条件として導出されることをみるため,あえて (III.95) を取り上げる.前小節で解説したように,弱形式を用いると,"リースの表現定理" から H^1 の意味で解が一意に定まる.このとき基本的なのは "境界へのトレース" である.この性質,すなわち連続な写像 $v \in H^1(\Omega) \mapsto v|_{\partial\Omega} \in H^{1/2}(\partial\Omega)$ で,$v \in C(\overline{\Omega})$ に対して $v|_{\partial\Omega}$ が境界値と一致するようなものの存在は,Ω がリプシッツ境界をもつ場合には成り立つことが知られている.多角形はリプシッツ領域領域であるので,このリプシッツ領域は有限要素法の構成には都合がよい.そこで当面 Ω はリプシッツ領域であるとして

$$V = \{v \in H^1(\Omega) \mid v|_{\Gamma_1} = 0\}$$

とおく.グリーンの公式を適用し,(III.95) の弱解を

$$u \in H^1(\Omega), \quad u|_{\Gamma_1} = g$$
$$\int_\Omega \nabla u \cdot \nabla v \, dx = \int_\Omega fv \, dx + \int_{\Gamma_2} hv \, ds, \quad \forall v \in V \qquad \text{(III.97)}$$

によって定める．ただし (III.97) の第 2 項は，$v \in H^{1/2}(\Gamma_2)$ と $h \in H^{-1/2}(\Gamma_2)$ との双対ペアリングである．$\Gamma_1 \neq \emptyset$ の場合には $a(u,v) = \int_\Omega \nabla u \cdot \nabla v \, dx$ は V 上の内積であり，リースの表現定理によって (III.97) は一意解 u をもつ．

ガレルキン方程式を導出するために有限次元部分空間 $S_h \subset H^1(\Omega)$ をとり，$S_{h0} = S_h \cap V$ として (III.97) を

$$u_h \in H^1(\Omega), \quad u_h|_{\Gamma_1} = g_h$$

$$\int_\Omega \nabla u_h \cdot \nabla v_h \, dx = \int_\Omega f v_h \, dx + \int_{\Gamma_2} h v_h \, ds, \ \forall v_h \in S_{h0} \quad \text{(III.98)}$$

のように離散化する．ただし g_h は $\{v|_{\Gamma_1} \mid v \in S_h\}$ に属する元で，$g \in H^{1/2}(\Gamma_1)$ の近似である．次に，領域 Ω を単体 (三角形) に分割し，区分的 1 次連続関数による試験関数を導入する．すなわち

$$\overline{\Omega} = \bigcup_{K_i \in \tau} K_i, \quad \tau = \{K_i \subset \overline{\Omega} \text{ は三角形} \mid 1 \leq i \leq N\}$$

とし，さらに次の (1)–(3) が成り立つものとする．ただし，三角形 $K \in \tau$ はすべて閉集合であると考え，$\operatorname{int} K_i$ は K_i の内部とする：

(1) $K_i, K_j \in \tau, i \neq j$ に対し $\operatorname{int} K_i \cap \operatorname{int} K_j = \emptyset$
(2) $K_i \cap K_j \neq \emptyset \Longrightarrow K_i \cap K_j$ は K_i と K_j の共通の頂点か共通の辺のいずれかである．
(3) $\partial \Gamma_i \subset \partial \Omega, i = 1, 2$ は τ に属する三角形の辺からなる．

領域 Ω の単体分割 τ に対して

$$S_h = \{v_h \in C(\overline{\Omega}) \mid v|_K \in \mathcal{P}_1, \forall K \in \tau\} \quad \text{(III.99)}$$

とおくと，**区分的 1 次有限要素法**が導入される．図 III.2 は，$\Omega = (0,1) \times (0,1)$, $\Gamma_1 = \partial\Omega$, $\Gamma_2 = \emptyset$, $f(x,y) = \pi^2 \sin(\pi x)\sin(\pi y)$ の場合の Ω の三角形分割と，その上の区分的 1 次有限要素解である．ちなみに真の解は $u(x,y) = \sin(\pi x)\sin(\pi y)/2$ になる．

(III.98) は一意可解であり，セアの補題が成り立つのも 1 次元の場合と同じである．以下では簡単のため $g = g_h = 0$ とする．

補題 2.3. (III.97), $g = 0$ の解を u とし，(III.98), $g_h = 0$ の解を u_h とすると

$$|u - u_h|_{1,2,\Omega} \leq \inf_{\varphi_h \in S_{h0}} |u - \varphi_h|_{1,2,\Omega} \quad \text{(III.100)}$$

が成り立つ．

§2. 数値解法

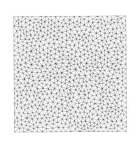
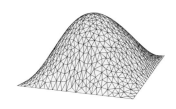

図 III.2 正方形 $\Omega := [0,1] \times [0,1]$ の三角形分割 (左) と区分的 1 次有限要素解 (右)

(III.100) の右辺の φ_h として，真の解 u の 1 次補間 $\mathcal{I}_h^1 u$ を使えば有限要素解の誤差 $u - u_h$ が評価できるが，2 次元の場合の 1 次補間の誤差 $u - \mathcal{I}_h^1 u$ の評価は，1 次元の場合のように簡単ではない．

次の定理は (III.92) の 2 次元版で，最新の結果である．

補題 2.4 (小林の不等式)**.** 三角形 K に対して，A, B, C をその三辺の長さ，S をその面積とすると

$$C(K) = \sqrt{\frac{A^2 B^2 C^2}{16S^2} - \frac{A^2+B^2+C^2}{30} - \frac{S^2}{5}\left(\frac{1}{A^2}+\frac{1}{B^2}+\frac{1}{C^2}\right)}$$

$$|v - \mathcal{I}_K^1 v|_{1,2,K} \leq C(K)|v|_{2,2,K}, \quad \forall v \in H^2(K) \qquad (\text{III}.101)$$

が成り立つ．

正弦定理より，K の外接円の半径 R_K は $R_K = \dfrac{ABC}{4S}$ と書けるので，(III.101) から

$$|v - \mathcal{I}_K^1 v|_{1,2,K} \leq R_K |v|_{2,2,K}, \quad \forall v \in H^2(K) \qquad (\text{III}.102)$$

が導びかれる．定理 2.2 と同様に，(III.100), (III.102) から次が得られる．

定理 2.3. (III.97), $g = 0$ の解を u とし，(III.98), $g_h = 0$ の解を u_h とすると $u \in H^2(\Omega)$ であるならば

$$|u - u_h|_{1,2,\Omega} \leq R |u|_{2,2,\Omega} \qquad (\text{III}.103)$$

が成り立つ．ただし $R = \max\limits_{K \in \tau} R_K$ である．

(III.103) により，単体分割の列 $\{\tau_n\}$ において
$$\lim_{n\to\infty} R_{\tau_n} = 0, \qquad R_{\tau_n} = \max_{K\in\tau_n} R_K \tag{III.104}$$
が成り立てば u_h は u に収束する．特に，K の形状についての要請は必要ない．
(III.104) を**外接半径条件**という．

📖 **文献** ([2, 5, 6, 7])．有限要素法の数学的基礎理論の標準的な教科書．日本語の教科書としては，[8, 22] がある．

注意 III.5 (補間誤差)．関数 $v \in W^{2,p}(K)$, $1 \le p \le \infty$ の 1 次補間 $\mathcal{I}_K^1 v$ による誤差評価について，標準的教科書で述べられているのは次の定理である．ただし三角形 K の直径 (最長辺の長さ) を h_K，内接円の直径を ρ_K とする．

定理 2.4. 定数 $\gamma > 0$ が存在して
$$\frac{h_K}{\rho_K} \le \gamma \tag{III.105}$$
であるとすると，定数 $C = C(\gamma) > 0$ が存在して
$$|v - \mathcal{I}_K^1 v|_{1,p,K} \le C h_K |v|_{2,p,K}, \qquad \forall v \in W^{2,p}(K) \tag{III.106}$$
が成り立つ．

三角形上の 1 次補間の誤差評価は，Zlámal (1968) [28] による次のものが最初であるといわれている．

定理 2.5. 定数 $0 < \sigma \le \pi/3$ が存在して，三角形 K の最小角 θ_K が
$$\theta_K \ge \sigma \tag{III.107}$$
を満たすとすると，定数 $C = C(\sigma) > 0$ が存在して
$$|v - \mathcal{I}_K^1 v|_{1,2,K} \le C h_K |v|_{2,2,K}, \qquad \forall v \in H^2(K) \tag{III.108}$$
が成り立つ．

三角形 K に関しては 2 つの条件 (III.105), (III.107) は同値であるので，多角形領域 Ω の三角形分割の列 $\{\tau_n\}$ に対して
$$\frac{h_K}{\rho_K} \le \gamma, \qquad \forall K \in \tau_n, \forall n \tag{III.109}$$
が成り立つことと
$$\theta_K \ge \sigma, \qquad \forall K \in \tau_n, \forall n \tag{III.110}$$
が成り立つことは同値である．三角形分割の列 $\{\tau_n\}$ は，(III.109) あるいは (III.110) を満たすとき**正則**であるといい，あるいは**最小角条件**を満たすという．

この定理とセアの補題より，多角形領域 Ω の三角形分割列 $\{\tau_n\}$ が正則ならば，モデル問題に対する区分的 1 次有限要素法の解 u_h に対して誤差評価
$$|u - u_h|_{1,2,\Omega} \le C h |u|_{2,2,\Omega}, \qquad h = \max_{K\in\tau_n} h_K$$

§2. 数値解法

が成り立つ.

(III.106) や (III.108) は,参照三角形[8] $\widehat{K}$ を任意の三角形に変換するアフィン線形変換の行列の行列式の絶対値が,ある正定数以上であるということから得られるもので,数学的には自然である.しかし Babuška-Aziz (1976) [1] は次の定理によって状況がそれほど単純でないことを示した.

定理 2.6. 定数 $\pi/3 \leq \Sigma < \pi$ が存在し,三角形 K の最大角 Θ_K が

$$\Theta_K \leq \Sigma \tag{III.111}$$

を満たすとすると,定数 $C = C(\Sigma) > 0$ が存在して

$$|v - \mathcal{I}_K^1 v|_{1,2,K} \leq Ch_K |v|_{2,2,K}, \quad \forall v \in H^2(K) \tag{III.112}$$

が成り立つ.

論文 [1] は,直角二等辺三角形の垂直分割において (III.112) が成り立つことを示し,その議論が (III.111) でも有効なことを主張したものである.以来,条件 (III.111) は**最大角条件**とよばれ,有限要素解の収束のための最も本質的な条件であると信じられてきた.最大角条件のもとで (III.112) がきちんと示されたのは,Křížek (1991) [12] が最初のようである.以下,三角形 K の外接円の半径を R_K とする.

定理 2.7. 定数 $\gamma' > 0$ が存在して

$$\frac{R_K}{h_K} \leq \gamma' \tag{III.113}$$

を満たすとすると,定数 $C = C(\gamma') > 0$ が存在して

$$|v - \mathcal{I}_K^1 v|_{1,2,K} \leq Ch_K |v|_{2,2,K}, \quad \forall v \in H^2(K)$$

が成り立つ.

クリゼクは,条件 (III.113) を**半正則条件** (semi-regularity condition) とよんだが,正弦定理によって半正則条件と最大角条件は同値である.バブシュカとアジズの原論文 [1] は完全ではなかったが,直角三角形が縮小していくとき,分子分母の項の絶妙な打ち消し合いのせいで,発散すると思われた量が有限にとどまることを示した功績は大きい.

2000 年代になると精度保証付き数値計算,特に計算機援用による微分方程式の解の存在・一意性証明のために,評価 (III.112) の係数 C の値をなるべく正確に見積もる研究が盛んになった [15, 16]. Kobayashi (2011) による,(III.112) に関する (III.101) は,この流れに従うものである.[9] は定理 2.3 を精密な場合分けによっていくつかの基本的な不等式に帰着し,これらの不等式を精度保証付き数値計算で示したものである.これに対して,Kobayashi-Tsuchiya (2014)[9] は,解析的な方法によって (III.101) の右辺を $C(K)$ の定数倍 (C で表す) で置き換えた,弱い形の不等式が得られることを示した [10]. この証明は参照三角形 $\widehat{K}$ に関するバブシュカ・アジズ定数 A_2 を用いるものであ

---

8) 3 点 $(0,0), (1,0), (0,1)$ を頂点とする三角形.
9) [11] も参照.

る．ただし $1 \leq p \leq \infty$ に対し

$$A_p = \sup_{v \in \Xi_p^1} \frac{|v|_{0,p,\widehat{K}}}{|v|_{1,p,\widehat{K}}} = \sup_{v \in \Xi_p^2} \frac{|v|_{0,p,\widehat{K}}}{|v|_{1,p,\widehat{K}}}$$

$$\Xi_p^1 = \left\{ v \in W^{1,p}(\widehat{K}) \, \Big| \, \int_0^1 v(0,s) \, ds = 0 \right\}$$

$$\Xi_p^2 = \left\{ v \in W^{1,p}(\widehat{K}) \, \Big| \, \int_0^1 v(s,0) \, ds = 0 \right\}$$

とする．この値 A_2 は Liu-Kikuchi (2010) [13] によって精密に求められ，方程式 $1/x + \tan(1/x) = 0$ の正の解のうち最大のもの，すなわち $A_2 \approx 0.49291$ となることが知られている [13]．土屋らによる弱い形の小林の不等式の証明は，[13] の計算を行列のテンソル積の言葉で書き直し，A_2 の有限性と組み合わせたもので，$1 \leq p \leq \infty$ に対する L^p 評価も同時に与えることができるものである．ただし，$p \neq 2$ に対する A_p の有効値が知られていないため，$p = 2$ を除いて上記定数 C は，計算可能な数値としては与えられていない．

練習問題の略解

I.4. $u(t) = (1+\gamma t)e^{-\gamma t}a + te^{-\gamma t}b - \dfrac{\gamma}{\gamma^2+\omega^2}te^{-\gamma t} - \dfrac{\gamma^2-\omega^2}{(\gamma^2+\omega^2)^2}e^{-\gamma t}$
$+\dfrac{\gamma^2-\omega^2}{(\gamma^2+\omega^2)^2}\cos\omega t + \dfrac{2\gamma\omega}{(\gamma^2+\omega^2)^2}\sin\omega t$

I.6. $e^{tA} = \begin{pmatrix} 1+2t-\frac{t^2}{2} & -3t+t^2 & -t+\frac{t^2}{2} \\ 3t-\frac{t^2}{2} & 1-5t+t^2 & -2t+\frac{t^2}{2} \\ -4t+\frac{t^2}{2} & 7t-t^2 & 1+3t-\frac{t^2}{2} \end{pmatrix}e^t$

I.9. $\dfrac{v''}{v} + \dfrac{pv'}{v} + q = 0,\ w' = \dfrac{v''v-(v')^2}{v^2}$

I.11. $u(t) = (1-t)e^{-t} + (t-1)e^{-(t-1)}H(t-1) - (t-2)e^{-(t-2)}H(t-2)$

II.1. λ:未感染細胞の増殖率, μ:未感染細胞の死滅率, α:感染細胞の死滅率, β:感染細胞の増殖率, k:伝染率, u:ウイルスの死滅率.

II.2. 図1: $x(0)>0 \Rightarrow \lim_{t\to\infty}x(t)=1,\ x(0)<0 \Rightarrow \lim_{t\to\infty}x(t)=-1$

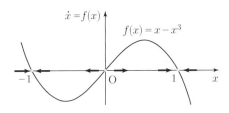

図 1　双安定力学系

II.3. 平衡点は $(0,0)$ 不安定結節点, $(1,0)$ 安定結節点, $(0,2)$ 安定結節点, $(\frac{1}{2},\frac{1}{2})$ 鞍点. 図2と同形.

II.4. $\varphi = \varphi(x,y) = \frac{1}{2}(x^2+y^2)$:勾配系は $\dot{x} = -\varphi_x = -x = -\lambda_1 x,\ \dot{y} = -\varphi_y = -y = -\lambda_2 x$. 平衡点は $(0,0)$. 固有値は $\lambda_1 = \lambda_2 = 1$. 非退化臨界点 $(0,0)$ は極小.

$\varphi = \varphi(x,y) = \frac{1}{2}(x^2-y^2)$:勾配系は $\dot{x} = -\varphi_x = -x = -\lambda_1 x,\ \dot{y} = -\varphi_y = y = -\lambda_2 x$. 平衡点は $(0,0)$. 固有値は $\lambda_1 = 1, \lambda_2 = -1$. 非退化臨界点 $(0,0)$ は鞍点.

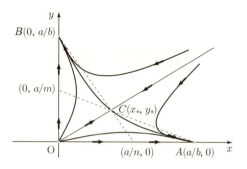

図 2　競合系

II.6. $f(x) = x^3 - a$. $7^{1/3} = 1.91\cdots$. リプシッツ定数を適当な区間で評価し，先験的評価 (II.91) または後験的評価 (II.90) を使って誤差を見積もる．

II.7. ラグランジュ乗数は $\pm\dfrac{1}{2}$. 最大・最小点は $\left(\pm\dfrac{1}{\sqrt{2}}, \pm\dfrac{1}{\sqrt{2}}\right)$. 最大・最小は $\pm\dfrac{1}{2}$.

II.9. 主問題の解は $(x_1, x_2) = (3, 1)$. 双対問題の解は $(q_1, q_2) = \left(\dfrac{1}{6}, \dfrac{1}{2}\right)$. 共通の値は 4.

II.10. (1) A の期待値は $2p_1q_1 + p_2q_2$. B の期待値は $2p_1q_2 + p_2q_1$.

(2) A の戦略が $2p_1 > p_2$ の場合，$(q_1, q_2) = (0, 1)$. A の戦略が $2p_1 < p_2$ の場合，$(q_1, q_2) = (1, 0)$. A の戦略が $2p_1 = p_2$ の場合，任意の $q_1, q_2 \geq 0$, $q_1 + q_2 = 1$.

(3) A の戦略は $(p_1, p_2) = \left(\dfrac{1}{3}, \dfrac{2}{3}\right)$. B の戦略も $(q_1, q_2) = \left(\dfrac{1}{3}, \dfrac{2}{3}\right)$.

II.15. $w^1 = u^2 v^3 - u^3 v^2$, $w^2 = u^3 v^1 - u^1 v^3$, $w^3 = u^1 v^2 - u^2 v^1$ とおく．

$$A = \begin{pmatrix} a_1^1 & a_1^2 & a_1^3 \\ a_2^1 & a_2^2 & a_2^3 \\ a_3^1 & a_3^2 & a_3^3 \end{pmatrix}$$

を直交行列とすれば，$A^{-1} = {}^t\!A$ より

$$a_1^1 = \begin{vmatrix} a_2^2 & a_2^3 \\ a_3^2 & a_3^3 \end{vmatrix}, \quad a_1^2 = \begin{vmatrix} a_2^3 & a_2^1 \\ a_3^3 & a_3^1 \end{vmatrix}, \quad a_1^3 = \begin{vmatrix} a_2^1 & a_2^2 \\ a_3^1 & a_3^2 \end{vmatrix}$$

$$a_2^1 = \begin{vmatrix} a_1^3 & a_1^2 \\ a_3^3 & a_3^2 \end{vmatrix}, \quad a_2^2 = \begin{vmatrix} a_1^1 & a_1^3 \\ a_3^1 & a_3^3 \end{vmatrix}, \quad a_2^3 = \begin{vmatrix} a_1^2 & a_1^1 \\ a_3^2 & a_3^1 \end{vmatrix}$$

$$a_3^1 = \begin{vmatrix} a_1^2 & a_1^3 \\ a_2^2 & a_2^3 \end{vmatrix}, \quad a_3^2 = \begin{vmatrix} a_1^3 & a_1^1 \\ a_2^3 & a_2^1 \end{vmatrix}, \quad a_3^3 = \begin{vmatrix} a_1^1 & a_1^2 \\ a_2^1 & a_2^2 \end{vmatrix}.$$

したがって，座標の変換 $u'^i = \sum_j a_j^i u^j$, $v'^i = \sum_j a_j^i v^j$ のもとで

$$w'^1 = u'^2 v'^3 - u'^3 v'^2 = \sum_i a_i^2 u^i \sum_j a_j^3 v^j - \sum_i a_i^3 u^i \sum_j a_j^2 v^j$$

$$= \sum_{i,j}(a_i^2 a_j^3 - a_i^3 a_j^2)u^i v^j = \sum_{i \neq j}(a_i^2 a_j^3 - a_i^3 a_j^2)u^i v^j$$
$$= (a_1^2 a_2^3 - a_1^3 a_2^2)(u^1 v^2 - u^2 v^1) + (a_2^2 a_3^3 - a_2^3 a_3^2)(u^2 v^3 - u^3 v^2)$$
$$+ (a_3^2 a_1^3 - a_3^3 a_1^2)(u^3 v^1 - u^1 v^3) = a_3^1 w^3 + a_2^1 w^1 + a_2^1 w^2$$

$w'^2 = \sum_j a_j^2 w^j$, $w'^3 = \sum_j a_j^3 w^j$ も同様.

II.19. $E = |\bm{x}_u|^2 = 1 + p^2$, $F = \bm{x}_u \cdot \bm{x}_v = pq$, $G = |\bm{x}_v|^2 = 1 + q^2$

II.20. 面積要素は $dS = \sin u\, du dv$. 全表面積は 4π

II.21. $I = \dfrac{3}{2}\pi$

II.24. $du_\alpha \wedge dv_\alpha = \left(\dfrac{\partial u_\alpha}{\partial u_\beta}\dfrac{\partial v_\alpha}{\partial v_\beta} - \dfrac{\partial u_\alpha}{\partial v_\beta}\dfrac{\partial v_\alpha}{\partial u_\beta} \right) du_\beta \wedge dv_\beta$

III.1. (1) $X(x) = C_1 e^{\sqrt{\lambda}x} + C_2 e^{-\sqrt{\lambda}x}$, $T(t) = C_3 e^{\lambda t}$
(2) $X(x) = C_1 \cos\sqrt{\lambda}x + C_2 \sin\sqrt{\lambda}x$ ($\lambda > 0$), $X(x) = C_1 x + C_2$ ($\lambda = 0$), $X(x) = C_1 \cosh\sqrt{-\lambda}x + C_2 \sinh\sqrt{-\lambda}x$ ($\lambda < 0$). $T(t)$ も同様.

III.3. $a_0 = \dfrac{2}{3}\pi^2$, $a_n = \dfrac{4}{n^2}(-1)^n$, $n \geq 1$, $b_n = 0$

III.4. 固有値は $\lambda_n = (n\pi)^4$, 固有関数は $y_n = \sin n\pi x$, $n = \pm 1, \pm 2, \cdots$

III.6. $u(x,t) = \dfrac{1}{\sqrt{4\pi}} \int_0^t \int_{-\infty}^{\infty} e^{-\frac{(x-y)^2}{4(t-\tau)}} f(y,\tau)\, dy d\tau$

III.7. $C_p^p h^{2p} = \dfrac{1}{(p'+1)^{p/p'}} \int_{x_i}^{x_{i+1}} \left((x_{i+1} - x)^{p'+1} + (x - x_i)^{p'+1} \right)^{p/p'} dx$

ただし $\dfrac{1}{p} + \dfrac{1}{p'} = 1$.

関 連 図 書

[1] I. Babuška, A.K. Aziz, *On the angle condition in the finite element method*, SIAM J. Numer. Anal. **13** (1976) 214–226.

[2] S.C. Brenner, L.R. Scott, *The Mathematical Theory of Finite Element Methods*, 3rd edition, Springer, 2008.

[3] M. ブラウン, 微分方程式 上――その数学と応用 (一樂重雄・河原正治・河原雅子・一樂祥子訳), シュプリンガー・フェアラーク東京, 2001.

[4] S.S チャーン・W.H. チェン・K.S. ラム, 微分幾何学講義＝リーマン・フィンスラー幾何学入門 (島田英夫・V.S. サバウ訳), 培風館, 2005.

[5] P.G. Ciarlet, *The Finite Element Methods for Elliptic ProbLems*, North-Holland, 1978, reprinted by SIAM, 2002.

[6] A. Ern, J.-L. Guermond, *Theory and Practice of Finite Elements*, Springer, 2004.

[7] H. Fujita, N. Saito, T. Suzuki, *Operator Theory and Numerical Methods*, Elsevier, 2001.

[8] 菊地文雄, 有限要素法の数理 (計算力学と CAE シリーズ), 培風館, 1994.

[9] 小林健太, 三角形要素上の補間誤差定数について, 京都大学数理解析研究所講究録, **1733** (2011) 58–77.

[10] K. Kobayashi, T. Tsuchiya, A Babuška-Aziz type proof of the circumradius condition, Japan J. Indust. Appl. Math., **31** (2014) 193–210.

[11] K. Kobayashi, T. Tsuchiya, On the circumradius condition for piecewise linear triangular elements, Japan J. Indust. Appl. Math., **32** (2015) 65–76.

[12] M. Křížek, On semiregular families of triangulations and linear interpolation, Applications of Mathematics, **36** (1991) 223–232.

[13] X. Liu, F. Kikuchi, *Analysis and estimation of error constants for P_0 and P_1 interpolations over triangular finite elements*, J. Math. Sci. Univ. Tokyo, **17** (2010) 27–78.

[14] 望月 清・I. トルシン, 数理物理の微分方程式, 培風館, 2005.

[15] 中尾充宏, 偏微分方程式の解に対する精度保証付き数値計算, 数学, **65** (2013) 113–132.

- [16] 中尾充宏・渡部善隆，実例で学ぶ精度保証付き数値計算，サイエンス社，2011.
- [17] 大塚厚二・高石武史，有限要素法で学ぶ現象と数理，共立出版，2014.
- [18] T. Senba and T. Suzuki, *Applied Analysis, Mathematical Methods in Natural Science*, 2nd edition, Imperial College Press, London, 2011.
- [19] G. ストラング，線形代数とその応用，産業図書，1978.
- [20] 鈴木 貴・上岡友紀，偏微分方程式講義＝半線形楕円型方程式入門，培風館，2005.
- [21] 鈴木 貴・山岸弘幸，原理と現象＝数理モデリングの初歩，培風館，2010.
- [22] 田端正久，偏微分方程式の数値解析，岩波書店，2010.
- [23] 津野義道，劣微分と最適問題，牧野書店，1996.
- [24] 山本哲朗，数値解析入門，増補版，サイエンス社，2003.
- [25] 山本哲朗，行列解析の基礎，サイエンス社，2010.
- [26] 山内恭彦，量子力学 (新物理学シリーズ 4)，培風館，1968.
- [27] O.C. Zienkiewicz, R.L. Taylor, J.Z. Zhu, *The Finite Element Methods, Its Basis & Fundamentals*, 7th edition, Butterworth-Heinemann, 2013.
- [28] M. Zlámal, *On the finite element method*, Numer. Math. **12** (1968) 394–409.

索　引

あ　行

アインシュタインの公式　99
アフィン関数　82
安定　32, 56
鞍点　77
鞍点定理　85, 86
アンペール・マクスウェルの法則　104
位相　148
依存領域　188
1次微分形式　161
1階線形微分方程式　6
因果律　93
陰関数定理　78
渦度　71
運動量　113
栄養問題　85
エネルギー作用素　124
エピグラフ　81
L^p 関数　129
エントロピー増大則　100
オイラーの運動方程式　102
オイラーの微分方程式　17
オイラー方程式　17, 102, 111

か　行

開集合　148
外積　67, 70, 153
外接半径条件　210
回転　70
解の正則性の問題　121
外微分　153, 162
ガウス核　131
ガウス曲率　142
ガウスの発散公式　95
ガウスの法則　104
価格関数　83
化学反応　49
角運動量　91, 113
拡散方程式　98, 130
角速度　92, 93
確定特異点　169
影の価格　85
加速度　91
下半連続　81
ガレルキン解　202
ガレルキン法　202
ガレルキン方程式　202
慣性テンソル　109
間接法　112
完全正規直交系　127
完全流体　102
完備　19
擬似逆元　87
擬似ニュートン法　75
軌道　57
基本解　132
基本行列　36

索　引

基本定理　54
逆フーリエ変換　128
急減少関数　130
求積　51
境界点　148
強順序保存性　133
共変微分　163, 164
行列のスペクトル分解　23
極小　77
局所座標系　160
局所モデル　98
局所理論　56
極大　77
曲率　137, 139
キルヒホッフの公式　191
均衡　89
区分的1次有限要素法　203
区分的に連続　174
クリストフェル記号　165
グリーン関数　39
グリーンの公式　71, 96
クーロンの法則　104
群の性質　94
弦の振動　117
交換子　164
交差拡散方程式　99
合成積　16
剛体の運動　92
勾配　57, 68
勾配作用素　70
極座標　91
誤差解析　203
コーシーの積分定理　131
コーシー列　19, 73
弧長パラメータ　138
小林の不等式　209
固有値　59
固有値問題　127
固有方程式　59

固有ベクトル　59
コンパクト距離空間　120

さ　行

最小角条件　210
最小作用の原理　115
最大角条件　211
最大存在時間　29
差分商　197
差分法　195
作用積分　115
作用素ノルム　133
作用反作用の法則　113
三重対角行列　198
3点公式　197
縮小写像　27, 73
試験関数　202
事後評価　74
指示関数 (indicate function)　81
支持関数 (support function)　82
自然境界条件　120, 202
事前評価　74
実解析的　169
実対称行列　77
質量作用の法則　49
質量保存則　50, 102
自由場の方程式　156
主曲率　141
縮小半群　133
縮約　108
主方向　141, 142
主問題　83
シュレディンガー方程式　123, 124
循環　103
順序保存　132
障害モデル　100
重積分　144
状態方程式　102
衝突項　105

主法ベクトル　139
ジョルダン閉曲線　58
自励系　58
スカラー場　57, 68
スツルム・リュービル型の微分方程式　177
スツルム・リュービルの比較定理　180
スツルム・リュービル問題　178
ストークスの公式　149
ストークスの定理　150
正規形　6
正規直交標構場　163
生産計画問題　85
正準方程式　116
正則 (分割)　210
成長曲線方程式　8
正定値　198
成分　66
制約付き最大最小問題　77
積　108
接空間　162
接触平面　139
接続形式　163
摂動　59
接ベクトル　138, 163
全エネルギー　12, 114
漸近安定　31, 56
線形化安定性の理論　56
線形化行列　59
線形化方程式　59
全微分可能　77
走化性　67
双曲型　167
双対演算　154
双対基底　162
双対空間　162
双対指数　129
双対定理　84

双対問題　83
相平面　57
測地線　164
速度　91
速度ポテンシャル　104
ソレノイダル　103

た 行

台　105
大域的に存在する　29
大域理論　56
第 1 基本形式　136
第 1 基本量　136
第 1 種完全楕円積分　41
第 1 積分　62
第 1 変分　112
第 1 量子化　124, 126
第 2 基本形式　141
第 2 基本量　140
第 2 種ベッセル関数　172
第 2 種ルジャンドル関数　171
楕円型　167
ダランベール　117
単一閉曲線　58
断面曲率　137, 141
単連結　147
逐次積分　144
中心差分　197
中心力　91
超関数　121, 134
直交行列　77
直行行列　106
直交変換　106
通常点　169
定常解　31
定数係数線形微分方程式系　4
定数係数 2 階線形微分方程式　4
定数係数連立線形方程式　4
ディラック定数　123

索　引 221

ディリクレ条件　97
適正　81
デルタ関数　134
テンソル　107
テンソル積　107
テンソル不変量　107
テンソル方程式　108
統御的　81
等高面　67
同次方程式　166
等周不等式　111
等周問題　111
特異点　169
特性曲線の方法　101
特性根　14
特性方程式　14
凸関数　81
凸集合　81

な　行

内積　66, 70, 127
内点　148
流れ関数　104
ナッシュ均衡　89
ナビエ・ストークス方程式　111
2 階のテンソル　107
2 次曲面　135
2 次元波動方程式　189
2 次収束　75
2 次微分形式　161
2 点境界値問題　196
ニュートン法　72
ニュートン力学　113
熱方程式　97, 198
　円柱上の──　187
　外力項のある──　186
ノイマン条件　97
ノルム　19

は　行

ハイゼンベルグ表現　123
陪法ベクトル　139
背理法　54
ハウスドルフ・ヤングの不等式　133
パーセバルの等式　177
発散　70
発散公式　71, 150
波動関数　124
波動方程式　104, 117
　1 次元──　188
　半直線上の──　188
バナッハ空間　19, 129
ハミルトニアン　66, 115
ハミルトン系　116
ハミルトン力学　115
パラメータ表示　135
汎関数　111
半群　132
半群の性質　134
反転公式　182
非圧縮性流体　102
引き戻し　157
歪テンソル　110
歪と応力　109
非同次項　196
非同次方程式　166
微分形式　57
微分積分学の基本定理　71
微分方程式　1
ヒルベルト空間　128
ファラデーの法則　104
不安定　32, 56
フェンシェル・モローの双対性定理
　　82
物質微分　101
不動点　72
フビニの定理　131
プランク定数　123

プランシェルの反転公式　128
フーリエ級数　174
フーリエ係数　174
フーリエ正弦変換　183
フーリエ正弦展開　176
フーリエ変換　128, 181
フーリエ余弦変換　183
フーリエ余弦展開　176
フレネ・セレの公式　140
分岐理論　87, 88
分離定理　82
平滑化　133
平均曲率　142
平均場極限　98
平衡点　31, 55, 56
閉包　148
ヘヴィサイド関数　43
ベクトル演算子　70
ベクトル場　57, 68
ベクトル面積要素　137
ヘッセ行列　64, 77
ベッセル関数　172
ベッセルの不等式　176
ベッセル方程式　172
ヘリシティ　103
ヘルダーの不等式　129
ベルヌーイの微分方程式　7
ヘルムホルツ分解　103
変数分離解　167
変数分離型　9
変分問題　111
ポアソン括弧　122
ポアソンの公式　193
ホイヘンスの原理　191
法曲率　141
放物型　167
法平面　139
補間誤差　210
補集合　148

保存則の方程式　97
ポテンシャル　12, 104
ポテンシャルエネルギー　117
ボルツマン方程式　105, 106
本質的有界　129

ま 行

マクスウェル方程式　104
マスター方程式　98
マルサスの法則　52
ミニマックス原理　90
ミンコフスキーの不等式　129
ミンコフスキー計量　156
向き付け可能　162
無限小　57
無次元化　51
面積要素　137
モース補題　88
モース指数　65, 68, 77

や 行

ヤコビアン　151
ヤコビ行列　75, 151
ヤコビの楕円関数　41
有界　148
有限時間で爆発する　29
有限伝播性　133
有限要素法　195, 198
有効定義域　81
誘電率テンソル　109
輸送方程式　104, 105
葉層　58
陽的オイラー法　195
抑制効果　52
余接空間　160, 161

ら 行

ライプニッツの公式　91
ラグランジュ関数　85, 115

索　引

ラグランジュ乗数原理　79
ラグランジュの運動方程式　115
ラグランジュ力学　114
ラプラス逆変換　45
ラプラス変換　43
ラプラス方程式
　円板上の――　192
　球上の――　193
力学系　93
離散化　202
リッカチの微分方程式　9
リー微分　164
リプシッツ係数　73
リプシッツ条件　27
リーマン計量　162, 163
リーマン積分　144
リーマン多様体　163
リヤプノフ関数　66

流束　97
リュービルの定理　71
リュービルの公式　95
領域　148
量子化　123
臨界点　63, 68
ルジャンドル方程式　170
ルジャンドル多項式　171
ルジャンドル変換　82
ルンゲ・クッタ法　195
振率　139
劣微分　88, 89
レーリー・リッツ原理　199
連結　148
ロバン条件　97

わ

ワイヤーシュトラスの定理　76, 80

著者略歴

太田　雅人
おお　た　まさ　ひと

1996年　東京大学大学院数理科学研究科
　　　　博士課程修了
現　在　東京理科大学理学部教授
　　　　博士（数理科学）

鈴　木　　貴
すず　き　　たかし

1978年　東京大学大学院理学系研究科
　　　　修士課程修了
現　在　大阪大学大学院基礎工学研究科
　　　　教授，理学博士

小　林　孝　行
こ　ばやし　たか　ゆき

1995年　筑波大学大学院博士課程数学研
　　　　究科（博士後期課程）修了
現　在　大阪大学大学院基礎工学研究科
　　　　教授，理学博士

土　屋　卓　也
つち　や　たく　や

1983年　九州大学大学院理学研究科修士
　　　　課程修了
現　在　愛媛大学大学院理工学研究科
　　　　教授，Ph.D.

Ⓒ　太田雅人・鈴木 貴・小林孝行・土屋卓也　2015

2015年12月15日　初版発行

応　用　数　理
基礎・モデリング・解法

著　者　太　田　雅　人
　　　　鈴　木　　　貴
　　　　小　林　孝　行
　　　　土　屋　卓　也
発行者　山　本　　　格

発行所　株式会社　培風館
東京都千代田区九段南4-3-12・郵便番号102-8260
電　話 (03) 3262-5256（代表）・振　替 00140-7-44925

D.T.P. アベリー・平文社印刷・牧 製本

PRINTED IN JAPAN

ISBN978-4-563-01156-7　C3041